REFLEXION 47

多角度看動物

編輯委員會

總　編　輯：錢永祥

編輯委員：王智明、白永瑞、汪宏倫、林載爵
　　　　　周保松、陳正國、陳宜中、陳冠中

聯絡信箱：reflexion.linking@gmail.com

網址：www.linkingbooks.com.tw/reflexion/

目　次

思想訪談

多角度看動物

儒家傳統與信任社會*

李明輝

一、前言

　　首先，筆者先陳述本世紀初自己在中國大陸的兩次經驗。2000年9月我到南京大學訪問。在從台北到南京的航程中，我認識了一位台商，彼此交談得很愉快。我們抵達南京機場後，一同搭計程車進市區。我們與司機講好價錢後，他好意塞給我120元人民幣當車資。他先下車，我繼續前往南京大學的賓館。到了賓館，我將120元人民幣付給司機。但他說我付給他的100元人民幣紙鈔是假鈔，而不肯收。當時我身上並無多餘的人民幣，只好向到賓館來接我的學生借錢應急。當時我的心裡很納悶：難道這位台商欺騙我嗎？果真如此，這種手法也未免太迂曲了。第二天我路過一個銀行，請銀行職員鑑定這100元人民幣的紙鈔。銀行的職員證實這是真鈔。

　　2004年6月筆者到廣州中山大學訪問，內人同行。有一天內人獨自去參觀南越王博物館。她在博物館租借導覽耳機時付了100元人民

＊　本文係財團法人中華文化教育基金會資助的「儒家思想的21世紀新意義」研究計畫之研究成果。

幣的押金。歸還耳機時，她取回100元人民幣的紙鈔。但隨後她要用
這個紙鈔到商店購物時，卻被商店職員認定為假鈔而拒收。她心有
不甘，回到博物館理論。但博物館的職員告訴她：他們收取她的押
金時都會登記紙鈔的編號，事後再歸還原先的紙鈔。由於內人事先
並未注意紙鈔的編號，故無法判斷博物館職員是否以假鈔換真鈔，
只能自認倒楣。本世紀初，電子支付在中國大陸並不流行，一般人
主要還是靠現金交易。上述的第一個事例顯示當時假鈔的泛濫，到
了草木皆兵、真假莫辨的程度。第二個事例顯示當時一般民眾與公
家機構職員間的相互防範、互不信任。它們共同顯示：當時大陸的
社會充斥著互不信任的氣氛。

　　台灣也有類似的情況。2004年台灣在總統大選的前一天，即3
月19日下午，發生極其詭異的槍擊案，讓陳水扁與呂秀蓮以兩萬多
票的些微差數險勝。選舉結果出爐後，輿論嘩然。敗選的連戰與宋
楚瑜不服，提出當選無效之訴。筆者猶記得，當時整個社會充斥著
相互猜忌、互不信任的情緒。當時筆者應公共電視之邀，上電視發
表評論。筆者表示：這個事件造成的最嚴重後果，並非個別政黨的
一時得失，而是整個社會失去了共同的信任。過去在戒嚴時期，台
灣社會尚有一些超越黨派、足以取得普遍信任的人物與公民團體，
可以在關鍵時刻出面緩和政治的對立。但此時的台灣社會已找不到
這類的人物與公民團體，可以一言九鼎，化解或緩和爭端。政府各
機構也得不到人民的共同信任，往往是信者恆信，不信者恆不信。
以川普擔任美國總統之後在西方流行的用語來說，台灣社會陷入了
「兩極化」的危機。我們可將這種危機稱為「信任危機」。時至今
日，這種危機在台灣並無緩和的趨勢。因此，筆者常想起《論語‧
顏淵篇》第七章所載孔子與子貢的一段對話：

子貢問政。子曰:「足食,足兵,民信之矣。」子貢曰:「必不得已而去,於斯三者何先?」曰:「去兵。」子貢曰:「必不得已而去,於斯二者何先?」曰:「去食。自古皆有死,民無信不立。」

其實,近年來西方社會也面臨類似的危機,故「信任」(trust)的問題也成為西方哲學、社會學、政治學、心理學等學科探討的對象。例如,英國哲學家歐尼爾曾發表《信任的問題》一書,[1]探討西方現代社會的「信任危機」。此書脫胎於她在2002年為英國國家廣播電台「芮斯講座」(Reith Lecture)所作的演講,原是面對一般大眾而說的。無巧不成書,歐尼爾在演講一開始便引述孔子與子貢的這段對話。

二、《論語》「民無信不立」之涵義

表面看來,這段對話的文字似乎很淺白易懂,但歷代註解頗有出入。徐復觀曾特別撰寫〈釋論語「民無信不立」──儒家政治思想之一考察〉一文,[2]闡明其義。在這段對話中,孔子提出為政的三項要件,依優先次序非別為:民信之、足食、足兵。這點基本上沒有爭議。爭議的焦點在於末句「自古皆有死,民無信不立」當作何解。讓我們先看看徐復觀的解釋。

---

1 Onora O'Neill: *A Question of Trust,* Cambridge: Cambridge University Press, 2002. 此書有黃孝如的中譯本:《我們為什麼不再信任》(台北:早安財經文化公司,2004)。

2 此文收入徐復觀,《學術與政治之間》(台北:台灣學生書局,1980),頁295-302。

徐復觀將歷代對於「民信之」的解釋歸納為三類。第一種解釋以鄭玄注為代表。鄭注曰：

> 言人所特急者食也。自古皆有死，必不得已，食又可去也。民無信不立，言民所最急者信也。[3]

又皇侃疏引李充曰：

> 朝聞道夕死，孔子之所貴；捨生取義，孟軻之所尚。自古有不亡之道，而無有不死之人，故有殺生非喪己，苟存非不亡也。[4]

綜合這兩段文字，徐復觀認為：「鄭注之意，信是就人民本身說的。將鄭注釋以今語，人民寧可餓死而不可無信。」[5]換言之，「信」在此係指人民自身之守信，「民無信不立」則意謂：人民若不守信，則雖生猶死，以強調守信之重要。但這種解釋之問題在於：它係就個人道德強調守信之重要，與為政之道的關係不清楚。

第二種解釋以孔安國的說法為代表。何晏《論語集解》引孔安國注曰：「死者古今常道，人皆有之。治邦不可失信。」[6]徐復觀引申其義說：「照孔注的意思，信是就統治者自身說的。將孔注釋為

3　鄭玄撰、宋翔鳳輯，《論語鄭氏注》，收入宋翔鳳輯著、徐耀環新編，《浮谿精舍叢書》（桃園：聖環圖書公司，1998），頁20。

4　何晏集解、皇侃義疏，《論語集解義疏》，收入楊家駱編，《論語注疏及補正》（台北：世界書局，1990），卷6，頁122。

5　徐復觀，〈釋論語「民無信不立」──儒家政治思想之一考察〉，前引書，頁297。

6　何晏集解、邢昺疏，《論語注疏》（台北：台灣中華書局，四部備要本，1966），卷12，頁2下。

今語，統治者寧可自己餓死而不可失信於民。」[7]徐復觀又引劉寶楠
《論語正義》之說，作為這種解釋之引申。據劉寶楠之說，「去兵」
謂「去力役之征」，「去食」謂「凡賦稅皆蠲除」、「發倉廩以振
貧窮」。[8]至於「自古皆有死，民無信不立」，劉寶楠解釋說：

> 去兵、去食，極其禍難，不過人君國滅身死。然自古人皆有死，
> 死而君德無所可譏，民心終未能忘，雖死之日，猶生之年。〔……〕
> 是故信者，上所以治民之準也。苟無信，雖足兵、足食，猶不
> 能守，況更值不得已，而兵、食皆將去之乎？[9]

綜合孔安國與劉寶楠之說，可知此處的「信」是指統治者之守
信，從另一方面來說，即是人民對統治者之信任。所以，統治者寧
可因去兵、去食而致國滅身死，也不失信於民。故劉寶楠說：「『信』
謂上與民以信也。」[10]也就是說，統治者要取得人民的信任。

第三種解釋以朱熹的說法為代表。朱熹《論語章句集注》解釋說：

> 民無食必死，然死者人之所必不免。無信則雖生而無以自立，
> 不若死之為安。故寧死而不失信於民，使民亦寧死而不失信於
> 我也。[11]
> 愚謂：以人情而言，則兵食足而後吾之信可以孚於民。以民德

7　徐復觀，〈釋論語「民無信不立」──儒家政治思想之一考察〉，
　　前引書，頁297。
8　劉寶楠，《論語正義》（北京：中華書局，1990），下冊，頁492。
9　同上注。
10　同上注。
11　朱熹，《四書章句集注》（北京：中華書局，1983），頁135。

而言，則信本人之所固有，非兵食所得而先也。是以為政者，
當身率其民而以死守之，不以危急而可棄也。[12]

對於朱熹的解釋，徐復觀評論說：

朱注主要的意思是說民寧餓死而不失信於統治者。但他下這樣
的解釋時，心裡多少感到有點不安，所以插進「寧死而不失信
於民」一句，變成為統治者與被統治者的共死，朱元晦的態度
是謹慎而調和。但在文理上多少有點附益之嫌。[13]

在這三種解釋當中，徐復觀採取第二種解釋。他的理由是：

〔……〕統治者必自己做到信的條件，以使人民能相信它。這
種信是對統治者提出的要求，而不是對人民提出的要求。先秦
儒家，凡是在政治上所提出的要求，都是對統治者而言，都是
責備統治者，而不是責備人民，這可以說是一個「通義」，此
即「德治」的本質。論語子貢問政這一條，足食足兵，民信，
分明都是就為政者說的三個條件。民信的信，自然不是對人民
的要求，而只是對統治者的要求。所以孔注，尤其是劉寶楠的
正義，將食釋為「食政」，即政府的財政，民信是統治者寧死
亦不失信於民，最能得孔子的原意。[14]

12　同上注。
13　徐復觀，〈釋論語「民無信不立」——儒家政治思想之一考察〉，
　　前引書，頁298。
14　同上注。

　　對徐復觀而言，以鄭玄注為代表的第一種解釋及以朱熹注為代表的第三種解釋都將「信」理解為對人民的要求，自然是錯誤的。但朱注較為迂曲，因為它同時又將「信」理解為「統治者不失信於民」，而成為統治者與人民各守其信。但是這樣的解釋，就文意而言，甚為牽強。

　　徐復觀認為：第一種及第三種解釋都忽略了先秦儒家政治思想的基本原則。他指出：

> 孔孟乃至先秦儒家，在修己方面所提出的標準，亦即在學術上所立的標準，和在治人方面所提出的標準，亦即在政治上所立的標準，顯然是不同的。修己的學術上的標準，總是將自然生命不斷底向德性上提，決不在自然生命上立足，決不在自然生命的要求上安設價值。治人的政治上的標準，當然還是承認德性的標準；但這只是居於第二的地位，而必以人民的自然生命的要求居於第一的地位。治人的政治上的價值，首先是安設在人民的自然生命的要求之上；其他價值，必附麗於此一價值而始有其價值。[15]

　　對徐復觀而言，先秦儒家區別修己與治人的不同標準，至關緊要。他在另一篇文章〈儒家在修己與治人上的區別及其意義〉中也強調：

> 這種分別之所以重要，一方面是像我已指出的，若以修己的標準去治人，如朱元晦們認為民寧可餓死而不可失信，其勢將演變而成為共產黨之要人民為其主義而死，成為思想殺人的悲

15　同上注，頁299。

劇。另一面，若以治人的標準來律己，於是將誤認儒家精神，乃停頓於自然生命之上，而將儒家修己以「立人極」的工夫完全抹煞。[16]

據此，徐復觀指出朱熹在解釋《論語》此章時的思想糾結：

朱注認信為「民德」，為「人之所固有」，所以覺得人民即使餓死也要他們守而不失，這是以儒家修己之道責之人民。但他對一部論語一直解到死。其用心真可謂入微入細；內心當然感到統治者自己站在人民上面去要求人民為信而死，這種片面的要求，總有點說不過去；所以便把統治者與人民綰帶在一起，而成為統治者與人民共為信而死，這似乎解釋得更為圓滿了。但這種圓滿仍與孔孟的基本精神不合，孔孟對於統治者和人民，從不做同等的要求。[17]

以上是徐復觀對《論語》此章的解釋。就思想義理而言，他強調儒家修己與治人的不同標準，的確發人深省，也具有現代意義。但就與該章的語法與文脈而言，他的解釋是有問題的，而且錯失了先秦儒家政治思想的另一層意義。就語法而言，我們必須確定「民信之」的「之」何所指，以及「民無信不立」的「立」是就何者而言。

先談「民信之」一句的涵義。根據上述的三種解釋，此處的「之」字都是指統治者或政府。根據第一及第三種解釋，「民信之」意謂

16　徐復觀，《學術與政治之間》，頁231。

17　徐復觀，〈釋論語「民無信不立」──儒家政治思想之一考察〉，前引書，頁300。

「人民對指統治者或政府守信」。根據第二種解釋,「民信之」意謂「統治者或政府取得人民的信任」。皇侃本在「民」上有「令」字,高麗本則以「使」代「令」。[18]這似乎為第二種解釋提供了佐證,因為這樣一來,「使民信之」便可意謂「使人民信任統治者或政府」。但是增字解義應儘量避免。

在《論語》中與「民信之」同一語法的還有〈公冶長〉第26章中孔子所說的「老者安之,朋友信之,少者懷之」之語。在這句話中,三個「之」字顯然分別指涉老者、朋友、少者,而主詞則是省略掉的「我」(孔子本人)。在此,「朋友信之」意謂「使朋友相互信任」,不涉及統治者。在先秦儒家,「信」是朋友相處之道,如《論語‧學而》第4章曾子所云:「與朋友交,言而有信。」又如《孟子‧滕文公上》第4章孟子所云:「聖人憂之,使契為可徒,教以人倫:父子有親,君臣有義,夫婦有別,長幼有序,朋友有信。」在這個脈絡中,「信」都是指朋友相處之道,與統治者無涉。在五倫當中,父子、夫婦、長幼(或兄弟)均屬血緣關係,彼此的信任似不成問題,故儒家在此並不特別強調「信」。至於君臣之間,則為權力關係,儒家只說「君臣有義」。《禮記‧禮運》強調「君仁臣忠」,[19]亦不言「信」。若比照「朋友信之」的語法,我們可以很順當地以「民信之」的「之」指涉「民」,而將這句話理解為「使人民相互信任」。

「民信之」的涵義確立之後,接下來的問題是:「民無信不立」當作何解釋?就語法而言,這句話的主詞是「民」,故「不立」是說「民不立」。上述的第一種解釋將「民無信不立」理解為「人民

---

18 何晏集解、邢昺疏,《論語注疏》,卷12,頁7下。
19 陳澔,《禮記集說》(台北:世界書局,1969),頁126。

若不守信，則雖生猶死」，第三種解釋將此語理解為「民無信則雖
生而無以自立」，就語法而言，都說得通，但在義理上卻受到徐復
觀的批評。第二種解釋將「信」理解為「統治者之守信」，故「民
無信不立」即被轉換為「君無信則不能立」。儘管這種解釋得到徐
復觀的首肯，但在語法上卻說不通。歐尼爾在她的書中引述理雅各
（James Legge, 1815-1897）的翻譯。理雅各將「民無信不立」翻譯
成："[…] if the people have no faith in their rulers, there is no standing for
the State." [20] 他除了將「信」理解為人民對統治者的信任之外，還將
「不立」理解成「國家無以立」，可說義理與語法俱不得當。

　　以上三種解釋的共同錯誤是不了解「民信之」的「之」字就是
指涉「民」，也不了解此處的「信」是指人民的守信與互信，用現
代的說法來說，即是社會信任。孔子在《論語》此章列舉治國的三
項要件：「足兵」是指充實國防，「足食」是指發展經濟，「民信
之」是指社會信任。「去兵」則人民無以自衛，「去食」則人民無
以維生，都可能導致生存危機。但是與生存危機相比，因人民之間
喪失互信而導致社會崩解是更嚴重的危機。因此，孔子藉由「自古
皆有死」的對比來凸顯「民信之」的重要。「民信之」比「朋友信
之」的範圍更廣。「朋友」是我們熟悉的人，「民」則包括我們不
熟悉的人，故「民信之」是指普遍的社會信任。

三、福山論作爲社會資本的信任

　　接著，筆者擬將先秦儒家所提倡的「信」聯繫到現代社會的信

20　James Legge（trans.）: *The Chinese Classics*（Hong Kong: Hong Kong
　　University Press, 1960），I, p. 254.

任問題。筆者從日裔美國政治學家福山的一部引起廣泛討論的著作
《信任：社會德行與繁榮之創造》[21]談起。福山此書有意挑戰20世
紀的新古典經濟學派（或稱自由市場經濟學派）──其代表人物有
傅利曼（Milton Friedman）、貝克爾（Gary Becker）、史蒂格勒（George
Stigler）等人──的經濟理論。福山指出：當代新古典經濟理論的
整體架構係建立在一個簡單的人性模型之上，即假定人類是「以理
性追求最大效益的個體」。換言之，這個學派假定：人類是本質上
理性的、但卻自私的個體，他們首先尋求對自己的最大利益，然後
才考慮其所屬的任何團體之利益。[22]接著，福山表示：這套理論的
確有80%的正確性，但卻無法合理地解釋另外20%的人類行為。[23]因
為它忽略了古典經濟學的主要根基，例如古典經濟學大師亞當·史密
斯固然相信人們會受到「改善其生活條件」的慾望所驅使，但他絕不
會同意將經濟活動化約為「以理性追求最大的效益」──莫忘了他的
主要著作除了《國富論》之外，還有《道德情操論》，而後者將經濟

---

21 Francis Fukuyama: *Trust: The Social Virtues and the Creation of Prosperity*, New York: The Free Press, 1995. 此書有三個中譯本，分別為李宛蓉譯，《誠信：社會德行與繁榮的創造》（台北：立緒文化事業公司，1998）；彭志華譯，《信任：社會美德與創造經濟繁榮》（海口：海南出版社，2001；郭華譯，《信任：社會美德與創造經濟繁榮》（桂林：廣西師範大學出版社，2016）。在這三個譯本當中，郭華的譯本較佳，唯不知基於什麼理由，另外兩個譯本均刪去了注釋。本文直接引用英文本，但為了方便台灣的讀者，將李宛容譯本的頁碼以方括號附在英文本頁碼之後。引文則直接譯自英文版。郭華的譯本在邊頁上標註英文本的頁碼，故讀者不難據此檢索中譯本的頁碼。

22 Fukuyama: *Trust*, p. 18 [24].

23 同上注，頁13 [17]。

活動描繪成深植於更廣泛的社會習慣與風俗之中。[24]福山指出：

> 亞當·史密斯深知：經濟生活深植於社會生活之中，而且離開
> 了經濟生活發生於其中的社會之風俗、道德與習慣，它就無法
> 被理解。簡言之，經濟活動無法脫離文化。[25]

在這些文化條件中，福山特別標舉「信任」（trust）。當然，信任有不同的對象，如信任上帝、信任政府、信任領導人、信任制度、信任朋友、信任親人等。但福山所談的「信任」有特別的指涉。他說：

> 信任係發生於一個有規律、誠實且合作的行為之社群內，基於
> 共同享有的規範，對該社群的其他成員之角色的期待。那些規
> 範可能關乎深層的「價值」問題，像是上帝或正義的本質，但
> 它們也可能包括世俗的規範，像是專業標準或行為準則。[26]

福山將這種信任視為一種「社會資本」（social capital）並解釋說：

> 社會資本是一種能力，它產生自在一個社會或其某些部分中信
> 任之盛行。它可能根植於最小及最基本的社會群體（即家庭）
> 與最大的群體（即國家），以及所有介乎其間的其他群體。就
> 社會資本通常藉由諸如宗教、傳統或歷史習慣等文化機制而創
> 造與傳承而言，它不同於其他形式的人力資本。[27]

24　同上注，頁17-18 [23-24]。
25　同上注，頁13 [17]。
26　同上注，頁26 [34-35]。
27　同上注，頁26 [35]。

在現代社會，人的政治活動與經濟活動往往需要法律、契約與制度的約束與保障。相對於法律與契約，信任可以說是一種軟性的力量。福山特別強調：「這種法律裝備充作信任之替代物，需要經濟學家所謂的『交易成本』。」[28]以本文開頭所描述的中國大陸社會來說，在那個欠缺基本信任的社會，人們為了避免受騙（收到偽鈔），需要付出許多額外的「交易成本」（防範偽鈔）。德國社會學家盧曼有一本小書《信任》，其副標題便是「社會複雜性之一種簡化機制」。舉例來說，如果我要動一個重大手術（例如眼睛手術），我固然可以透過網路去找一個適合的醫生。但網路上充斥大量的相關資料，我很難一一查詢，以判斷哪些資料較為可靠。因此，我們通常會諮詢我們信任的朋友，最好他也是眼科醫生，或是認識眼科醫生。這種信任關係可以省去我們很多的時間與精力，也就是「交易成本」。其實，不只是看醫生，我們在日常生活的許多活動（如購房、投資、旅遊、投票，甚至日常的購物）當中，我們經常依靠這種信任，否則生活會變得非常複雜而麻煩。故盧曼在此書的開頭就說：如果一個人完全沒有信任，他早晨甚至無法起床。[29]

為了說明信任的意義，福山還提出「自發的社會性」（spontaneous sociability）之概念。他將「自發的社會性」視為「社會資本」的一個子集合，用來指涉與家庭或政府機構不同的居間社群。[30]福山認為：在以家庭與親屬為中心的社會中，這種「自發的社會性」不強，因為非親非故的外人欠缺相互信任的基礎，台灣、香港及中國大陸

28 同上注，頁27 [37]。

29 Niklas Luhmann: *Vertrauen. Ein Mechanismus der Reduktion der sozialer Komplexität*（Stuttgart: Lucius & Lucius, 2000），S. 1.

30 Fukuyama: *Trust*, p. 27 [36].

的華人社會即是其例，法國與義大利中南部的社會也是如此。[31]與
此形成對比的是日本與德國的社會，它們具有高度普遍化的社會信
任，因而對於自發的社會性具有強烈的偏好。[32]福山在此特別為美
國社會辯護。他強調：美國社會並非如大部分美國人所以為的個人
主義社會，而是擁有自願結社與社群結構之豐富網絡，而個人使他
們的狹隘利益從屬其下。[33]

　　接著，福山強調：社會信任會影響經濟發展的型態。他承認：
所有的企業一開始通常都是家族企業。但是隨著企業的成長，日益
增長的規模遲早會超過單一家族的掌控能力，而有必要轉型為現代
化公司的專業型態。一個社會資本較雄厚、具有高度社會性的社會
（如英國、荷蘭、美國）較容易擺脫家族主義，而進行這種轉型。
反之，著重家族主義的社會（如台灣、香港、新加坡）較難建立大
規模的企業，而局限於中小企業。[34]福山特別舉出美國的華人企業
王安電腦公司之乍起乍滅作為這種轉型失敗之例。[35]他也以台灣的
企業為例，指出：台灣的企業以中小企業為主，大型企業除國營企
業之外，民間的大型企業都是家族企業，由家族擁有和經營。但相
較於日本與韓國的大型民間企業，台灣民間大型企業的規模與網絡
組織還是比較小。[36]何以這種轉型對華人企業如此困難呢？福山指
出：「華人之難於走向專業化管理，與華人家族主義的本質有關。
在華人方面有一種強烈的傾向，只信任與他們有關係的人，反之，

31　同上注，頁28-29 [38-39]。
32　同上注，頁29 [39]。
33　同上注；參閱頁269-281 [315-329]。
34　參閱同上注，頁62-65 [77-82]。
35　參閱同上注，頁69-70 [87-89]。
36　參閱同上注，頁70-74 [89-94]。

不信任在他們的家族與親屬群之外的人。」[37]

　　韓國與日本都深受儒家文化的影響，何以其經濟發展的型態與台灣有如此的差異呢？對此，福山也有一套解釋。關於韓國，答案比較簡單。福山承認：家庭在韓國占有一個重要的位置，其結構更接近中國，甚於日本；此外，在韓國文化中也沒有日本式的家庭機制，可讓外人加入家族。[38]他將韓國連同中國、義大利中南部及法國都歸入自願性社團相對薄弱的「低度信任的社會」。按理說，這些社會應欠缺大型的民間企業，可是韓國卻是例外。這如何解釋呢？福山將它歸因於南韓政府的刻意扶持。[39]因此，南韓的這些大型民間企業依然由家族所擁有與把持，例如現代集團、三星集團、大宇集團。可是福山又不無矛盾地列舉南韓社會中幾種可以超越家族羈絆的自發性社會基礎：擴大的宗親組織、地域觀念、大學同學、軍隊、基於研究或愛好的團體，以及基督教。[40]但問題是；這些社會基礎豈是南韓所獨有，它們不是也存在於現代的華人社會（如台灣）中嗎？

　　關於日本，福山主張：日本人的家庭結構使日本人更傾向於自發的社會性，並指出：儘管日本人受到儒家文化的影響而重視家庭與孝道，但相較於華人的家庭，日本人的家庭規模較小，凝聚力較低，親人間的關係也較弱。[41]他說：

　　日本人的「家」較像是家戶財產的一個信託機構，這些財產由

37　同上注，頁75 [94]。
38　同上注，頁127-128 [159-160]。
39　同上注，頁128 [160]、138-140 [172-174]。
40　同上注，頁140-142 [174-176]。
41　同上注，頁171 [211]。

家庭成員共同使用，而以戶長擔任主要的受託人。重要的是「家」
的代代延續；它是一個結構，其位置可暫時由實際的家庭所佔
有，而擔任其保管人。但這些角色不必由有血緣的親屬來擔任。
42

　　為了說明日本家庭的特色，福山提到日本的長子繼承制。對比
於中國人通常將家產平分給所有兒子，日本人通常以長子單獨繼承
家業，但這個繼承人不一定是親生的兒子，也可能是無血緣關係的
養子。43福山說：「在日本，在親屬圈之外的收養並非丟臉的事。」
44這種長子繼承制使日本社會可以發展出數量可觀的非基於親屬關
係的社會組織。福山特別提到日本特有的「家元」組織。旅美華裔
人類學家許烺光有專書探討日本的「家元」組織。根據他的說明，

　　〔家元〕指一種既固定且不能更動的階等性的安排，由一群在
　　同一意識形態下，為了共同目標，遵守同樣行為法則的人自願
　　結成。〔……〕它是半基於親屬模型的，所以一旦固定下來，
　　階等的關係就傾向於永恆化；它也是半基於契約模型的，因為
　　加入以及偶爾發生的脫離某特定集團的決定在於個人。45

42　同上注，頁172 [212]。
43　同上注，頁172-173 [212-213]。
44　同上注，頁173 [213]。
45　許烺光著、于嘉雲譯，《家元：日本的真髓》（台北：南天書局，
　　2000），頁54。此書的原文為英文，即Francis L. K. Hsu: *Iemoto: The
　　Heart of Japa*n, Cambridge/Mass.: Schenkman Publishing Co., 1975. 由
　　於中譯本已在邊頁註明英文本的頁碼，故本文不再標註英文本的頁
　　碼。

　　據此，家元是一種模仿家族型態的自願組織，由一位具有權威的師傅（他也叫做家元）與一些徒弟共同組成。我們最常看到的家元出現於日本傳統的藝術與技藝（如插花、茶道、柔道、舞蹈、歌詠、盆栽、能劇等）當中。不僅如此，許烺光認為：家元的特點還存在於日本社會的各個領域，如宗教、商業、學校、大學、工廠和辦公室。[46]故福山強調：

> 就家元群體並非以親屬關係為基礎而言，它們類似現代西方的自願性社團；任何人都可申請加入它們。但由於群體內部的關係不是民主的，而是階等的，且由於因加入而承擔的道德責任並非如此容易放棄，它們類似家庭。[47]

　　福山進而認為：家元組織的特性也反映在日本企業的公司中。他將日本與華人的公司加以比較：

> 日本的公司經常被說成「家庭式的」，而華人的公司業則不折不扣是家庭。日本的公司具有一個權威結構，以及其成員之間的道德義務感，這點類似於一個家庭中的通常情況；但是它也具有自願精神的成分，不受限於親屬關係之考慮，這使它更像一個西方的自願性社團，而不像華人的家庭或宗族。[48]

　　筆者不確定福山是否讀過許烺光的《美國人與中國人：通往差

46　許烺光著、于嘉雲譯，《家元：日本的真髓》，頁61。
47　Fukuyama: *Trust*, p. 176 [216].
48　同上註，頁177 [217]。

異》，[49]因為福山在《信任》一書中並未引用許烺光此書。但許烺
光在此書中主張：中國人的弱點之一是缺乏自願性的非親屬組織，[50]
正好呼應福山的觀點。關於這個問題，福山倒是引述了德國社會學
家韋伯的說法。福山重述韋伯在《中國的宗教：儒教與道教》[51]中
的說法：「強大的中國家族造成他所謂的『親族關係的羈絆』（過
度限制的家族束縛），抑制了現代企業組織所必要的普遍價值與非
個人的社會聯繫。」[52]

四、中國明、清時期的社會信任

　　本文的重點不在於解釋對各地經濟發展有利或不利的文化因
素，而在於說明信任對現代社會之政治發展與經濟發展的重要性。
不論福山的個案分析是否恰當，他藉「自發的社會性」來說明超越
親屬關係的社會信任，的確深具卓識。前面的討論已顯示：孔子所

---

49 Francis L. K. Hsu: *Americans and Chinese: Passage to Differences*,
　　Honolulu: The University Press of Hawaii, 1981, 3rd edition. 此書有徐
　　隆德的中譯本：《中國人與美國人》（台北：南天書局，2002）。
　　參閱許烺光著、徐隆德譯，《中國人與美國人》，頁423-428；英
　　文本，pp. 394-399。
51 Max Weber: *The Religion of China: Confucianism and Taoism*,
　　Glencoe/Ill: The Free Press, 1951. 此書原係韋伯《世界諸宗教的經濟
　　倫理學》（*Die Wirtschaftsethik der Weltreligionen*）的第一部分（第
　　二部分論印度教與佛教，第三部分論古代猶太教），由Hans H. Gerth
　　譯成英文後冠以現名。此書有簡惠美的中譯本：《中國的宗教：儒
　　教與道教》（台北：遠流出版事業公司，1989）。
52 Fukuyama: *Trust*, p. 65 [83]. 福山並未明確註明出處的頁碼，但他顯
　　然指涉《中國的宗教：儒教與道教》英譯本第4章第5節〈親族關係
　　對經濟的羈絆〉（"Sib Fetters of the Economy"）。

說的「信」係超越親屬範圍之普遍的社會信任。我們的問題是：在傳統的中國社會及現代的華人社會中是否真如福山所言，無法超越家族主義，並因欠缺「自發的社會性」而為低度信任的社會呢？對此我們不無理由質疑。

　　近年來有所謂「儒商」之說。中國明、清時期的「徽商」與「晉商」常被視為「儒商」之例。我們便以晉商為例，來說明「儒商」的意義。中國傳統以商居於士、農、工、商四民之末。但從明代開始，由於市場經濟的發達，加上陽明學的傳播，商人的地位有顯著的提升，而與士之間有趨同之勢。王陽明（1472-1529）提出「四民異業而同道，其盡心焉，一也」[53]之說，使士、農、工、商處於平等的地位，不復有高下之分。[54]這便開啟了「儒商」之道。「儒商」包含幾項特點：一、學而優則商；二、商人重視並支持文教；三、商人子弟入仕為官；四、商業道德強調儒家價值。這些特點都見諸晉商。

　　現在讓我們回到福山所強調的「信任」。無人能否認：中國傳統的商業活動與家族的關係極為密切。但晉商是否僅局限於家族企業呢？根據大陸學者葛賢慧的研究，明代的山西商人採取夥計制。明人王士性（1547-1598）在筆記《廣志繹》便提到山西商人的夥計制。[55]葛賢慧據此說明如下：

> 王士性所說的山西商人的夥計，不同於近代的雇傭夥計。他說
> 的夥計是「眾夥共而商之」，有錢的出錢，沒錢的出力，或者

53　王陽明，〈節菴方公墓表〉，見吳光等編校，《新編本王陽明全集》（杭州：浙江古籍出版社，2010），第3冊，頁986。

54　關於明代的「新四民說」，參閱余英時，《中國近世宗教倫理與商人精神》（新北：聯經出版公司，1987），頁104-121。

55　參閱王士性，《廣志繹》（北京：中華書局，1981），頁61-62。

借高利貸作為本錢，大家同甘共苦，共同賺錢，賺了錢大家都
有份。所以，只要數一數夥計有多少，就能算出某人財富有多
少。這種組織形式全靠彼此**信任**，個人不能存有私心。隨著商
品經濟的發展，這種靠**信任**和經濟利益維繫，而資方與經營方
不分的組織形式自然會發生分化。有本錢的是東家，是掌櫃；
沒本錢的被雇傭，是學徒，是夥計。但原有的那種「眾夥共而
商之」的形式中，「夥計」的高度積極性與彼此的**信賴關係**，
給人們留下了極有意義的啟迪。[56]

　　可以看出，這種夥計制極具現代企業的精神。更重要的是，信
任是維繫這種制度的基本精神。問題是：夥計是否僅限於有親族關
係的人，而不包含外人呢？從《廣志繹》的記載看不出來。余英時
也提到明代的夥計制，並指出：除了在山西之外，在安徽與江蘇也
有夥計制。[57]他又說：夥計大體都是親族子弟。[58]但這種說法不無
商榷的餘地。不能否認，夥計中可能有親族中的貧窮子弟。但余英
時也提到一位出身蕪湖的徽商阮長公，並引述明人汪道昆的《太函
集》說：「其所轉轂，遍於吳、越、荊、梁、燕、豫、齊、魯之間
〔……〕」[59]我們很難想像，阮長公的生意做得這麼大，他雇用的
夥計會局限於親族子弟。最可能的情況或許是：夥計中也有無親屬

56　葛賢慧，《商路漫漫五百年：晉商與傳統文化》（武漢：華中理工
　　大學出版社，1996），頁153-154。黑體字為筆者所標示。
57　余英時，《中國近世宗教倫理與商人精神》，頁152-153。
58　同上書，頁154。
59　胡益民、余國慶點校、汪道昆著，《太函集》（合肥：黃山書社，
　　2004），第2冊，卷35，頁763；余英時，《中國近世宗教倫理與商
　　人精神》，頁155-156。

關係的外人，而其間的信任關係也涉及對外人的信任。

　　到了清代，山西的商號開始採取「股份制」，又稱「股俸制」。股份分為銀股和身股：投入資金者為銀股；憑資歷與能力受聘經營生意者為身股。學徒出師後成為夥計。夥計中有才幹者，經過十年以上的歷練後，就可以經營生意而入身股。銀股與身股都可以參加分紅。甚至經營生意者病故或意外身亡時，還可以依功勞之大小與生意之多寡繼續頂三年的死股，參加分紅。[60]此外，在這種股份制中，擁有權與經營權分開。東家出資，而聘請經理、掌櫃從事經營，類似現代企業中董事會與經理的關係。對於山西商號的股份制，葛賢慧有如下的描述：

> 東家與經理、掌櫃之間這種委託經營關係，建立在**信任與忠誠**的基礎上，以經濟利益關係為紐帶。雖然東家出資並承擔風險，商號、票號的所有權屬於東家〔……〕但東家不能因財大而氣粗，一旦把經營權交給被委託人時，人事權、財權亦同時交出。所以山西的票號、商號儘管名義上是家族式企業，但它的經營管理活動卻並不是以宗族關係為紐帶，也不是任人唯親，這就使企業具有開放性的特徵，能廣納人才，保持長久的活力。東家對商號、票號的控制與監督建立在對經濟實績及對被委託人的才智高下、品質優劣、能力強弱的考察上，一旦發現問題，東家有權解除聘任委託關係。所以東家對被委託人仍有一定的制約，但這種制約並不表現為家長式專制統治。有人把山西商人、徽州商人及各地商幫統斥之為封建家族式企業，實施的是

60　關於清代山西商號的股份制，參閱葛賢慧，《商路漫漫五百年：晉商與傳統文化》，頁154。

以宗族關係為紐帶的封建家長式管理，這是不符實際的一種主
觀臆斷。[61]

　　清代山西商號的股份制與明代山西商人的夥計制一脈相承，因
為前者亦體現東家與被委託人之間的信任關係，而且這種信任關係
超出家族的範圍。我們由關於清代山西商號的股份制與明代山西商
人的夥計制之描述，不由得會聯想到現代日本企業的特色。

　　韋伯在《中國的宗教》中寫道：「中國人典型的**互不信任**被所
有的觀察者所確認，而且強烈地對比於對清教教派中教友之誠實的
信任，而這種信任為社群**之外**的人所分享。」[62]韋伯也聽聞中國「大
貿易商之極其值得注意的可靠性」。對於這種顯然的矛盾，韋伯並
未正視，而只是說：中國的零售商未必如此誠實，[63]或者說：這種
可靠性「比較是外鑠的（von außen ankultivert），而非如在清教倫
理中，是內發的」。[64]總之，韋伯認為：在中國，「作為所有商業
關係之基礎的一切**信任**始終基於親屬關係或是親屬似的純個人關
係」，而這限制了「宗教倫理之理性化」。[65]但由上述有關明、清

61　同上書，頁114。黑體字為筆者所標示。
62　Max Weber: *Die Wirtschaftsethik der Weltreligionen*（Tübingen: J.C.B.
　　Mohr, 1988, 9. Aufl.），I, S. 518 [299]. 方括號內為簡惠美中譯本的頁
　　碼，下同。但引文係由筆者直接譯自英文本。
63　同上注。
64　同上書，頁521 [302]。從上下文可知，韋伯的意思是說：中國商人
　　的可靠性係基於外在的禮俗與傳統之制約，而非出於內在的信念
　　（如宗教信念）。但余英時在引述這句話時卻誤讀為：「如果行商
　　的誠實是真的，那一定也是受了外國文化的影響，不是從內部發展
　　出來的。」（《中國近世宗教倫理與商人精神》，頁140）
65　Max Weber: *Die Wirtschaftsethik der Weltreligionen*, p. 523 [304].

兩代晉商制度的描述看來，韋伯的判斷有很明顯的盲點。余英時指
出其盲點在於：

> 韋伯對中國商人的誤解起於他看錯了中國的價值系統。他認為
> 中國人缺乏一個內在價值內核（absence of an inward core），也
> 沒有某種「中心而自主的價值立場」（central and autonomous
> value position）。換句話說，即沒有超越的宗教道德的信仰。[66]

他並且引述大量文獻來證明：「『誠』與『不欺』是一事之兩
面，在新儒家倫理中尤其占有最中心的位置。」[67] 限於篇幅，筆者
不再引述，讀者可自行參閱。[68] 但此處可略作補充說明。

儒家有義利之辨。商人以謀利為業，本是天經地義之事，但明、
清的儒商同時要兼顧義。明人李夢陽在為山西蒲州商人王文顯所撰
寫的墓誌銘中引述後者告誡其諸子的話：

> 夫商與士，異術而同心。故善商者，處財貨之場，而修高明之行，
> 是故雖利而不汙。善士者，引先王之經，而絕貨利之徑，是故必
> 名而有成。故**利以義制**，名以清修，各守其業，天之鑒也。[69]

66　余英時，《中國近世宗教倫理與商人精神》，頁141。

67　同上注。

68　參閱同上書，頁141-146。

69　李夢陽，〈明故王文顯墓誌銘〉，收入其《空同集》（台北：臺灣
　　商務印書館，1983，《景印文淵閣四庫全書》，第1262冊），卷46，
　　頁4下〔總頁420〕。黑體字為筆者所標示。

　　王文顯出身官宦家庭，後棄儒從商，是典型的「儒商」。套用
余英時的話，「利以義制」便是儒商的「內在價值內核」。這類乎
日本近代企業家澀澤榮一所提倡的「士魂商才」或「義利合一」[70]。
余英時也關聯著這種「內在價值內核」而討論明、清商人的「賈道」，
認為它對明、清商業的功能類乎基督新教在近代西方的功能。[71]此
外，還值得一提的是，由於生意的擴展，山西商人在各地廣設會館，
而這些會館多半以關聖帝君（關羽）為祭拜對象。這不僅是由於關
羽是山西人，更由於關羽有忠義之名。關帝信仰是民間信仰，配合
士人的儒家傳統，共同構成山西商人的「賈道」。

四、現代華人社會中的社會信任

　　以上所述是傳統中國社會的社會信任，以下我們將眼光轉向現
代中國社會。福山的《誠信》一書出版之後，在中、西學界都引發
了不少的討論。有兩位中國大陸的社會學者李偉民與梁玉成針對福
山對中國社會的信任之論斷進行了一項實證研究。他們在廣東省的
廣州、深圳、汕頭、東莞、湛江、韶關、梅州七個城市發出了2003
份問卷，並全部回收。為了節省篇幅，調查的過程及推論在此略過，
現在僅引述其結論：

　　　本研究圍繞中國人之間是否存在信任以及存在何種信任這一問
　　　題，針對韋伯和福山的有關論斷，進行了較大樣本的問卷調查

70　參閱澀澤榮一著、洪墩謨譯，《論語與算盤》（台北：正中書局，
　　1988），頁2-5、90-93。
71　參閱余英時，《中國近世宗教倫理與商人精神》，頁147-161。

和分析。結果表明,韋伯所說中國人的信任是一種「血親關係
本位」的特殊信任、對外人則存在著普遍的不信任,以及福山
說中國人對外人極度不信任、所相信的只是自己家族的成員等
這樣一些關於中國人信任的論斷均是片面不準確的,需要予以
澄清和糾正。本研究結果表明:

中國人所信任的人群雖然以具有血緣家族關係的親屬家庭成員
為主,但同時也包括有不具有血緣家族關係卻有著親密交往關
係、置身於家族成員之外的親朋密友;對於沒有血緣聯繫但具
有一定社會交往和關係的其他人來說,中國人並未表現出普遍
和極度地不信任;血緣家族關係雖然是制約中國人是否信任他
人的一個主要因素,但不是惟一的因素,關係(包括血緣家族
關係和社會交往關係)中所包容的雙方之間的情感內涵對中國
人之間的信任具有明顯和重要的影響作用;中國人根據雙方之
間的人際關係所確定的有選擇傾向性的相互信任即特殊信任,
與根據有關人性的基本觀念信仰所確定的對人的信任即普遍信
任,兩者之間並非相互排斥或相互包容的,而是各自獨立、無
明顯關聯的。[72]

　　這項研究顯示:儘管大陸的中國人如今依然極重視血緣家族的
關係,但其信任並非僅局限於這種關係,而且也延伸到無血緣關係
的外人。
　　至於台灣社會的情況如何呢?中華民國群我倫理促進會自2001

---

[72] 李偉民、梁玉成,〈特殊信任與普遍信任:中國人信任的結構與特
　　徵〉,收入鄭也夫、彭泗清等著,《中國社會中的信任》(北京:
　　中國城市出版社,2003),頁202-203。

年起平均每兩年發布「台灣社會信任調查」。2021年發布的調查報
告顯示：台灣民眾對不同對象的信任程度依序排列如下：家人（95.9
％）、醫生（90.1％）、中小學老師（83.3％）、基層公務員（71.8
％）、警察（70.7％）、鄰居（69％）、社會上大部分的人（68％）、
縣市首長（66.1％）、總統（60.7％）、律師（54.7％）、企業負責
人（52.9％）、中央部會首長（51.6％）、法官（43.1％）、縣市議
員（43％）、立法委員（36.1％）、新聞記者（28.5％）。2001至2019
年的調查資料見下圖：

台灣民眾歷年信任度調查

	2019	2017	2015	2013	2008	2006	2004	2002	2001
家人	95.8%	95.9%	95.7%	95.9%	96.4%	96.4%	96.1%	95.7%	96.6%
醫生	91.6%	86.8%	89.0%	81.4%	83.6%	82.8%	77.5%	75.4%	77.1%
中小學老師	82.1%	80.3%	82.0%	81.2%	76.8%	81.6%	75.7%	74.8%	70.6%
鄰居	73.3%	68.5%	71.9%	74.0%	73.7%	--	74.1%	70.9%	66.2%
社會上大部分的人	68.3%	63.7%	64.5%	64.5%	60.5%	60.3%	50.6%	38.1%	34.1%
總統	52.6%	45.5%	34.2%	33.6%	44.4%	36.1%	53.2%	41.0%	60.6%
政府官員	35.5%	26.6%	23.1%	21.5%	27.9%	25.0%	33.9%	19.3%	33.0%
民意代表	35.4%	27.6%	26.3%	21.7%	20.2%	16.6%	21.1%	17.0%	21.8%
基層公務員	78.1%	71.3%	69.9%	65.4%	--	--	60.8%	49.5%	--
法官	39.6%	32.8%	42.3%	32.0%	39.8%	47.6%	50.4%	34.2%	42.7%
警察	76.5%	70.0%	61.3%	50.4%	45.6%	45.2%	50.5%	45.5%	46.4%
律師	53.9%	50.8%	50.0%	41.3%	42.8%	41.5%	--	--	31.1%

企業負責人	48.7%	46.4%	40.6%	48.8%	42.5%	49.0%	38.6%	36.0%	21.6%
新聞記者	27.5%	29.0%	29.5%	30.2%	23.5%	25.2%	30.8%	30.6%	--

資料來源：中華民國群我倫理促進會

　　根據以上的調查資料，家人始終是台灣民眾最信任的對象，而且信任程度非常穩定。在2021年的調查中，信任度居次的是醫生、中小學老師、基層公務員、警察、鄰居這五類與民眾有直接接觸的對象，而且有逐步上升的趨向。其中，對醫生、中小學老師、鄰居的信任度緩步上升，對基層公務員與警察的信任度則有較大幅度的提升。最值得注意的是：台灣民眾對「社會上大部分的人」的信任度，從2001年的34.1%大幅提升到2021年的68%。這類對象是非親非故的對象，屬於李國鼎所謂的「第六倫」之對象。至於政治人物及法官，都屬於後段班。最不堪的是新聞記者，始終敬陪末座。這些調查顯示：台灣民眾對家庭成員固然有最大的信任，但並不因此而排斥對外人（無論是否有直接接觸）的信任，而且對外人的信任程度逐漸提升。這個調查結果與李偉民與梁玉成在廣東省的調查結果也有一定程度的吻合。這種情況也是福山未充分考慮的。

　　至於福山說華人的大企業始終未擺脫家族企業，也是需要修正的。以台灣為例，早期除國營企業之外，如台塑集團、長榮集團的確都是家族企業，而且在第一代掌門人（王永慶、張榮發）逝世之後陷於家族爭產的糾紛。但台灣還有台機電集團、宏碁集團、鴻海集團等大型跨國企業，都不是家族企業。

　　福山在討論美國人之「自發的社會性」及社會信任時特別強調基督新教的影響。他說：「美國基督新教對反於國教的宗派性格，

以及它所產生的活力，對於理解美國社會中結社生活之持續強度，
似乎具有關鍵性。」[73]在台灣社會，佛教、道教與民間宗教也有類
似的作用，例如慈濟功德會與佛光山教團所組織的義工團體，較諸
美國基督新教的團體毫不遜色。這也是福山的理論需要修正之處。

五、社會信任與民主——兼結論

接著，我們還要談到信任與民主政治的關係。這個問題涉及對
政治人物的信任與對制度（憲政秩序）的信任。民主需要制衡，故
在成熟的民主社會，人民對政治人物必然有一定程度的不信任。因
此，在上述關於台灣民眾的信任度之調查中，民眾對政治人物的較
低信任度似乎不足為奇。但如果民眾對政治制度有相當程度的信
任，民主政治仍能健全地運作。然而民眾對政治人物的信任與對政
治制度的信任無法截然劃分開來。我們很難想像，完全不信任政治
人物的民眾也會對政治制度有充分的信心。波蘭社會學家什托姆普
卡（Piotr Sztompka）認為：在其他所有條件相等的情況下，信任的
文化在一個民主制度中，比在任何情他類型的政治制度中更有可能
出現。[74]但是他也提到民主制度的一個悖論，此即，一個民主制度
需要建立在負責制（accountability）及事先承諾（pre-commitment）
之基礎上，但是強調這兩者即意謂：在一個民主體制中的信任主要
歸因於在民主架構中不信任之制度化。[75]關於政治信任的問題比較

---

73 Fukuyama: *Trust*, p. 290 [336].
74 Piotr Sztompka: *Trust: A Sociological Theory* （Cambridge: Cambridge
    University Press, 1999）, p. 139；彼得・什托姆普卡著、程勝利譯，
    《信任：一種社會學理論》（北京：中華書局，2005），頁186。
75 同上書，頁140：中譯本，頁187。

複雜，需要更細緻的討論，[76]但這並非本文的主題。筆者所要討論的毋寧是民主社會中的「社會信任」問題。福山在其《信任》一書的最後一章稍微點到了這個問題。他談到資本主義經濟中自我組織的能力時僅簡略地說道：「這種自我組織的偏好正是使民主的政治制度順利運作之必要條件。將一套自由之體制轉變為有秩序的自由之體制的，乃是以民眾的自主權為基礎的法律。」[77]

張灝曾將基督新教的「幽暗意識」視為近代西方（特別是英、美兩國）之所以產生民主政治的重要原因。「幽暗意識」意謂對人性的不信任，因而導致對客觀法律制度之重視。[78]此說雖不無道理，但是有其盲點。筆者曾在〈性善說與民主政治〉一文中評論此說，[79]此處不贅述。

關於社會信任與民主政治的關係，歐尼爾有不同的看法。她認為：「人權與民主並非信任的基礎；反之，信任才是人權與民主的基礎。」[80]她對聯合國於1948年通過的〈世界人權宣言〉及其後聯合國與歐洲的權利宣言提出以下的批評：

---

76 相關的討論可參閱Mark E. Warren （ed.）: *Democracy and Trust*. Cambridge: Cambridge University Press, 1999. 此書有吳輝的中譯本：《民主與信任》（北京：華夏出版社，2004）。

77 Fukuyama: *Trust*, p. 357 [407].

78 關於張灝的「幽暗意識」說，參閱其〈幽暗意識與民主傳統〉，收入其《幽暗意識與民主傳統》（台北：聯經出版公司，2020），頁9-40。

79 此文收入拙著《儒家視野下的政治思想》（台北：國立臺灣大學出版中心，2005），頁33-69；簡體字版（北京：北京大學出版社，2005），頁22-46。

80 O'Neill: *A Question of Trust*, p. 27 [60]. 方括號內為黃孝如中譯本的頁碼，下同。但引文係由筆者直接譯自英文本。

所有權利宣言的根本難題在於：它們對人類生活與公民身分採
取一種**消極的**看法。諸權利回答「我有什麼資格？」或是「我
應當得到什麼？」的問題。它們沒有回答積極公民的問題：我
應當做什麼？但是若不明確地回答「我應當做什麼？」這個問
題，對權利的訴求就無絲毫機會造成實際的不同。[81]

　　歐尼爾的意思是說：若無義務意識作為基礎，權利主張不會有
任何實際的意義。她舉公平審判的權利為例：除非所有相關的他人
都有義務確保公平審判——法官有義務做公平的裁決，警察和目擊
者有義務誠實地作證，所有在法律程序中的相關者都有其相關的義
務——否則所謂「公平審判的權利」只是一句空話。[82]因此，歐尼
爾說：

如果我們認為權利是社會信任與政治信任的**先決條件**，則
除非**其他人**先尊重**我們的**權利，否則**我們**無能為力，而且
除非**我們**先尊重**他們的**權利，否則**他們**無能為力。如果我
們對人類採取一種消極的看法，將他們主要視為權利的擁
有者，而且忘記那些權利是他人的義務之另一面，則恢復
信任似乎是一件無望之事。[83]

　　換言之，信任與義務意識是互相關聯的。因為如果我們要取得
他人的信任，我們就有義務對他人誠信。唯有在這種義務意識的基

81　同上書，頁28 [61]。
82　同上書，頁29 [61-62]。
83　同上書，頁35 [70-71]。

礎上，普遍的社會信任才是可能的。歐尼爾的看法可概括為她自己
的一句話：「民主預設權利，而權利預設義務。」[84]

　　歐尼爾關於社會信任與民主政治之關係的看法有兩點重要的啟
示：第一、民主政治不僅需要權利意識，更需要義務意識；第二、
義務意識與社會信任相互關聯。這兩點啟示至為重要，因為它們可
以連結本文開頭所討論的「民無信不立」，而賦予它以現代意義。
在傳統的儒家社會裡，義務意識強過權利意識。[85]依自由主義的觀
點，民主制度需要建立在權利的基礎上，而中國過去之所以未能建
立民主制度，其中一個原因是權利意識之欠缺或不足。這是張灝的
「幽暗意識」說所要強調的一個重點。但是歐尼爾進一步強調：權
利預設義務。這卻是自由主義者於有意無意間忽略的。[86]再者，由
於義務意識使社會信任成為可能，故歐尼爾又強調：信任是人權與
民主的基礎。在這個意義下，傳統儒家關於社會信任的看法可以在
現代社會中成為支持民主政治的一項思想資源。因此，在一個現代
的民主社會中，儒家所強調的義務意識與自由主義所著重的權利意
識必須相互配合，平衡發展。在儒家傳統的現代轉化中，儒家社會
一方面要在民主制度中加強個人的權利意識，另一方面還要對社群
保持其義務意識，在兩者之間取得平衡。

　　最後，我們要對以上的討論做個總結。本文先討論孔子所說「民
無信不立」的意涵，然後分別從經濟發展與民主政治兩方面來說明

84　同上書，頁31 [65]。

85　福山也說：「一個像儒家思想那樣的亞洲倫理系統提出其道德命令
　　作為義務，而非權利。」見Fukuyama: *Trust*, p. 284 [332]。

86　福山批評美國的「權利文化」說：「對社群更嚴重的一項威脅似乎
　　來自美國人相信他們有資格享有的權利之數量與範圍的大幅膨
　　脹，以及由此產生的『權利文化』。」見Fukuyama: *Trust*, p. 314 [368]。

社會信任在現代社會的重要性。福山在《信任》一書中寫道：

> 如果民主與資本主義的制度要順利運作，它們就得與某些前現
> 代的文化習慣共存，而這些習慣確保它們的順利運行。法律、
> 契約與經濟合理性為後工業社會之穩定與繁榮提供一個必要
> 的、但非充分的基礎；它們還得摻以互惠、道德職責、對社群
> 的義務與信任，而這些因素係基於習慣，而非理性的計算。在
> 現代社會中，這些因素並非不合時宜，而毋寧是這個社會成功
> 的必要條件。[87]

配合歐尼爾的上述說法，我們可總結說：儘管孔子是在周代的
封建社會提出「民無信不立」之說，但他所強調的「社會信任」卻
可在經濟發展與民主政治兩方面成為現代社會不可或缺的社會資
本，而彰顯其現代意義。

李明輝，中央研究院中國文哲研究所特聘研究員，主要研究康德
哲學、儒學與倫理學，主要著作有《儒家與康德》、《儒家視野下
的政治思想》、《四端與七情：關於道德情感的比較哲學探討》等。

---

87 Fukuyama: *Trust*, p. 11 [15].

科學與人生觀：
1923年論戰及其世紀遺產

張千帆

　　1923年2月14日，「民國憲法之父」張君勱在清華大學做了題為「人生觀」的講座，揭開了「科學與人生觀」論戰的序幕。和稍早的新文化——五四運動時期的激進與保守之爭不同，這場有點「玄虛」的論戰基本上沒有產生什麼社會反響，但是它深刻反映了民國初年中國知識階層的思想動態及其潛伏的致命盲點。梁啟超說，「這種論戰是我國未曾有過的論戰。」[1] 胡適也說，這是中國和西方接觸以來的「第一場大戰」。在某種意義上，過去的大小論戰只是此次科玄大論戰的「準備和醞釀」。[2] 在經過現代化和西學運動的「準備和醞釀」之後，中國知識人達到了新的思想高度，其關注點從之前的政治制度與文化的表層現象上升到知識論與方法論。或者說，這場論戰其實是之前文化論戰在更深層次的展開。如果說文化論戰以「民主與科學」的勝利至少暫時告一段落，那麼科學與人生觀論戰又把這個問題帶了回來。

1　梁啟超，〈關於玄學科學論戰之「戰時國際公法」〉，載張君勱等，
　　《科學與人生觀》（合肥：黃山書社，2008），頁119。
2　朱耀垠，《科學與人生觀論戰及其回聲》（上海：科學技術文獻出
　　版社，1999）。最近的評價可參考劉鈍，〈「科玄論戰」百年祭〉，
　　《中國科學報》2023年2月10日，第4版。

　　一百年前的這場論戰不僅涉及科學與玄學或神學之間的關係、科學的邊界、人類認知世界的方法、西方文明與東方文明之優劣對比等諸多重大問題，而且暴露了民國知識界的教條主義認知短板。科玄之爭實質上變成西方科學主義與東方神秘主義之爭。二者貌似針鋒相對，卻共用僭越人類認知限度的教條主義之底色；無論哪種教條延伸至政治領域，都會變成極權主義的思想基礎。科學派主張科學萬能，科學規律決定了包括人類在內世間一切；人和動物甚至機器並無本質區別，人的所謂良知、道德觀念或「自由意志」其實都是由外力決定的心理現象，所謂的「玄學」就是裝神弄鬼的迷信或騙術。既然什麼都是科學決定的，包括人生觀在內的一切都有統一的「正確」答案；只要國家掌握了「科學」方法，就可以將「正確」的價值觀確立為國家「正統」，要求全體國民服從。在另一端，玄學派主張玄學領域不適用科學方法，卻又堅持可以通過「直覺」直接洞察「真理」，譬如張君勱情有獨鍾的宋明理學。至此，科玄兩派殊途同歸；各自認定的「真理」不同，但是在人類認知限度之外堅持「真理」的自信是一致的，也都認為國家可以用「正確」的人生觀對全體國民進行洗腦。

　　這種思維方式延續至今。事實上，陳獨秀代表的唯物派以更為激進的「科學」姿態短暫加入了科玄論戰，最後作為「科學真理」至今統治著中國。論戰百年後，當代人並未超越民國知識人的境界；論戰體現的教條主義認知盲點早已成為極權主義制度現實，而長期制度實踐與教育只能加固認知盲點。要走出「歷史三峽」，中國需要再來一次正本清源的「科玄論戰」。

一、科玄論戰梗概

　　張君勱的清華演講主題是人生觀與科學是性質截然不同的兩回事。科學的主旨是觀察事物因果律，存在「放之四海而皆準」的客觀規律；人生觀則是主觀的，因人而異，因而不遵守統一的客觀規律：科學者，「必以為天下事皆有公例，皆為因果律所支配」；「天下古今最不統一者，莫若人生觀。人生觀之中心點，是曰我。」[3] 張君勱列舉了九種以「我」為中心的我與「非我」之間的關係——家族關係、夫妻關係、財產關係、對社會變革的激進或保守態度、內向的精神文明與外向的物質文明、個人主義與社會主義、自我中心與利他主義、對世界的樂觀主義與悲觀主義、有神論與無神論。[4] 他認為古今中外對這些問題的意見極不一致，不可能像數理化那樣由統一公式來決定。

　　他由此引申出科學與人生觀的五大不同特點，其中兩點尤為重要。首先，「科學為客觀的，人生觀為主觀的。」[5] 科學有放之四海而皆準的正確答案，世上只有一種數學、一種物理、一種邏輯，並不存在「中國邏輯」，中國人和美國人都遵守同樣的物理定律……人生觀則因人而異，沒有公認的正確標準；孔子入世與老莊出世、孟子性善論與荀子性惡論、楊子為我與墨子兼愛、康德義務至上與邊沁功利主義，凡此不同哲學立場都無所謂誰對誰錯。這些不同乃至對立的哲學立場爭論了數千年，也沒分出勝負，可見人生觀問題

3　張君勱，〈人生觀〉，載張君勱等，《科學與人生觀》（合肥：黃山書社，2008），頁31。

4　同上注，頁31-32。

5　同上注，頁33。

並不存在判斷正確／錯誤的標準答案。

其次,「科學為因果律所支配,人生觀則為自由意志的。」[6]這和張君勱認為科學適用於物質世界、人生觀則適用於精神世界有關:物質世界是嚴格受因果律決定的,因而是「死」的,猶如一塊石頭被拋出之後延循拋物線軌跡一樣,沒有一丁點自行其是的偏差;人則是「活」的,具有不服從因果律的自由意志。孔子「求仁得仁」、蘇格拉底坦然赴死、墨子摩頂放踵、佛陀荒野苦修、耶穌為人類受難,「皆出於良心之自動」,[7]而絕非為外力所迫。如果人生觀也非得服從科學定律,那麼人就變成和一塊石頭一樣沒有自由意志。人做了惡事或拒絕履行自己的道德義務,則可推諉說「非我也」、「吾不得已也」;「我」就成了一個提線木偶,我的善惡並非由我自己決定,而是受外力主宰,因而我不能對自己的行為承擔任何責任。這樣的人生觀顯然是十分有害的。張君勱據此斷言:「科學無論如何發達,而人生觀問題之解決,絕非科學所能為力,惟賴諸人類之自身而已。」[8]

張君勱的講演引起了他的同齡好友丁文江的強烈反感。丁的駁文〈玄學與科學〉首先把人生觀汙名化為聽上去虛無縹緲「玄學」,且通篇嬉笑怒罵、頗不正經:「玄學真是個無賴鬼──在歐洲鬼混了二千多年」,混不下去了,現跑到中國來招搖撞騙。[9]雖然這篇文章的文風不好──或許是因為丁張關係很熟,丁的反駁充滿戲謔

6　同上注,頁35。

7　同上注。

8　同上注,頁36。

9　丁文江,〈玄學與科學──評張君勱的《人生觀》〉,載張君勱等,《科學與人生觀》,頁39。

調侃，[10] 但他作為科學家提出的論點是值得認真對待的。如林宰平指出，人生觀和作為本體論或形上學的「玄學」不是一回事，丁文江將人生觀斥為「玄學」確有混淆概念之嫌，[11] 但是二者和經驗科學之間的關係卻有共同之處。事實上，張君勱本人似不介意此概念混淆，而是樂意繼續在「玄學」領域做文章。

　　丁文江首先論證，人生觀和科學不分家，張君勱舉的九個例子都不能說明問題。他尤其不能接受「宗教、社會、政治、道德一切問題……不受論理（即邏輯）方法支配，真正沒有是非真偽。」[12] 張的九例確實不夠嚴謹，以至成了他屢受科學派攻擊的軟肋。九例之中，諸如有神論與無神論等超驗問題確實不能用科學來論證，而其中的家族關係、夫妻關係、財產關係乃至個人主義與社會主義可能都涉及價值取向，卻都會產生形而下的社會現象，難道也都和科學無關？張似乎認為，男女平等和一夫多妻都可以接受，但那可能只是流露了他作為文化保守主義者的潛意識，今天絕大多數人顯然是不接受的。中國在經歷公有制和計畫經濟體制的巨大失敗之後，今天也不會認為什麼樣的財產關係都沒有差別。上述關係不少涉及社會與政治制度。當時對這些問題莫衷一是，只是因為蘇維埃體制的惡果尚未充分顯現出來。如果只是因為當時對這些制度問題研究不透，即斷言科學對此無所作為，那就變成制度好壞無所謂了。丁文江相信，待到時機成熟，科學研究足夠深入，答案終究會水落石出：

10　參見馬勇，〈丁文江和他的科學主義〉，《傳記文學》2007年第11期。

11　林宰平，〈讀丁在君先生的《玄學與科學》〉，載張君勱等，《科學與人生觀》，頁153。

12　丁文江，〈玄學與科學——評張君勱的《人生觀》〉，頁49。

「用科學方法求出是非真偽，將來也許可以把人生觀統一。」[13]

　　丁文江其實未必認為科學是絕對萬能的。他接受「懷疑唯心論」
（skeptical idealism），認為人對外物的一切認知始於感官；至於感
知之外的物自體是否存在、本質為何，則一概不知，只能存疑。硬
要探討人類無法認知的本體世界，就成了形而上的「玄學」或神學。
[14] 由此可見，他甚至未必反對玄學或神學本身，而是反對玄學家或
神學家以科學和知識的姿態出現，干預科學、迷惑世界。「凡不可
以用論理學批評研究的，不是真知識。」[15] 西方世界原來是神學的
天下，或者說神學硬是對科學插了一槓子，譬如「地心說」和「日
心說」原來都是可以證偽的科學假說，但羅馬教會偏要堅持「地心
說」為絕對真理，甚至設立宗教裁判所迫害「異端邪說」。從哥白
尼與伽利略開始，科學攻城掠地，神學則節節敗退，從天文學、物
理學、化學、心理學逐個退了出來。「在知識界內，科學方法是萬
能的。」[16]

　　問題是，「知識界」有沒有邊界？這個世界是否只有知識，沒
有其它，或知識之外都是虛妄、毫無價值？丁文江沒有明說，但他
不由自主的傾向似乎是如此。他認為玄學家妄談本體論純粹是浪費
時間，擔心這樣只會誤導青年，讓他們不讀書、不求學、浪費年華，
成天鼓搗一些「自身良心」這類虛妄的東西。健康的人生觀必須立
足於真正的知識之上，因而離不開科學。這個立場本來沒有什麼大
問題，但是相信科學萬能的丁文江們並不滿足於此；他們其實認為
科學之外就沒有知識，因而玄學或神學只能是迷信。在他們看來，

13　同上注。
14　同上注，頁46。
15　同上注，頁47。
16　同上注，頁48。

「人生觀」或者是科學決定的心理現象，或者就是玄學家編造的一套「高貴的謊言」。

二、玄學統領科學？

張君勱和丁文江第一回合「過招」之後，科玄論戰全面鋪開。不僅他們兩人之間又交戰數個回合，而且不少知識人參與辯論，知名如梁啟超、胡適、陳獨秀乃至國民黨元老吳稚暉也不時插上幾句，科玄論戰一時成為民國知識界的一道風景。第一回合已經揭示了這場論戰圍繞的三個主要話題：（1）科學和人生觀的關係是什麼？二者完全獨立，還是科學決定人生觀，或存在「科學的人生觀」？（2）科學的邊界在哪裡？哪些是「知識」、哪些是「玄學」或「神學」？科學能否解釋、預言甚至決定一切？（3）自然規律和自由意志之間是什麼關係？

關於科學和人生觀的基本關係，張君勱無疑是對的：科學不可能決定人生觀——儘管他的論證不夠清晰有力。所謂人生觀就是人的價值觀，也就是關於善惡的判斷標準；科學研究的對象則是感官感知的經驗事實，因而不可能告訴我們什麼是好的、什麼是壞的。後者純然關注「是什麼」的問題，回答不了前者「應該是什麼」的問題。作為工具，科學顯然可以用於好的目的，也可以用於作惡，就和原子彈既可以炸壞人、也可以炸好人一樣。可惜民國知識人只注意那個年代名噪一時的柏格森、詹姆斯、赫胥黎、杜威，卻幾乎沒人談一個多世紀之前的休謨。事實上，「休謨定理」對這個問題已經蓋棺論定：事實和價值是兩類性質完全不同的命題，不可能從純粹的事實判斷邏輯地推導出價值判斷；價值判斷必須以價值判斷作為邏輯前提，因而是永遠無法單純用事實論證的。換言之，科學

研究再發達，也決定不了人生觀。因此，在這個問題上，張勝丁一
局。在回應丁的文章裡，張君勱引用英國社會學家Urwick在《社會
進步哲學》中的觀點，即科學只是說明實現某個社會目標之方法或
手段，卻不能決定社會目的本身；[17]丁文江所謂科學未來足夠發達
或可決定人生觀，完全是不知科學邊界的妄語。

　　然而，科學不能決定人生觀並不意味著人生觀和科學完全無
涉。「休謨定理」只是說價值判斷不可能純粹以事實為前提，但並
不是說不可以包括事實前提；事實上，事實判斷甚至可以左右一個
人的價值觀，因為價值觀幾乎毫無例外都是建立在對基本事實的認
知基礎上。譬如說眾多「小粉紅」之所以歌頌「文革」、崇拜毛澤
東、憎恨美日歐，是因為言論和出版限制使他們完全不知道過去幾
十年中國發生過的事情；如果他們知道了歷史真相，顯然不會再「粉」
毛和「文革」，或莫名其妙地憎惡歐美憲政國家，他們的歷史觀、
世界觀乃至人生觀就會發生根本逆轉。張君勱卻有把人生觀絕對化
的傾向，似乎人生觀完全獨立於科學之外，這樣就讓丁文江代表的
科學派抓到了攻擊的把柄。

　　與此相關的問題是「科學」到底是什麼？張君勱一度主張社會、
家庭、心理都超脫於科學研究的範圍之外，但如丁文江等人指出，
人的心理現象顯然可以受因果律支配，社會、政治、經濟體制也完
全是科學分析的對象。在之後的回應中，張修正了這一立場，開始
區分「軟科學」和「硬科學」：和物理學這類研究無機物的「硬科
學」相比，社會學、心理學這類研究人的「軟科學」（「精神科學」）
之不確定性大為增加：社會發展往往是「非理性衝動之結果，故無

17　張君勱，〈再論人生觀與科學並答丁在君〉，頁77。

人能預測也」。[18] 既然不能預測,即意味著沒有一成不變的因果律。和物理學、生物學不同,政治學、社會學是不能被當作金科玉律的。他在自己主編的《人生觀之論戰》的序言裡,也區分自然科學與心理學乃至經濟學等社會科學,堅持後者並非嚴格意義的「科學」。[19]

張君勱之所以堅持區分無機世界的嚴格「科學」和人類世界的「精神科學」,根源是他困惑於啟蒙運動時期盛行的機械決定論。他和康德一樣擔心,如把物質世界的科學定律擴展到人類精神世界,將會徹底否定人的自由意志:如果人的意志行為完全由外力決定,並由科學嚴格預測,意志哪裡能自由呢?只有當因果關係並非嚴格命定,自由意志才有發揮空間。這也是人作為活的行動主體有別於石頭、樹木乃至其它動物之標準:「人生者,變也,活動也,自由也,創造也。」[20] 科學主義之謬誤正在於把人等同於一般動物,並誤認為人的心理、社會和政治現象都至少在理論上受制於嚴格的因果律,從而抹殺了人的自由意志和主體精神。

但在維護人的精神自由過程中,張君勱又走到意志決定論的另一個極端,似乎社會科學並無規律可循;無論君主制、民主制還是資本主義、社會主義均無定論,都不能用邏輯學的同一律、矛盾律和排中律證明,也不存在一成不變的歷史規律。他反對達爾文進化論,推崇柏格森的意志論,並讚許柏氏以此「發揮精神生活,以闡明人類之責任」;「一人之意志與行為,可以影響於宇宙實在之變化。」[21] 既然人有主觀能動性,他就不是環境的奴隸;只要人的意

---

18 同上注。

19 張君勱,《人生觀之論戰(上)》(上海:泰東圖書局,1924),頁16。

20 張君勱,〈再論人生觀與科學並答丁在君〉,頁78。

21 張君勱,《人生觀之論戰(上)》,頁16。

志力足夠強大，即可打破環境桎梏。他認為，世界革命無所謂因果，
譬如1917年俄國十月革命勝利和德國社會民主黨的選舉勝利都是意
志努力的產物，似乎人只要行使「自由意志」就能夠打破歷史常規。
這種論調和耳熟能詳的「人有多大膽，地有多大產」似曾相識，很
容易走上否定社會和歷史發展規律、宣揚個人權力意志至上的危險
歧途。

　　更大的問題是，張君勱對人生觀之獨立於科學的論證並沒有使
他變成一個懷疑主義者。恰好相反，他成了一個帶有神秘主義色彩
的教條主義者。他認為，哲學、宗教、美學也都是「知識」，但在
科學方法的適用範圍之外。[22] 既然沒有科學方法的引領，獲得這些
「知識」便只有靠不能言傳、只能意會的「直覺」。他自己運用直
覺的結果是，中國自孔孟至宋明理學是最為健康的人生觀。這當然
是科學派完全不能接受的，但張君勱卻對「直覺」獲得的形而上「真
理」深信不疑，以至於要用「玄學」來統攝科學。他在《人生觀之
論戰》的序言中總結了自己的主張：

> 第一，科學之因果律限於物質，而不及於精神；第二，各分科
> 之學之上，應以形上學統其成；第三，人類活動之根源之自由
> 意志問題，非在形上學中不能了解。[23]

　　和科學主義相比，上述認知方式甚至會讓「玄學派」成為更危
險的極權主義擁躉。既然形上學不僅是一切科學之匯總，而且代表

22　張君勱，〈再論人生觀與科學並答丁在君〉，頁93。
23　張君勱，《人生觀之論戰（上）》（上海：泰東圖書局，1924），
　　頁16。

了科學所不能及的人類終極真理，那麼不獨科學需要教育，玄學也
需要教育。張君勱尤其推崇歐洲共產黨極為重視青年教育，對其通
過馬克思主義學校灌輸革命思想津津樂道。[24] 既然對形而上「真理」
之把握信心滿滿，自然要以舉國之力對全體國民進行洗腦，不遺餘
力地將「真理」發揚光大。

三、科學指導宗教？

　　科學派不僅對「無賴鬼」玄學派窮追猛打，而且走向了科學萬
能的另一個極端。科學家丁文江嚴守「證據主義」底線，堅持「嚴
格的不信任一切沒有充分證據的東西」；「無論遇見什麼論斷，什
麼主義，第一句話是：拿證據來！」[25] 如果以嚴格的證據主義標準
來衡量，不獨「玄學鬼」統統得去見鬼，一切宗教也都成了沒有科
學根據的「迷信」。如果要細細考證《聖經》或《古蘭經》敘事的
歷史起源，恐怕會被丁文江們斥之為無稽之談。問題是，這絲毫沒
有妨礙基督教、伊斯蘭教、佛教等大小宗教在這個世界有大量擁躉。
事實上，即便在科學高度發達的今天，信仰宗教的人口比例也超過
了世界總人口的60%。如果強求信仰獲得「充分證據」，否則就不
能信，那麼這種科學主義標準的適用本身即會造成顛覆性革命，世
界就得回到「破四舊、立四新」的「唯物主義」年代去。
　　不獨宗教信仰不可能得到科學論證，即便平日的世俗生活又何
嘗建立在事事考證的科學基礎上？湖南人喜歡吃辣，廣東人喜歡吃

24　張君勱，〈科學之評價〉，載張君勱，《人生觀之論戰（上）》，
　　頁105。
25　丁文江，〈玄學與科學——答張君勱〉，載張君勱等，《科學與人
　　生觀》，頁191。

甜。有誰考證過吃辣或吃甜的科學依據何在？當然，你可以科學考察不同口味的地理、氣候或文化等成因，但這並不影響湖南人繼續吃辣、廣東人繼續吃甜——除非你能證明吃辣確實傷胃、吃甜確實容易得糖尿病等飲食習慣的健康後果。在此之前，人類還得依靠其科學性並未得到充分證明的經驗生活下去，儘管不少經驗可能只是長期形成的偏見。如果事事都要科學求證，那日子沒法過了，科學本身就能讓人類累死。因此，現實生活不像科學派所說的那樣，什麼都先要「拿證據來！」，而是往往得過且過，只是過不下去了或過得不舒服才會去查原因、找證據。而且舉證責任一般也不是在主張某種信仰或生活方式的一方，而是在其反對方。換言之，不是張君勱要證明玄學對，而是丁文江有義務用科學證明玄學錯。這並不是完全不可能的：如果丁文江們能證明張君勱青睞的宋明理學所依據的某些經驗事實是錯的，或者根本不是「事實」——如朱熹等人大量採用的隱喻，那麼他們就可能證明宋明理學根本不成立。但如果做不到，那麼科學派指責宋明理學是錯的，就和指責張君勱的家鄉口味是「錯」的一樣荒唐。

丁文江宣稱，他其實並不反對宗教，而只是主張玄學不能完全獨立於科學：「精神不能離物質而獨立，內不能同外分家」；「情感是知識的原動，知識是情感的嚮導，誰也不能放棄誰。」[26] 這個立場當然是可接受的，但是他顯然並不滿足於此，而是進一步堅持要讓「科學方法」指導宗教：

> 科學教育能使宗教性的衝動，從盲目的變成自覺的，從黑暗的變成光明的，從籠統的變成分析的。我們不單是要使宗教性發

26　同上注，頁202。

展，而且要使他發展的方向適宜人生。[27]

　　這口氣可是大得不得了，科學儼然成了神學的「方向盤」或「指路明燈」。事實上，這正是他親口原話：惟有推廣擴大科學方法，「使他做人類宗教性的明燈：使人類不但有求真的誠信，而且有求真的工具；不但有為善的意向，而且有為善的技能！」[28] 他這裡有點前後矛盾：既然科學只是「求真的工具」、「為善的技能」，那就不是方向和目標。張君勱說的沒錯，人生目標是科學決定不了的。和張君勱鍾情宋明理學一樣，丁文江們當然也可把事事求真的科學精神作為一種生活方式，但其實沒有什麼能保證這樣的人一定是好人，惡人顯然也可以有很嚴謹的生活方式。科學固然是「求真的工具」，可以說明人類認識不切實際或得不償失的目標，但工具怎麼使用是作為工具的科學本身決定不了的。科學可以是「為善的技能」，但顯然也可以成為「作惡的技能」。丁文江要讓科學成為人生的方向、信仰的「明燈」，只能說明他根本上混淆了事實與價值、手段與目標、形下與形上，誤以為科學是無所不能的萬靈藥。

　　即便不涉及價值和宗教，科學作為探索經驗世界的工具也遠不是萬能的。拿這次新冠疫情來說，即便進口疫苗或特效藥也並非沒有爭議。這些藥物當然需要經過嚴格的臨床醫學檢驗，但是疫苗有沒有防護或防重症作用、有沒有副作用、哪些人群可能不適合接種或服用？……所有這些問題都存在激烈爭議。當然，如丁文江所說，也許過上五年十年，這些問題就有「充分證據」了，但疫情也早已過去；如果等到那時再決定是否打疫苗，許多本不該死的人都早已

27　同上注，頁201。
28　同上注，頁202。

死去。絕大多數人類生活只能在科學事實存疑、結論懸而未決的條件下做出判斷，儘管明知這種判斷存在一定的錯誤風險。要不要接種疫苗是每個人按自己的認知和風險評估做出的選擇，也只能由自己和家人對此選擇承擔風險。對於某些成本不高但很可能降低傳播風險的措施，譬如在封閉空間戴口罩，可以由政府做出強制性規定，儘管這類舉措的必要性也存在一定爭議。對於成本較高且確實對不同體質的個人會產生不同風險的措施，譬如打疫苗，則不適合國家強制統一規定。這裡沒有一成不變的科學「證據」，至少迄今還沒有發現。如果在醫學對不同病毒變種認知有限的情況下輕信科學「萬能」，即不可避免會產生嚴重的社會代價，譬如三年嚴格「清零」就是在對病毒認知存在嚴重缺陷的基礎上形成的國家強制性政策。這類政策與其說是建立在什麼「科學」基礎上，不如說是無知而「自信」的決策者「拍腦袋」的產物。

　　一個世紀之前，在「民主與科學」的大口號下，科學主義是中國知識界的普遍信仰。在科玄論戰中，新文化運動代表人物胡適基本上是「打醬油」的，沒有發表什麼明確的觀點。但是他在《科學與人生觀》文集的序言中仍然流露出科學主義立場，稀裡糊塗地堅持要弄清什麼是「科學的人生觀」，並推崇一種「自然主義的人生觀」。表面上，他充其量只是要人尊重科學、以實事求是的態度看待人和世界，但實際上他的主張是相當激進的：他要「叫人知道人不過是動物的一種，他和別種動物只有程度的差異，並無種類的區別。」[29] 這樣當然也就徹底駁斥了「玄學」：什麼靈魂、良知、意志甚至理性根本不存在──或更準確地說，都只是人誤以為自己高於動物的一種心理現象。這個論斷看似激進，其實是科學主義的必

29　胡適，〈序二〉，載張君勱等，《科學與人生觀》，頁22-23。

然推論，也就是以科學否定玄學、以現象否定本質：既然科學就是一切，人也只是受科學定律擺佈的動物，和其它動物乃至一架機器並無本質區別。

在和論戰同時期出版的《五十年來之世界哲學》中，胡適對相關問題發表了更多闡述。他一方面斷言：「我們觀察我們這個時代的要求，不能不承認人類今日最大的責任和需要是把科學方法應用到人生問題上去」，[30] 但胡適比較有趣的一面是似乎知道科學主義的短板，又情不自禁陷入其中。譬如對於「靈魂不朽之說，我並不否認，也不承認。我拿不出什麼理由來信仰他，但是我也沒有法子可以否證他」。這很好，但他同時又說：「我相信別的東西時，總要有證據；你若能給我同等的證據，我也可以相信靈魂不朽的話了。我又何必不相信呢？」這就回到科學主義認識論上去了。他引用詹姆斯的《信仰之意志》（James, *The Will to Believe*），以說明事事求「客觀的證據」（Objective evidence）是不可能的。科學求真並存疑當然可以免得上當，但也有風險：

> 若宗教竟是真的，你豈不吃虧了麼？存疑的危險，豈不同信仰一樣嗎？（信仰時，若宗教是真的，固佔便宜；若是假的，便上當了。）譬如你愛上了一個女子，但不能斷定現在的安琪兒將來不會變作母夜叉，你難道因此就永遠遲疑不敢向他求婚了嗎？

這本來是一段相當生動的論證，胡適卻認為詹姆士的哲學「確

---

30 胡適，《五十年來之世界哲學》（北京：光明日報出版社，1998），頁57。

有他的精采之處，但終不免太偏向意志的方面，帶的意志主義
（Voluntarism）的色彩太濃重了，不免容易被一般宗教家利用去做
宗教的辯護」。由此可見，胡適對哲學觀點的取捨不是就事論事，
而是出於自己對宗教的偏見。明明已經說了宗教既無法證實、也無
法證偽，但為宗教辯護卻成了一樁壞事。之所以前後矛盾，還是因
為他自己的無神論信仰遮蔽了其本來相對公允的認識論。

　　總的來說，當時的哲學論戰體現出顯著的急功近利特點。更形
象點說，哲學被政治化了；人們關注哲學不是為了哲學本身，而是
為了回應某種時代潮流。在某種當紅思潮面前，之前的哲學自然統
統成了不足道的落伍陳貨。對哲學門派的取捨不是因為其自身內涵
的邏輯或外在化之後果，而是取決於當時的世界潮流。當下流行的
思潮自然是最「先進」的，必須全力緊跟；過時的思想則無疑是「落
後」甚至「反動」的，必須被「打倒」。胡適取名「適之」，正是
因為他鍾情於提出「適者生存」的達爾文主義，而他的思維方式確
實也是極為達爾文化的：

　　　　我個人觀察十九世紀中葉以來的世界思潮，自不能不認達爾
　　　　文、赫胥黎一派的思想為哲學界的一個新紀元。自從他們提出
　　　　他們的新實證主義來，第一個時期是破壞的，打倒宗教的威權，
　　　　解放人類的思想。所以我們把赫胥黎的存疑主義特別提出來，
　　　　代表這第一時期的思想革命。

　　可惜，急功近利顯然是有風險的，急功近利的思維習慣容易產
生膚淺和錯誤的基本判斷。事實上，胡適對科學、實證、懷疑乃至
達爾文主義本身的理解都是有問題的。達爾文的進化論確實引起了
巨大的宗教論爭，但19世紀早已不存在什麼必須被「打倒」的「宗

教威權」。至少自17-18世紀啟蒙運動之後，基督教已處於守勢；只是因為進化論搶了宗教的「地盤」，其對基督教義的挑戰甚至遠比16世紀中葉的「日心說」嚴重，因而才激起軒然大波，但教會的力量早已今非昔比，根本不存在「解放人類的思想」之類的迫切需要。事實上，進化論只是一門實證科學，本身並沒有價值取向。「物競天擇，適者生存」只是描述大自然進化的現象，並不帶有進化就是「進步」的價值判斷；某個物種可能因為適應環境而生存繁衍，但完全可能按照某種價值判斷標準是退化的「劣等物種」。國人常常自詡「上下五千年文明」，但這至多只能說中華文明活得夠久，而顯然不能說明它一定是優質的文明。

胡適們把事實和價值混為一談，因而從提倡科學變成科學主義的擁躉，卻似乎不明白科學自身的邊界與局限：「這種科學的精神，嚴格的不信任一切沒有充分證據的東西——就是赫胥黎叫做『存疑主義』的。」在這裡，赫胥黎等主張的實證懷疑主義已經被胡適、丁文江們改造為科學主義。孔德率先提出的「神學、玄學、實證科學」三階段理論本質上是懷疑主義的，並沒有以實證科學「吃掉」神學或玄學。事實上，實證科學正是建立在形上／形下分治的基礎上，並將自己局限於現象世界，而不越本體世界之「雷池」一步，恰恰是因為形而上領域是不可能以科學手段認知的。到了中國，科學卻以「嚴格的不信任」之科學主義「精神」代替一切，排斥甚至要指導神學與玄學。

四、從科學主義到「科學社會主義」？

科學主義成了民國「顯學」後，各種物質主義「理論」甚囂塵上。科玄論戰後期，國民黨大老吳稚暉發表了〈一個新信仰的宇宙

觀及人生觀〉，洋洋七八萬字，滿滿的胡說八道。當然，在剛剛登
上政治舞臺的共產黨人看來，胡適、丁文江等自由主義「科學派」
是遠遠不夠科學的。以馬克思主義「真理」為武裝──儘管他那個
時候很可能只是讀了《共產黨宣言》這本小冊子，陳獨秀代表協力
廠商力量加入了這場論戰。雖然他的加入是蜻蜓點水式的，只是為
《科學與人生觀》文集寫了一個序，但已足以表明這協力廠商對此
次論戰的基本態度。這也符合科學作為工具的特點：科學主義既可
以為自由主義服務，當然也可以為共產主義服務。馬克思的「科學」
社會主義理論就是要揭示歷史發展的「必然規律」，讓人類在通往
共產主義大道上盡可能少走彎路。事實上，自由主義科學派在科學
主義立場上和共產革命派完全一致，只是後者在更為徹底的科學主
義──唯物主義──這條路上走得更遠，並一直把我們帶到今天。

　　1919年被蘇維埃理論洗腦後，1921年任總書記的陳獨秀此時已
然是一個正統的「唯物主義者」。和科學主義自由派一樣，他對孔
德「神學、玄學、實證科學」三階段的理解是偏頗的，以為實證時
代就是科學決定一切。作為相當徹底的唯物主義者，他自然認為張
君勱列舉的家族、夫妻、財產、宗教等九對社會關係根本不是什麼
「玄學」話題；社會關係當然統統是由經濟關係決定的，和個人直
覺或自由意志那些主觀因素沒有一丁點關係。[31] 在這位相當純粹的
馬克思主義者看來，「什麼先天的形式，什麼良心，什麼直覺，什
麼自由意志，一概都是生活狀況不同的各時代各民族之社會的暗示
所鑄而成。」[32] 可憐意志論等唯心主義哲學鼠目寸光，竟把外部力
量在自己大腦裡造成的那一點幻覺當成是真正屬於自己的東西。道

31　陳獨秀，〈序一〉，載張君勱等，《科學與人生觀》，頁3-5。
32　同上注，頁6。

德習俗千差萬別，都是因為社會環境不同所致。「由此看來，世界上哪裡真有什麼良心，什麼直覺，什麼自由意志！」還有什麼神靈和上帝，「若無證據給我們看，我們斷然不能拋棄我們的信仰。」[33]但「我們的信仰」究竟是什麼？如果沒有良心、沒有意志、沒有自由，人和豬狗有何不同？前總書記沒有回答。或許他和自由主義對頭胡適都認為，其實並無本質區別。

作為經濟決定論者，陳獨秀責怪張君勱、丁文江們張冠李戴，把歐洲文化破產的責任歸到玄學家或政治家身上。他們哪有那麼大的本事？戰爭只是資本主義生產方式發展到一定階段的產物：「歐洲大戰分明是英德兩大工業資本發展到不得不互爭世界商場之戰爭。」[34]他甚至把自己一度參與的白話文運動也看成是經濟決定的結果，只是因為中國近代「產業發達人口集中」的需要而發生的。[35]至此，共產革命派才算和自由科學派分道揚鑣。

五、西方文明的衰落？

在科玄論戰中，認知最清醒、立場最中允的要數梁啟超。看到雙方論點都存在誤區，他自然對張君勱和丁文江「各打五十大板」。一方面，人生觀不能全然排斥科學，至少必須是主客觀相結合：「若像君勱全抹殺客觀以談自由意志，這種盲目的自由，恐怕沒有什麼價值了。」[36]這一直是意志論的軟肋：意志論者可以主張意志自由，

33 同上注，頁7。
34 同上注。
35 陳獨秀，〈答適之〉，載張君勱等，《科學與人生觀》，頁29-30。
36 梁啟超，〈人生觀與科學〉，載張君勱等，《科學與人生觀》，頁138。

但如果像康德那樣並不能令人信服地論證「自由意志」所必須服從
的原則或規律，那麼「自由」就只能是無拘無束的任性；而如果意
志不得不服從某個原則或規律，又何談「自由」呢？站在科學派一
邊的唐鉞引用鮑爾森（F. Paulsen）的《哲學導論》，可謂一語中的：
沒有因果性就沒有目的性，和過去、未來沒有關係的孤立意志就是
「意志的錯亂」、「心靈生活的完全破壞」。[37] 如丁文江所詰問的，
如果一切只要「良心之自動」就萬事大吉，那麼張獻忠的濫殺無辜
也可以接受了？另一方面，梁啟超也批評了丁文江的科學主義，尤
其是以科學「統一」人生觀的妄言：

> 我說人生觀的統一，非惟不可能，而且不必要。非惟不必要，
> 而且有害。要把人生觀統一，結果豈不是「別黑白而定一尊」，
> 不許異己者跳樑反側？[38]

　　梁啟超指出，只有中世紀天主教會才會有這種想法；人類生活
除了理智之外，還有愛、美和情感，而這些是沒辦法用科學方法支
配的。雖然科學派會認為諸如愛、恨之類的情感可以用心理學等科
學來解釋，梁啟超對「定一尊」的批判體現了他的自由主義底色。
可惜，他對丁、張的批評應者寥寥，甚至可能沒有引起他們本人的
重視。
　　然而，梁啟超的另一種影響從一開始即體現於科玄論戰的文化
背景之中。早在1919年五四運動提出「德先生」與「賽先生」之前，

37　唐鉞，〈心理現象與因果律〉，載張君勱等，《科學與人生觀》，
　　頁216-217。
38　梁啟超，〈人生觀與科學〉，頁138。

梁啟超即帶隊考察戰後歐洲，張君勱正是考察團成員之一。親眼目
睹一戰之後歐洲列強的破敗景象，梁不勝唏噓，稍後發表《歐遊心
影錄》，斷言西方文明已經「衰落」，中華文明拯救世界的機會終
於到了。1921年，梁漱溟發表《東西文化及其哲學》，公開倡言中
國人應該打消繼續向西走的念頭，回到東方並發現和尋找中國傳統
文化的現代價值，重建中國倫理社會，以東方文化的「精神文明」
去救西方文化的「物質文明」之窮。如果說以胡適、陳獨秀為代表
的西化派在之前的新文化運動中已勝一籌，那麼趁歐洲戰後凋敝之
際，立足本國傳統的文化保守派大有捲土重來之勢。

　　隨行考察的張君勱顯然屬於文化保守陣營，他在清華演講的一
個主要目的也正是提倡傳統文化之復興。他沿用「物質文明」／「精
神文明」的說法，斷言中國自孔孟至宋明理學，側重的是「精神文
明」；歐洲近300年來則專注於「物質文明」，工業發達、物質豐富，
精神卻未必得到安放。這種說法可以說得到了儒家正統的真傳：「王
何必曰利？亦有仁義而已矣」；[39]「君子喻於義，小人喻於利。」[40]
道德文明即是善，物質利益是惡之源：「善者都是精神之表現，如
宗教、道德、學術、法制；惡者均源於物質接觸，如姦淫擄掠。」[41]
由於「物質有限，而人欲無窮」，追求物質斷非長治久安之道：「要
知道專求向外的發展，不求內部的安適，這種文明是絕對不能持久
的。」[42] 恰好相反，追求物質利益只能是致亂之道。

　　用儒家義利二分邏輯，張君勱輕而易舉地解構了西方文明的「衰
落」。他斷言，歐洲戰爭是推行富國強兵和「工商立國」的必然結

39　《孟子·梁惠王上》。
40　《論語·里仁》。
41　張君勱，〈再論人生觀與科學並答丁在君〉，頁81。
42　張君勱，〈科學之評價〉，頁103。

果:「國與國之間,計勢力之均衡,則相率於軍備擴張。以工商之
富維持軍備,更以軍備之力推廣工商。」[43] 站在儒家重義輕利的立
場上,他對「工商立國」表示出本能的鄙視和憎惡:「歐洲各國以
工商立國之故……投資外國,滅人家國」,並把「工商主義」和「國
家主義」相提並論,似乎後者是前者的必然結果:「國家主義、軍
閥主義、工商主義」都是歪門邪道。[44] 雖然張君勱反對唯物主義,
馬克思主義則鄙視道德教化這類無本之木的「上層建築」,二者在
「帝國主義是資本主義的最高階段」這一點上倒是高度一致。

　　在〈科學之評價〉一文中,張君勱又進一步論證了科學的局限
性和「形上教育」的必要性。他認為政治學無法揭示國家主義和物
質文明之弊端:「政治學家以國家為出發點,至國家主義與國際主
義之利害比較,則非科學家所問」;「國家主義之利害,物質文明
之利害,雖科學家以分科研究之故,勢不能旁及題外之文。」[45] 因
此,不能因為科學而有恃無恐,「忘卻形上方面,忘卻精神方面。」
[46] 在他看來,歐美學者似乎已經「覺醒」,從之前崇拜科學到開始
懷疑科學。既然科學有其自身不可克服的局限性,即有必要對國民
進行道德教育。教育方針包括五個方面,尤其強調「形上教育」、
「意志教育」;必須矯正物質主義,「惟有將天地博厚高明悠久之
理以教學生。」[47]

　　張君勱反對國家主義,固然體現了其自由主義的一面,但其論
據顯然是不能成立的。工業革命之後,歐洲物質文明固然得到極大

43　同上注,頁107。
44　同上注,頁103。
45　同上注,頁102。
46　同上注,頁103。
47　同上注,頁104。

發展，但基督教仍然是其主流道德文化，雖然已非一統「國教」，卻無明顯的「衰落」跡象。「物質文明」並不和「精神文明」必然衝突，更不是發生世界大戰的原因。兩次大戰都不是經濟利益衝突或「精神文明」衰落的產物，而是由奧匈、俄羅斯、奧斯曼三大帝國構成的專制秩序崩潰造成的。如丁文江指出，歐洲發生一次大戰和西方「文化破產」沒有一點關係。至於梁啟超、梁漱溟、張君勱還要以中國的「精神文明」拯救歐洲、拯救世界，那真是想得有點多；別的不說，光是張獻忠在四川殺的人就是一戰死亡人數的兩倍：「這種精神文明有什麼價值？配不配拿來做招牌攻擊科學？」[48]戰爭既不是因為追求物質利益而發生，更不是強化「精神文明」、道德教育就能防止。一戰固然體現了歐洲文明的危機，但危機的根源是專制腐朽的政治制度，而這正是「德先生」的兄弟「賽先生」所要解決的問題。張君勱執念於自身的文化保守主義立場，把戰爭和危機的原因完全歸錯了。

　　至於科學的局限性，政治學或不宜直接做出價值判斷，但至少能幫助分析大國關係、戰爭原因、實行某種政治制度（如蘇維埃極權）或意識形態（如公有制）的社會後果，進而為價值判斷、制度取捨提供事實依據。事實上，張君勱之所以一廂情願地將歐洲危機歸因於「物質文明」，正是因為他不懂政治科學。科學和技術確實極大增加了戰爭的殺傷力，但顯然不能為戰爭的發生負責；恰好相反，科學能幫助人類預見乃至預防戰爭的發生。丁文江沒有說錯，「科學絕對不負這種責任」；但他又說最應該負責的是政治家與教育家，而「這兩種人多數仍然是不科學的」，[49]可見他也不懂政治

48　丁文江，〈玄學與科學──評張君勱的《人生觀》〉，頁56。
49　同上注，頁52。

科學。政治家等精英固然要對戰爭的發起負責，但這顯然不是他們
變得更「科學」就能改變的。在既定的政治制度框架下，科學不僅
不能改變政治精英發動戰爭的動機，反而只能幫助他們利用戰爭實
現既定制度所形成的自利動機。

　　在論戰發生的民國年代，政治科學本不發達，真懂政治學的民
國知識人更是鳳毛麟角，以至於論戰各方對其所涉及的文化大背景
問題——歐洲文明怎麼了？中國向何處去？繼續西化還是回歸傳
統？——都如同霧裡看花，答案更是「東一榔頭西一棒」，一不小
心就砸錯了地方。這一砸錯不要緊，中國從傳統到現代的政治轉型
從此陷入了一個深坑，至今走不出來。

六、走出民國認知誤區

　　綜上所述，科玄論戰雙方互有勝負；在有些關鍵點上，各方都
錯得離譜。對論戰問題的「正解」其實都是常識：科學或可幫助形
成人生觀，甚至科學精神本身就可以是人生觀的一個側面，但科學
顯然不能決定人生觀。某人崇拜「偉大領袖」，並跟著他成天想著
「超英趕美」、「反美抗日」那些事，他的最大人生目標就是消滅
「美帝」；這是因為他不知道「偉大領袖」發動的「大躍進」餓死
過幾千萬中國人那些歷史事實，也不知道當代日本、美國的真實情
況。歷史學、政治學等社會科學雖然不如物理學那麼精準，但畢竟
能幫助我們了解歷史事實和制度運行基本規律，進而形成負責任的
人生觀，譬如要自由、要民主、要法治、不要個人崇拜……。但如
果了解了基本事實和知識之後，個別人仍然崇拜領袖、熱愛文革，
那是科學也沒有辦法的事情。作為「力量」的知識，即便歷史學這
樣的社會科學也是一柄「雙刃劍」。《資治通鑒》既可以警示歷代

儒家王朝興替的治國規律，也可以幫助「偉大領袖」在政治鬥爭中玩「厚黑」；馬基雅維利的《君主論》可以是一部《獨裁者手冊》，但大眾知道了它揭秘的那些統治伎倆之後也可以設計約束權力、防範獨裁的制度。

民國知識人卻普遍不理解事實／價值二分法，結果不是科學「戰勝」了玄學，就是玄學「統領」科學，最後雙雙陷入極權主義窠臼。在科學主義面前，玄學、神學和宗教都成了「迷信」；「地心說」、「創世論」等傳統宗教領地相繼淪陷，科學則連連攻城掠地，全面接管只是時間問題。接管之後呢？張君勱說得不錯，人就成了一架機器；不獨愛、情感、審美等心理現象只不過是科學解釋的某種「化學反應」，良心、意志、道德觀念也統統成了人把自己太當回事所產生的幻覺。胡適已經說白了，人就是動物！科學主義把人物化的直接後果是剝奪人的內在尊嚴——因為「內在」這個玄學的老巢根本不存在，從而向極權主義邁出決定性的一步。既然只是動物，為什麼還把人的自由那麼當回事？既然科學規律預言果必有因，人在某種環境、某個時段的行為乃至思維都是由外部力量事先決定的，「自由」究竟體現在哪裡呢？即便信仰自由、思想自由、言論自由也只不過是在科學還不夠發達的情況下，允許人們胡思亂想的自由而已。只要科學足夠發達，就能完全解釋人自以為「自由」發生的想法或行為，就和一塊被拋出的石頭在重力作用下的軌跡可以被完全預測一樣。石頭的「自由」有意義嗎？既然人其實沒有自由，所謂的「自由」只能是按科學規律生活，那麼社會顯然應該由掌握知識的人來統治，把人像動物那樣「管」起來。科學主義不僅相信科學萬能，而且很容易輕信科學當下發現的知識就是「真理」，因為世界其實沒那麼複雜，人不過是智慧高級一點的動物而已，逃不出科學這個如來佛的手掌心。只要國家掌握了科學的理論和方法，就

能給全體國民一個「正確」的人生觀——因為它是有統一的科學答
案的；如果國家連你的思想和信仰都能管起來，那麼世界上就沒有
國家不能管的事情。無論是三民主義還是共產主義，其認識論基礎
都是科學主義。

張君勱的清華講座之最大意義在於反對科學主義、提倡意志自
由，讓人生觀脫離機械決定論的魔咒。他本來應該主張懷疑主義，
科學與玄學各有自己的疆域，形上形下應當和平共存、互不干涉。
科學再發達，能夠解釋的社會現象再多，也決定不了個人的人生觀，
因為外部客觀規律永遠代替不了內在主觀價值；科學可以否定某些
宗教的歷史敘事，但永遠不可能否定宗教本身，因為宗教不僅包含
價值取向，而且涉及經驗無法證實或證偽的超驗信仰。既然價值觀
是主觀的，不存在統一的「正確」答案，個人理當信仰自由，國家
不得確立任何形式的「國教」正統。然而，張君勱在反對國家主義
的同時，自己卻陷入了另一種絕對主義和國家主義。進入經驗不可
知的形上玄學之後，他似乎認定自己青睞的宋明理學就是絕對正確
的「真理」，因而提倡國家通過「形上教育」大力弘揚。宋明理學
當然可以是他個人的人生觀，如同無神論可以是丁文江的人生觀、
基督教可以是宋美齡的人生觀一樣，但是如果某個神學或玄學「真
理」又要定為整個國家的「一尊」，那麼張君勱的玄學主義也不會
比科學主義更好。至於他出於對中華文明的偏愛而斷言歐洲文明已
經衰落，並將其歸咎於西方對「物質文明」的追求，則是他忽視政
治科學與制度重要性的結果。這對於「民國憲法之父」來說，頗有
諷刺意味。

當然，民國時代也有羅家倫這樣的明白人。在1924年出版的《科

學與玄學》中，他已經看出民國學術界的「危險病徵」，[50] 並明確
主張：「說到價值的判斷，更是玄學上重要的問題，科學不能過問；
強要過問，則反而危及本身。」[51] 和梁啟超一樣，他也認為「玄學
與科學的合作，無論是為知識或為人生，都是不可少的」，[52] 並大
聲宣告：「現在沒有 Respectable 科學家看不起玄學，也沒有
Respectable 玄學家敢看不起科學。」[53] 雖然他後來沒有延續哲學研
究，但是這位年僅26歲的留學生就能把當時的主要哲學流派梳理得
十分清晰精准，顯示其超凡脫俗的理解力。可惜這本相當學術的論
著似乎既沒有影響科學論戰的參與者，也沒有論戰各方的認知短板
及其巨大的潛在危害。

　　科玄論戰突顯了民國知識人的認知缺陷，但其所提出的問題是
意義深遠的。在1905年出現量子力學之前，在普遍信奉的牛頓機械
決定論之認知框架內，社會客觀規律和個人主觀意志之間的衝突難
以協調，似乎很難超脫科學規律「一管就死」、個人自由「一放就
亂」的兩難困境。因此，自由意志與因果規律之間的關係不僅困惑
了民國知識界，而且也一直困惑西方思想界。幸運的是，量子力學
將科學範式從決定論改變為概率論：在微觀層面，個體電子的軌跡
是「測不準」的；但在宏觀層面，大量電子的集體樣態則是嚴格確
定的。因此，科學定律仍然存在並發揮作用，但在個體層次上並非
決定性的。用於社會科學，「測不準定律」意味著個人行為動機確
實受制於各種外力因素的影響，但由於影響因素如此之多、人性如
此複雜且變化多端，以至於任何個人的行為選擇都不嚴格受外部因

50　羅家倫，《科學與玄學》（上海：商務印書館，2011），頁12。
51　同上注，頁39。
52　同上注，頁156。
53　同上注，頁158。

素決定;換言之,個人是有自由決定空間的,並應對自己的行為選擇負責。這並不否定社會與歷史規律的存在,儘管由於人的意志自由和社會複雜程度,這些規律不會像統治電子或石頭的物理定律那麼確定,社會歷史的發展進程可以存在一定的個人或偶然因素。但是對人性的研究可以幫助我們預言一種政治制度大概率會產生什麼樣的社會後果,並根據後果做出集體取捨。對於個人來說,集體選擇會存在各種「囚徒困境」,但是只要足夠多的人決定選擇某種制度,變革即可能發生。

總之,個人意志仍然是自由的,每個人自由選擇自己的人生觀,國家或任何人不得以「科學」名義干涉。在個人層次上,每個人選擇自己信仰的「真理」,但無權強迫別人接受;在國家層次上,國民信仰自由,不存在放之四海而皆準的一統「國教」(或「國學」)。事實上,只要保證徹底的信仰自由,才可能存在真正的信仰。有人擔心國家不「定一尊」會造成「信仰危機」和道德虛無主義,但這只是「杞人憂天」而已。讓不同信仰自由傳播,多數國民自然會有信仰,儘管各人信仰未必雷同;用某種正統信仰「統一」國民的人生觀,你很快會發現正統信仰是最虛偽的口號,不是弱不禁風、不堪一擊的「林妹妹」,就索性是掩蓋暴政和腐敗的「遮羞布」,全體國民將深陷權力崇拜、金錢崇拜、物質主義而不可自拔。這才是真正的萬劫不復的虛無主義。

當今中國的當務之急是站在歷史「巨人的肩膀上」,澄清一個世紀之前科玄論戰所體現的各種錯誤認知,避免重蹈極權主義覆轍。即便在改革四十多年後的今天,這個任務並不輕鬆。在極權主義長期教育下,形形色色的極權主義思維方式十分普遍。一方面,認定宗教是「迷信」的「堅定無神論」和科學主義仍大量存在——事實上,超過半數國民。即便是這些人中的「自由派」也和一個世

紀前的胡適、丁文江一樣，往往信仰科學萬能並全盤否定傳統文化。
另一方面，近年來基督教發展迅速，而其中不乏主張政教合一、否
定其它信仰（包括無神論）甚至曲解歐美政體性質的「原教旨主義
者」。最後，國家自1990年代中期以來扶持傳統「國學」作為馬克
思主義的可能替代，「國學院」和「馬院」並駕齊驅，產生了一批
美化傳統文化的「國粹派」。不同門派唯獨缺少一根建立在懷疑主
義基礎上的自由主義底線：歸根結底，人生觀是個人的，並沒有統
一的「正確」標準，因而任何自命唯我獨尊並致力於爭奪國家「正
統」的信仰（包括無神論）本質上都是「邪教」。如果這種現狀不
改變，那麼我們並沒有超越百年前民國知識人的境界；在迂迴曲折
的「歷史三峽」中，這個民族也將註定無法避開凶險的暗礁。

　　張千帆，北京大學法學院教授、北京大學人大與議會研究中心主
任。主要研究憲政原理、比較憲法、中外政治與道德理論，代表作
有《西方憲政體系》（上下冊）、《憲法學導論》、《憲政原理》、
《憲政中國的命運》、《為了人的尊嚴》、《新倫理》、《憲政中
國：迷途與前路》。

頂殘：
中國市場和產權的構造及邏輯

吳 思

一、「三刀兩補」市場

我先介紹一種很有特色的市場，請諸位給這種市場想個名字。

據業內人士介紹，2018年，中國大陸出版圖書的品種約52萬，達到歷史峰值。官方認為數量太多，重複出版嚴重，要進行「總量調控」。於是，2019年減少書號約10萬，2020年減少約5萬，2021年計畫再減10萬。[1]

書號，就是每本書封底的國際標準書號（ISBN）後邊的那一串數字，由國家新聞出版廣電總局分配給各個出版社，一本書一個號。中國政府把國際通用的圖書識別和檢索手段用於市場准入控制，沒有書號就不許進入市場。

削減書號，導致黑市價格暴漲。民間書商原來4、5千元即可買到的書號，2021年漲到4萬左右。原來能在市場上打平的書，現在要

---

[1] 本文寫作始於2020年年底，上述數字為當時所知。據說2021年再減10萬的計畫沒有完成，尚待證實。計畫隨時可能修改，這也是政府管理的特點。

虧損了。

我們看到，出版市場挨了政府一刀，總量要砍掉一半。下邊還有第二刀和第三刀。

第二刀砍向敏感內容。

出版界有許多敏感地帶，例如有關黨和國家主要領導人的選題，涉及文革、黨史、軍史、民族、宗教、港澳台、蘇聯東歐和國際共運史等方面的選題，總共15類，都在重大選題之列。重大選題必須上報備案。[2]名曰備案，因為「審批」的說法違背憲法第35條有關出版自由的規定。不過，在實際運行中，未見管理部門的批覆就不能印刷，出版環節的備案制度，在印刷環節中悄然轉化為審批制度。[3]

2013年之後，敏感地帶不斷增加擴展。有的領域越管越嚴，幾乎什麼書都出不來，成了禁區，例如文革題材。2018年中美貿易戰開打，次年，原本獲准翻譯出版的美國書也出不來了。

在權力大刀砍掉一半的市場版圖上，我們看到，刀鑿出來的15個斑點空洞，隨著權力意志增減縮放：讀者需求向權力讓位，「看不見的手」向「看得見的手」讓位，新知識新見解向意識形態安全讓位。連連讓位之後，出版內容的色調轉紅，歌功頌德成為主旋律。

第三刀砍向市場主體。

國務院規定：「非公有資本不得投資設立和經營通訊社、報刊

2　〈圖書、期刊、音像製品、電子出版物重大選題備案辦法〉，《期刊出版工作法律法規選編》（北京：中國大百科全書出版社，2008年3月第2版），頁618。

3　〈關於加強和改進重大選題備案工作的通知〉，《期刊出版工作法律法規選編》（北京：中國大百科全書出版社，2008年3月第2版），頁623。

社、出版社、廣播電台、電視台」，也「不得經營報刊版面、廣播電視頻率頻道和時段欄目。」[4]

按照出版管理條例的規定，國營主體創辦報刊和出版社必須有主辦單位和上級主管單位。上級主管單位，俗稱婆婆。在中央，婆婆必須在部級以上。在各省市自治區，必須在廳局級以上。沒有權勢婆婆認領，國營主體也不得入內。

在市場主體方面，除了限制民間出版者，還限制敏感作者。近些年來，市場禁入的作者黑名單越來越長，部級離休高官李銳也自稱「敏感作家」。憲法規定公民享有的言論出版自由，遭到精確到人的秘密清除。

三刀之外，還有「兩補」：補貼特權主體和特權選題。

來自權力中心的出版單位和出版物享受特殊優惠和補貼，如《人民日報》等中央報刊。權力重視的領域和主體，例如《農民日報》，也享受特殊的政策優惠。補貼方式，有基本建設投資，有工資或虧損補貼，還有黨費、團費、工會費之類的公款訂閱。

除了補貼市場中的特權主體，還補貼特權選題，例如各種紅色選題。這方面的出版物，一進新華書店就撲面而來，顯示了鮮明的政策導向。

更寬泛地說，中央各種產業政策給出的優惠，都可能以專案費的方式進入補貼，優惠補貼的範圍也不局限於出版市場。如支持新能源開發，地方政府招商引資給出的稅費減免承諾，甚至官員個人私下提供的種種照顧，都可以列入「兩補」範疇。

---

4 〈國務院關於非公有資本進入文化產業的若干決定〉，《期刊出版工作法律法規選編》（北京：中國大百科全書出版社，2008年3月第2版），頁388。

　　「三刀」之下，自由市場的規模縮小了，內容單調了，供給方身分單一了，市場因而殘缺了。「兩補」之下，權力硬挺的市場弱者崛起了，市場因而畸形了。權力介入越深，殘缺或畸形越重。

　　當然，相對文革時期，「三刀兩補」市場已是改革開放的市場。改革開放前的刀更多更大，市場規模更小，內容更紅更單調，市場准入主體也更少。如今主要限制供給側，很少限制消費者，改革開放前不然。北京有幾家書店設了內部小店，只有達到一定級別的幹部才能憑證件進去。把守鬆懈時我進去轉過，見到一些市面沒有的海外圖書。新華社的《參考消息》編發海外報刊的消息評論，如今擺在大街報攤上，當時內部發行，文革前縣團級以上幹部才能訂閱。這就是說，消費方頭上本來還有第四把刀，如今四刀減為三刀，下刀的力度也弱了。

　　現在的學術問題是：這種市場應該叫什麼市場？「三刀兩補」可謂諢名外號，請問學名？

二、「兩界多層」產權

（一）「中經報聯」案例

　　前邊說到「三刀兩補」的第三刀砍向民營主體。民營主體如何應對？常見辦法之一是：冒充國營主體，戴上「紅帽子」護身。這方面有一個著名案例。

　　《中國經營報》和《精品購物指南》其實是民辦報刊，合稱「中經報聯」，1990年代戴紅帽子掛靠在中國社會科學院工業經濟研究所。1985年，王彥先生從政府辭職下海，個人投資5000元，創辦《專業戶經營報》，幾經更名，改變掛靠單位，換婆婆，越做越大，1999年「中經報聯」廣告收入高達兩億，資產估值數億。1990年代末期，

報社因股份制改造發生內訌，告狀信到了中宣部領導手裡。

　　1999年7月，新聞出版署、財政部和國務院機關事務管理局聯合發函，宣布報刊出版主體只能是全民所有制單位，私人投資視為借貸關係，按照同期銀行利率還本付息，[5]數萬元就拿走了創辦人15年的投資經營成果。官方撤銷了王彥的社長職務，任命了新社長，主辦單位社科院工經所鳩占鵲巢。

（二）案例顯示的官民分界

　　估值數億，僅給數萬，強行低價清退民間股份，這是公然歧視並侵犯私人產權。在這個案例裡，成千上萬倍的差距，反襯出國有產權主體的特權的價值。這種處理方式還算客氣的。在官家大刀砍出來的地盤上，對付潛入者，歷史傳統是重刑加沒收。例如，在官家專營的鹽業，未經許可的民間運銷屬於「私販」，貨物屬於「私鹽」，冒充合法身分屬於「詭名」，明朝的處罰標準是「杖一百、徒三年、鹽貨入官」。[6]

　　官民產權性質不同，進出各種市場的許可權也不同，各種待遇有很大差別，可謂「權有差等」。官民兩界的大區分，可以直接將民間資本隔離在外。在官家界內，不同單位的性質不同，也有不同的待遇。

　　按照官方分類，《中國經營報》是公益三類事業單位。公益三類，即企業化管理，自收自支，無財政撥款。事業單位，即政府利

5　〈關於《中國經營報·精品購物指南》報社產權界定的函〉，《期刊出版工作法律法規選編》（北京：中國大百科全書出版社，2008年第2版），頁846。

6　（明）雷夢麟《讀律瑣言》（北京：法律出版社，2000年第1版），私鹽處罰見頁186，勢要詭名處罰見頁190。

用國有資產設立的、從事教科文衛等活動的社會服務組織，產權屬
於國家，未必有盈利目的。公益二類事業單位，例如《人民日報》，
財政差額撥款，虧損由政府補貼。公益一類事業單位，例如博物館
和公共圖書館，財政全額撥款。

　　「中經報聯」案例，就是民間主體，戴上紅帽子，冒充「公益
三類事業單位」，「詭名」潛入了官家壟斷的「三刀兩補」出版市
場，被強行驅離然後昭告天下的故事。

（三）出版市場中的權利等級

　　現在把視野從單一案例擴展到整個出版市場。在「三刀兩補」
市場中，不同主體的權利，可以跟著權力分出許多等級和領域。

　　中共中央至高無上，想辦多少媒體就可以辦多少，沒人敢對中
央動刀；想補貼誰就補貼誰，錢袋子就在自己的控制之下。省部級
單位有權設立一報一刊和一家出版社，超出限額便要申請特批。縣
級黨政機關在不給上級財政添麻煩的條件下可以辦報，但不能辦出
版社。

　　中央領導人的著作，由中國出版集團的人民出版社出版。少數
民族文字的出版物，應該由民族委員會下屬的民族出版社出版。教
委系統的出版社出教材名正言順，其它系統的出版機構要染指分
肥，必須採用打擦邊球之類的手段，例如編寫課外輔導書。

　　改革開放之後，出版市場和許多市場一樣開了口子，冒出了一
些民辦書店和民營書報攤。2005年，加入世貿組織之後，集體和公
民個人獲准從事書報刊分銷，成立發行公司，進入發行銷售環節，
俗稱「二渠道」。主渠道，即國有出版社發行部至國有新華書店的
傳統流通管道，擁有各種特權和豐厚資源，但二渠道的邊緣主體和
邊緣市場更有活力，效率更高，發展速度更快，成功者還能成為上

市公司。二渠道和民營網站一起，逐步將主渠道邊緣化了。這是後續故事，即官市與民市並存，由於市場主體活力不同而此消彼長的故事。

（四）再問姓名

和「三刀兩補」的市場結構一樣，我們看到了「兩界多層」的產權結構。「兩界」指官和民，「多層」指公益一二三類、條條塊塊和不同行政級別等多維度的政治經濟差別待遇。

這就是說，憲法固然承諾了出版自由和權利平等，但事實上的凹凸不平隨處可見，我們不得不深入分析這種權力建構的不平等，追問這種不平等的構造姓甚名誰。真實結構的奇形怪狀，召喚我們尋求更確切的表述方式，將複雜的現實結構概念化。

三、向社會學借概念

（一）市場和產權的命名

「三刀兩補」市場是殘缺市場，其中的產權主體也挨刀致殘，殘缺市場及殘缺產權[7]即是一種命名。反過來看，殘缺部分是由權力製造或填充的，那麼，權力市場和特權產權也是不錯的命名。楊繼繩先生乾脆稱當代中國經濟為「權力市場經濟」。

不過，權力介入和市場殘缺是有差等的，既有權力深度介入的市場，也有權力不屑介入的市場，例如利潤微薄且無關政治安全和

7　產權殘缺（the truncation of ownership），即完整的產權權利束中部分缺失，是制度經濟學家德姆塞茨1988提出討論的。但這種缺失主要來自契約而不是權力強制，並非特權產權的反義詞。

社會穩定的鍋碗瓢盆市場。權力濃度從高到低，造就了高殘市場、低殘市場和常態市場。假設常態市場的開放度超過80分，高殘市場的開放度可能還不到20分。這是一個1-100分的序列，一言以蔽之曰「殘缺市場」或「權力市場」，並不能描述這個序列。

費孝通先生用「差序格局」的概念描述中國鄉土社會：以自家為中心，親屬關係和地緣關係如水波狀一圈一圈推開，遠近親疏呈差序結構。套用此意，以「差序市場」和「差序產權」描述當代中國的市場和產權結構，應該比權力市場、殘缺市場和殘缺產權之類的概念更精確，更比「產權」和「市場」之類的常用概念貼近實際。

「差序市場」不僅可以描述中國市場結構，描述整個序列，還可以描述單一領域的權力市場，例如「三刀兩補」出版市場。權力在「三刀兩補」市場中造成多種差序——選題的敏感度分等級，主體的市場進出權也分等級。除了刀砍出來的歧視等級，還有錢堆出來的特權等級，凹凸分明。差序市場及差序產權這一系列的概念，便是對權力打造的綜合成果的描述。

（二）經濟體制的命名

如何稱呼差序市場和差序產權構成的當代中國經濟體制？官方的叫法是「社會主義市場經濟」。但是，從學術角度說，「社會主義」本身就缺乏準確定義。鄧小平多次講，什麼是社會主義，我們並沒有搞清楚。引入搞不清楚的大概念，只能增加討論難度。

還有一個流行於20世紀上半葉的概念——統制經濟，中國學者用來描述國民黨在大陸建立的經濟體制，包括1950年代台灣的經濟體制。這種體制「節制私人資本，發達國家資本」，金融、匯率、交通、工礦、電氣、能源、軍用品等方面均由國家統制，只將民生消費領域向私人企業開放。

統制經濟的概念來自德文Befehlswirtschaft，誕生並實踐於第一次世界大戰的「總體戰」時代。英語直譯為命令經濟（command economy），漢語則有兩個譯法，一是常見的統制經濟，二是命令經濟——見《新帕爾格雷夫經濟學大辭典》。格羅斯曼在《新帕爾格雷夫經濟學大辭典》中介紹說，這個詞最早用於描述納粹經濟。他把納粹的統制經濟和蘇聯的計畫經濟統稱為命令經濟。

在熟悉計畫經濟的中國人看來，如此混淆是難以忍受的。這意味著國共之戰和1950年代大規模的社會主義改造以及鄧小平推動的改革開放，從經濟體制的角度看來毫無意義。由此也就可以理解，為什麼漢語學界不常用「命令經濟」，總要用「計畫經濟」和「統制經濟」將命令經濟的左端和右端分開。

回到我們的問題：包含了差序市場和差序產權的當代中國經濟體制叫什麼名字？統制經濟，用漢語表達時大意不錯。漢語學界默認的統制經濟，通常有私營企業，有市場，還有政府的強力控制——國企控制了關鍵行業和部門，政府控制了銀行，決定了重要物品的價格，據此主導經濟。當代中國的經濟體制正是如此。

楊繼繩的「權力市場經濟」概念也很傳神。進一步細分，還可以依據權力的濃度，分出一二三級：極權市場經濟屬於權力濃度最高的一級，權力占優；半極權半威權市場經濟屬於二級，權力與市場勢均力敵；威權市場經濟屬於三級，市場占優。

美國傳統基金會每年評估各大經濟體的「自由指數」，中國從1996年至2021年一直在50-60分之間徘徊，屬於自由受到嚴重壓抑的經濟，位於極權經濟所在的「不自由」（低於50分）和大量威權經濟所在的「部分自由」（60-70分）之間，大體可以算作「半極權半威權市場經濟」，簡稱「半極權經濟」。

「統制經濟」的辭典釋義中，列舉了幾個同義詞或近義詞，例

如「中央管理經濟」、「官僚經濟」和「等級制度經濟」。[8]「等級制度經濟」有「差序制經濟」之意，可以作為差序市場和差序產權構成的經濟體制的統稱。

上述諸多概念，包括官方「社會主義市場經濟」的概念，從不同角度描述了當代中國經濟體制的特徵，不妨長期共存，合作競爭，在思想市場上百家爭鳴。

四、差序市場縱橫

傳說神農氏「教人日中為市，交易而退，各得其所」，中國早就有了市場。然而，當代中國的差序市場體系，中國正在接軌的現代國際市場體系，卻是長期複雜的歷史建構的結果。下面簡單勾勒差序市場在當代中國的橫切面及其歷史來歷。

（一）當代的橫向四環

出版市場挨的第一刀，即總量控制之刀，並沒有砍向所有市場。政府揮刀以不同的力度砍向汽車和房地產市場，但服裝和家電市場就比較自由，日雜用品如鍋碗瓢盆市場，更是完全放開。出版市場之所以管制嚴厲，如林彪元帥所說，槍桿子，筆桿子，奪取政權靠這兩桿子，鞏固政權也靠這兩桿子。倘若涉及槍桿子，軍火市場，管制更嚴，民間購買收藏就是犯罪，民間製造販賣還有死罪。

由此可見，當下中國國內的差序市場，橫向水波狀展開，依照市場的殘缺度劃分，至少有四環。第一環，權力命令支配的領域，

8　《新帕爾格雷夫經濟學大辭典》（北京：經濟科學出版社，1992年第1版），第1卷，命令經濟詞條。

除了以價格作為記帳手段外，市場幾乎無用，例如武器彈藥，毒藥毒品。第二環，高殘市場，例如三刀兩補式出版市場，權力控制了市場規模、參與主體、出版內容和價格，市場作用不到一半。第三環，低殘市場，例如汽車和住房之類的市場，權力通過限購、限售、限價或土地限供等手段進行總量調控，但民企可以進入，房型車型也沒有那麼多敏感區，市場作用超過一半。第四環，日用雜品，近乎完全放開，可謂常規市場。

此外還有黑市。除了基本放開的常規市場，各環殘缺市場的地下，都潛藏著黑市。例如一環地下有武器黑市和毒品黑市，二環地下有所謂「非法出版物」市場，三環地下有「小產權房」市場。

（二）差序市場演化大略

1. 歷史上的宮市鹽權及雜霸市

差序市場也存在於縱向的歷史演化軸上。

（1）宮市

白居易詩作〈賣炭翁〉描述了唐朝的「宮市」。詩中可見，皇家使者單方定價，強買木炭，權力的強制性碾壓了市場的契約性。

針對官家憑藉權力在各個領域的強買強賣，唐代漢語出現了「和買」、「和價」、「和售」、「和雇」、「和市」等一系列強調平等交易的概念，但宋人隨後又揭露了權力在「和買」名下的新一輪潛滋暗長。只要權力不受制約，強買強賣就擋不住，「和」早晚要淪為幌子。

宮市壓價強買薪炭的故事，在明朝的版本是宮內惜薪司「加耗」。皇宮薪炭預算確定之後，宦官有權「征比諸商」。按照規定，收薪炭時可加損耗十分之三，但宦官私下加耗數倍，一萬斤能加到四萬斤，市場採購轉化為敲詐勒索。宦官們「酷刑悉索」，時人視

宮內惜薪司為「陷阱」，設法躲避。官方則編訂名單，僉商採辦，
「被僉者如赴死，重賄求免」。[9]——商人退出市場的權利要行賄贖
買。

（2）鹽市

鹽市的演化更加悠久複雜。權力介入鹽業的方式是「榷禁」。
榷的本意是獨木橋。官家禁止或限制「非公有」主體進入鹽市，獨
家壟斷，單方定價，建構出權力濃度高低不等的市場。從管仲（西
元前723-前645年）提出「官山海」，實行食鹽官營開始，誰生產、
誰收購、誰運輸、誰銷售，權力介入產、運、銷不同環節的深度和
廣度，一直在演變之中。演變大體可分為四個階段。

第一階段，秦漢之前以民間自由市場為主，局部禁榷官營。最
顯眼的局部是齊國。管仲在齊國採用的據說是民產加官府統購、統
運和統銷的組合。[10]

第二階段，官家全面介入，局部擴展為全域。漢武帝至中唐八
百多年，官產、官收、官運、官銷，四大環節全由官家壟斷。漢武
帝模式實行日久，難免腐敗臃腫低效，變法改革的預期收益便越來
越高。

第三階段，西元762年劉晏變法，官退商進：民產、官收、商運、
商銷，四大環節有限開放其三，以特許經營的方式調動商家積極性，
官家獲利提高十多倍。如此持續八百多年至晚明。

第四階段，明末袁世振再次變法，將收購環節包給商家：民產、
商收、商運、商銷，如此至清末近三百年，官家退至發照收錢的位

---

9   見《明史・食貨志六》。

10 郭正忠主編，《中國鹽業史》（古代編）（北京：人民出版社，1997
    年第1版），頁28。

置。[11]

上述演變的基本趨勢，大體是權力以退為進，調動生產者和商家積極性，走向官家長期利益最大化。這種基本趨勢，用改革開放的流行術語表述，就是「放開搞活」。官家壟斷的經營收益權放給商家，民間有了生產經營積極性，官民的日子都好過。反之，「一收就死」，官方抓權如同攥緊一把沙子，越使勁沙子越少，最後都沒飯吃。官家在長期歷史實踐中一再撞上這個規律，為了標識方便，姑且稱為改革開放定律。

當然，官家的長遠利益不等於短期利益，整體利益也不等於個人和小集團利益。財政吃緊之時，看到民間利大，官家往往倒行逆施，收回壟斷權，再來一輪「一收就死」，再經歷一輪腐敗臃腫低效，再由商家圍獵鑽營，再次放開搞活，再把壟斷權賣個高價。如此形成局部或暫時的次級回檔。個人和小集團也會根據各自環境在潛規則層面收收放放。在上述四段大波動中，有多次收放小波動。

（3）為什麼有宮市和鹽權這種東西？

宮市存在的理由簡單而直觀：皇帝有權，想省錢，於是就有了強權壓價採購。太監們中飽私囊的熱情很高，進一步把宮市辦成了徵稅收費場。

鹽權也是徵稅，通過賣高價徵稅。

為什麼不直接徵稅呢？《管子》中的〈海王〉篇記載，齊桓公問管仲，征房屋稅如何？管子說會有人拆房。征樹木稅呢？有人要砍樹。征牲畜稅呢？有人要殺牲畜。征人頭稅呢？會隱瞞人口。那如何是好？管仲說：官山海（官營鹽鐵）。人人都要吃鹽，一升加

---

11 參見郭正忠主編，《中國鹽業史》（古代編）（北京：人民出版社，1997年第1版），緒論部分，頁4-10。

價兩錢，就相當於兩個大國的稅收，連老人小孩也逃不掉。如果直接這麼徵稅，人們必定鬧事。

緊隨〈海王〉的〈國蓄〉篇進一步說，民之常情，奪則怒，予則喜。於是先王有形地給予，無形地剝奪。君王以巧取代替強奪，天下樂於服從。

總之，對比直接徵稅，榷鹽榷鐵的成本更低、政治經濟收益更高。和出版市場及軍火市場一樣，鹽鐵市場的殘缺度與政治利益正相關，但又受到改革開放定律的限制調節。

（4）雜霸市

不僅官家權力侵入市場，民間暴力也經常侵入市場。腳夫、轎夫、私鹽販子、在渡口碼頭爭搶打拼的人們，「車船店腳牙」，都熱衷於結夥把持市場。地緣、血緣或業緣團體同樣有此願望。官方打壓民間暴力，將「把持行市」入罪，但把持者往往有官方後台，民不舉官不究，如此形成某種平衡，上下合力建構了殘缺市場。

例如明代景德鎮，官窯壟斷了優質高嶺土和青花瓷產銷，建構出官民權利不等的差序市場，民間同樣憑藉各種非經濟手段壟斷客戶等資源，建構出民間的殘缺市場，再通過為官府效勞獲得官家庇護。所謂行會秩序，就是一種殘缺市場的秩序。

這種官方和民間共同打造的殘缺市場，「霸王道雜」，套用天津方言「雜霸地」的構詞方式，不妨稱為「雜霸市」。

2. 民國的統制經濟

台灣「二二八事件」就是由殘缺市場和黑市引發的。

1947年2月27日，國民黨警員在台北街頭查緝私煙，毆打煙販林江邁，又開槍驅逐圍觀群眾，誤傷青年陳文溪致死。2月28日，台北市民罷市遊行，要求交出罪犯，當局開槍鎮壓，數人身亡，引發全島大規模武裝暴動，是為「二二八事件」。

　　當時的台灣，除了紙煙，還實行了酒、樟腦和火柴等多項產品專賣。1945年，國民黨上將陳儀接管台灣之後，成立了專賣局、貿易局、糧食局和煤炭調整委員會，規定米、鹽、糖、煤油等民生產品，一律由官方統一定價收購。糧食局購買糧食並控制糧食生產來源，煤炭調整委員會壟斷能源供應，私營煤礦生產的煤炭只能出售給這個委員會。[12]與此同時，陳儀沒收了日本人留下的企業，把它們重組且改為公營，如四大糖廠合併為台灣糖業公司，六家石油公司合併為中國石油公司。

　　陳儀推行的統制經濟政策由來已久。1928年國民黨在南京建政之後，積極發展經濟，採用了統制經濟政策。1935年，為了應對日本侵略，蔣介石把主管國防建設的「國防計畫委員會」改名為「資源委員會」，直接隸屬軍事委員會。中國的重工業，尤其是與軍事工業相關的鋼鐵、動力、機電、化學、水力等企業，都由資源委員會掌控。私人企業僅能生產日常消費品。1942年更進一步，鹽糖火柴實行專賣，次年又對棉紡織品實行限價和議價，官價比市價低一大截。這套統制經濟的制度安排，比傳統市場的差序等級更多，權力介入更深，市場殘缺更甚，對民企傷害更廣。

　　「二二八事件」衝擊了台灣的統制經濟。蔣介石先後派出閩台監察使楊亮功和國防部長白崇禧到台灣調查，蔣經國隨行，探詢如何恢復穩定。蔣介石得到的建議是：撤銷專賣局和貿易局，減少國營企業數量，幫助私營經濟發展。這套建議的底層邏輯，正是我們見過的「改革開放定律」。為保住最後的立足之地，國民黨被迫退

12　郭岱君，《台灣往事：台灣經濟改革故事（1949-1960）》（北京：中信出版社，2015年第1版），第1章。

讓一步，民營經濟的活力便在退讓出來的空間裡噴發了。[13]

3. 商權

　　這裡暫且跳出歷史進程，引入一個抽象概念。我們反覆遇到一個問題：誰有權進出食鹽或出版之類的市場，什麼產品可以自由進入市場，現在追問一句：這種權利叫什麼名字？

　　「市場准入權」的說法很常見，不過，這個概念指向政府作為市場把關人的權力，而不是供求雙方進出市場的權利。我想以「商權」專指市場主體攜某種資源進出市場進行交易的權利，即：商權＝供求雙方進出市場進行交易的權利＝貿易自由。

　　商，在不同的詞典裡有八九個釋義，這裡採用的釋義是「買賣交易行為」。「商權」就是買賣交易的權利。商權受限的主體從事買賣交易，罪名就是「私販」。商權受限的產品，如官家專營的鹽鐵茶酒，一旦違禁入市，就被稱作「私鹽、私鐵、私茶、私酒」，以贓物論處。

　　中國對商權的限制歷史悠久，違禁的罪名也清晰精確，但缺少正面表述商權的概念。或許這體現了權力本位而非權利本位的思維及語言規律？毫無疑問，商權價值巨大且事關重大。鴉片戰爭，五口通商，其實就是商權之戰，產權或領土只是牽連出來的次級問題。商權擴展，還可以標誌改革開放的深度和廣度。

　　商權是以市場為中心的定義，描述市場存在的合法性及其邊界，以及進出邊界的自由。產權則是以物權為中心的定義，描述對某種財產的占有、使用、收益和處置權，包括出售轉讓權。兩者有重合部分，但有產者未必有權進入軍火市場，無產者卻有權進出商場。兩權不完全重合。「交易權」橫跨市場和產權，兼指進出市場

13　同上。

的商權和產權中的出售轉讓權。

　　完整的商權，對應常規市場。高殘商權，對應高殘市場。低殘商權，對應低殘市場。負商權，即戴罪之身和違禁貨物，對應黑市。差序商權，對應差序市場。

4. 統購統銷制度的興衰及邏輯

　　當代中國，經歷了計畫經濟和改革開放，商權收收放放，差序市場的形態特別複雜豐富。這裡以農產品市場為例。

（1）三類物資

　　統購統銷制度下的農產品市場，農產品被分為三類物資。從嚴格計畫的統購統銷，到大半計畫小半市場的合同派購，再到農村集市中有限的「小自由」，商權分為三等，市場殘缺度也有高中低三等。

　　第一類物資包括糧、棉、油，關係國計民生，商權一級管制，統購統銷——由國家商業部門按照國家規定的價格和預訂數量統一收購；城市居民憑糧票油票之類的票證，在規定的地區，按照國家規定的價格購買；農家剩餘的糧棉油，如果出售，只能賣給國家商業部門，不准進入農村集市，不准賣給其他單位和個人。

　　統購統銷市場是砍了五刀的市場：第一刀，規定收購價格。第二刀，規定收購數量。第三刀，規定獨家收購者。第四刀，規定銷售價格。第五刀，限定消費者及購買量。

　　五刀之下，生產者、消費者和商家還剩下多少自由呢？生產者不能不按規定生產，也不能不按定價賣出。商家不能不按定價收購，也不能不按定價出售。消費者按年齡性別和身分領取相應數量和種類的糧票之後，固然有權利不買，但定量不高，不買就沒得吃，這點自由空間很小。當然，小自由也有價值，糧票可以換雞蛋，可以在黑市買賣。糧票所承載的小自由小權利，就是在有效期內以規定

的低價購買糧食。什麼時間買,買饅頭還是掛麵,買標準粉還是富強粉,買多買少,在具體時間和品種數量之間是有選擇權的。

五刀之下殘留的這點小自由,在百分制中能達到20分嗎?如果不夠20分,那麼,統購統銷市場,就是市場開放度不足二成的高殘市場。

第二類物資,包括水果、蔬菜、豬牛羊肉、雞蛋鴨蛋、糖、煙、麻、毛竹、木材等20多大類產品,對政權穩定的影響小於糧棉油,因此管制稍寬,商權稍大,名曰合同派購市場:由供銷合作社代表國家與生產隊等生產單位簽訂合同,按照國家規定的價格派購。完成國家的派購任務之後,超產部分或者派購剩餘部分,可以在國家指定的農村集市上議價出售。

政府對合同派購市場的控制程度,介乎統購統銷的高殘市場與小有自由的農村集市之間,姑且稱為「中殘市場」。

第三類物資,也就是第一和第二類物資名單中沒有列入的產品,例如非集中產區的魚蝦水產、桑葚、柳編、西瓜子之類,生產隊和社員個人可以在國家指定的農村集市上出售,價格由交易雙方議定。但商權仍然受限:禁止生產隊和社員遠距離運銷,禁止轉手倒賣,未經國營商業部門批准,機關、部隊、工廠和學校等單位也不許進入農村集市採購或銷售。這就是低殘市場。

當然,官方的禁令未必得到嚴格執行,在三類物資構成的三檔殘缺市場之下,各種級別的違禁品悄然入市,形成了黑市。黑市是對殘缺市場的非法補充。只要黑市交易的價值超過了被抓住處罰的成本,黑市就會出現。

黑市交易者一旦被抓,貨物可能被沒收,人可能被判刑,風險高低不等。1960年代,著名的傻子瓜子創始人年廣九曾因販賣板栗被捕入獄,罪名是投機倒把。如果說貪污盜竊是侵犯產權的罪名,

那麼，投機倒把就是侵犯商權的罪名。

綜上所述，在計畫經濟時代，在農產品領域，我們看到了從統購統銷到合同派購到農村集市再到黑市的四級差序市場，看到了從國營到集體（生產隊和供銷合作社）到社員個人再到投機倒把分子的四級差序商權。三類物資正是由三檔商權定義的。

（2）改革開放：差序並軌

改革開放後，原來作為一類物資的糧棉油，取消了統購統銷，降格為二類物資的合同派購。城市居民定量配給的糧票油票和布票也取消了。

原為二類物資的合同派購農產品，如肉蛋魚蝦，商權管制降級，進入農貿市場，成為小自由的三類物資。

1985年，中共中央一號文件進一步取消了農產品的長途販運限制，小自由擴展為大自由，原來的黑市合法化了。

於是，在農產品領域，合同派購市場與自由市場並存，形成了雙軌制。這種簡化的差序市場，不久又向單一規範市場過渡。現在，除了政府規定糧食保護價並由國營單位兜底收購之外，國內的農產品市場已經基本放開。大體平等的商權，建構出大體正常的市場。

（3）統購統銷興衰

如何理解統購統銷興衰或農產品市場的制度變遷？為何建構出一種體制，然後又改掉？

統購統銷制度誕生於1953年底。那一年小麥歉收，城鎮人口卻增長了663萬（當年人口6.02億），私商抬價30%購糧。糧價一漲，工資也要漲，預算也不穩，剛開始的第一個五年計畫（1953-1957）將大受影響。

1953年10月10日，在全國糧食會議上，統購統銷制度的設計者陳雲說，他挑著一擔「炸藥」，前面是「黑色炸藥」，後面是「黃

色炸藥」。如果搞不到糧食,整個市場就要波動;如果採取徵購的
辦法,農民又可能反對。[14]陳雲認為,兩害相權取其輕,統購統銷
比通貨膨脹的風險小。

在陳雲看來,統購統銷主要是為了穩定糧價,進而壓低工資,
支持工業化。統購統銷持續了30多年,和管仲的「官山海」一樣,
這是農民「交公糧」之外的「暗稅」。這筆暗稅的總額,專家們從
不同的角度進行了計算,其中最高估計是7000億元(牛若峰,1992),
最低估計是4481億元(徐從才、沈太基,1993)。[15]對中國工業化
的貢獻份額,大概在1/2至1/4之間。

當時交公糧即「明稅」的稅率是15.5%,遠超漢代以來的3.3%
即三十稅一。因太高招致各界批評,中共已經承諾將公糧數目穩定
在1952年的水準上。[16]因此,繼續加碼,例如1957年加至每創造100
元農產品價值再通過價格機制轉移到工商業23元的水準,[17]如此對
待「解放」後的農民,確實說不過去,「暗稅」形式應該包含了心
虛的成分。

比管仲式「暗稅」更新鮮也更重要的考量是:社會主義的體制
建構。

1953年10月2日晚,毛澤東主持政治局擴大會議,聽取陳雲關於
糧食問題的報告。講完徵購糧食的好處後,陳雲說,徵購的壞處是
妨礙生產積極性,逼死人,打扁擔,個別地區暴動。但不採用這個
辦法的後果更壞,就是重新走上進口糧食的老路,建設不成,結果

---

14 《陳雲文選》1949-1956年(北京:人民出版社),頁207。

15 楊繼繩,〈統購統銷的歷史回顧〉,《炎黃春秋》2008年第12期。

16 薄一波,《若干重大決策和事件的回顧》(上)(北京:中共中央
    黨校出版社,1991年第1版),頁258。

17 同上,頁280。

帝國主義打來，扁擔也要打來。

聽完陳雲的報告，毛澤東表示贊成，隨後在體制建構的高度補充道：農村經濟正處在由個體經濟到社會主義經濟的過渡時期。我們經濟的主體是國營經濟，有兩個翅膀，一翼是國家資本主義，對私人資本主義的改造；一翼是互助合作、糧食徵購，對農民的改造。這一個翼，如果沒有計畫收購糧食這一項，就不完全。[18]

1953年10月13日，受毛澤東的委託，鄧小平再次到全國糧食會議上講話。鄧小平說：昨天晚上，毛主席交待，要我再跟大家講一次，讓同志們弄清楚一個道理，就是講糧食徵購一定要聯繫過渡時期總路線[19]去講。李井泉同志告訴我，四川試點，農村幹部對徵購抵觸情緒很大，這些有抵觸情緒的幹部，主要還不是基層幹部，而是縣區兩級幹部。你講徵購不聯繫過渡時期的總路線，就無法使全黨同志贊成這個東西。[20]

1953年，在世界範圍內，社會主義還在高歌猛進之中。毛澤東用社會主義和共產主義的遠大理想和過渡時期「一化三改造」的總路線說服了全黨，換句話說，超出管仲和中國傳統的管制尺度就建構在這種理想之上。

1978年，實踐經驗表明，陳雲預測的「妨礙生產積極性」之類的壞處，超出了社會主義理論預言的好處，於是有了改革開放。改革開放的成就和蘇聯的崩潰動搖了理想理論的根基，1980年代的社會主義改革便改掉了1950年代的社會主義改造。理論破產導致了統

18 同上，頁263。
19 過渡時期總路線：要在一個相當長的歷史時期內，基本上實現國家工業化和對農業、手工業、資本主義工商業的社會主義改造。簡稱「一化三改造」。
20 薄一波，《若干重大決策和事件的回顧》（上），頁266。

購統銷制度的破產。

（4）統購統銷公式

那麼，決定統購統銷興衰的底層邏輯是什麼？興也罷，衰也罷，主導者都在最大化黨的利益。具體演算法是：

統購統銷利益=統購統銷總收益-統購統銷總成本。

統購統銷總收益：陳雲要穩糧價、穩工資，保財政預算和五年計畫，抽取農業剩餘發展工業，還要以暗稅的方式悄悄做。毛澤東更進一步，要趁機推進農業的社會主義改造。

統購統銷總成本：陳雲開出了妨礙農民積極性、逼死人、個別地區暴動，扁擔打向共產黨。這三項成本，逼死幾十萬人對政權影響不大，個別地區暴動也不難控制，妨礙農民積極性卻需要細算。小有妨礙還行，妨礙大了，長期落後，連年饑荒，政權就可能垮台。陳雲當時對此的估計明顯偏小。

陳雲進一步預測：沒有統購統銷，就要進口糧食，社會主義建設不成，帝國主義打來，扁擔也打來。兩害相權取其輕，應該選擇統購統銷。

總之，黨內高層形成共識：統購統銷的總收益，大於統購統銷的總成本，於是統購統銷政策出台。

回望來路，陳雲的第一點預測，妨礙生產積極性和暴動逼死人之類，後來被統購統銷的歷史證實了。第二點預測，建設不成，帝國主義打來之類，被改革開放的成就證偽了。而毛澤東勾畫的最高收益，只是想像中的收益。事實上，統購統銷及全套社會主義改造完成之後，既沒有積極性，也沒有飯吃。工農業效率低下，扁擔環伺。統購統銷成本很高，收益有限，總體利益居然是負的。於是統購統銷被廢掉。

統購統銷興衰的底層邏輯，就在這個簡單公式之中。不過，演

算法雖簡單,統購統銷的成本收益卻涉及十幾個變數。當事人對各個變數的大小、正負和因果關係的評估,深受信仰影響,又缺乏質疑和爭辯,想像成分不能及時剔除,短期技術成功終究難掩長期大局誤算。

5. 要素市場

前邊主要以農產品為例,談到產品市場的變遷及其邏輯。更全面的討論,對市場整體結構的討論,還應該包括要素市場的變遷。

中共建政初期,鄧子恢主張「四大自由」——借貸、租地、雇工和貿易自由,遭到毛澤東的點名批判。毛澤東說:「我說是四小自由。這有大小之分。在限制之下,資產階級這些自由是有那麼一點,小得很。我們要準備條件,把資產階級這個小自由搞掉。」[21]

作為貿易自由的主要部分,農產品市場如何被壓縮甚至「搞掉」,前邊已經介紹。其它三大自由,涉及土地要素、勞動要素、資本要素(包括機器設備之類的生產資料),依照領袖意志,遭遇了越來越嚴厲的管制,最終也被計畫取代。從市場結構的角度看,產品市場殘缺,要素市場近乎消失,整個市場單薄狹窄,呈高殘結構。

改革開放之後,農民種田效率提高,農村剩餘勞動力如同洪水氾濫,計畫經濟體系既無力吸納又無法阻擋,於是,以農民工為主體的勞動市場重生,在國際國內市場上有效配置了勞動力資源。土地市場和金融市場部分重生,但價格、規模、市場主體等依然受到多方管制,要素資源如土地和資金並不能根據市場價格按照市場需求配置,市場整體結構仍處於中度殘缺狀態。

---

21 《毛澤東選集》(北京:人民出版社,1977年第1版),第5卷,頁208。

6. 外貿體制的三道壁壘

中國國內市場是變遷中的差序市場，這種市場與國際市場的隔離程度，也呈現為壁壘逐步降低的差序格局。

在計畫經濟時代，國內高殘市場上的經濟主體，與關貿總協定主張的無歧視待遇的國際市場之間，至少隔了三道壁壘。一是關稅壁壘，二是匯率壁壘，三是商權壁壘。

1987年，中國政府制訂了「沿海發展戰略」——原材料和市場「兩頭在外」、憑藉廉價勞動力優勢參與國際經濟大循環。用當時國務院總理趙紫陽的話說：「基本想法是一句話，我們要把沿海這片地方甩到國際市場上去，靠國際市場來發展自己。……廣義來講是沿海，也可能講是二億人口。」[22]當時中國人口總數為10.7億，勞動力嚴重過剩。如果有出路，這兩億人口就是生產要素，沒出路就是破壞要素。要開闢進入國際市場的通路，必須降低甚至拆除壁壘。

（1）關稅壁壘

1992年，中國的平均關稅水準為43%。1986年開始，從「復關」（恢復關貿總協定締約國地位）到「入世」（世界貿易組織），一路談判降低關稅壁壘，2001年底入世。2004年降至9.9%，達到入世承諾的發展中國家水準。2018年降至7.5%，介乎發展中國家和發達國家水準之間。

（2）匯率壁壘

1985年，趙紫陽說匯率壁壘是「外貿的卡脖子問題」，[23]因為

22　〈對我國沿海地區發展外向型經濟的戰略思考〉，1987年11月26日，《趙紫陽文集（1980-1989）》（香港：香港中文大學出版社，2016年版），第4卷，頁305。

23　〈在聽取「七五」計畫綱要起草小組彙報時的幾次談話要點〉，1985年，《趙紫陽文集（1980-1989）》（香港：香港中文大學出版社，

官方規定的人民幣與美元的匯率不合理。

　　1979年底，美元與人民幣的官定匯率為1:1.5，而1978年全國平均換匯成本超過2.5元人民幣，出口嚴重虧損，沒有補貼誰都不願意幹。無奈之下，只好按照實際的換匯成本，再加上10%的利潤，以1美元兌換2.8人民幣作為出口產品的內部結算價，鼓勵各地增加出口。

　　有了雙重匯率，權力定價向市場定價走了一小步。不過，即使按照內部結算價，外匯依然稀缺。使用權難以得到，外匯使用額度便有了自身價值，並且可以在市場上交易，於是有了市場調劑價。各地用匯的供求不一，調劑價格也不同。如此又向市場化匯率走了一小步。同時，隨著僑匯或旅遊外匯收入的增加，黑市匯率也出現了。

　　1994年初，中國大步改革外匯管理體制，將官方牌價1美元兌換人民幣5.8元、市場調劑價8元多、黑市價10-11元，並軌為8.7元，實行以市場供求為基礎的、單一的、有管理的浮動匯率制度。此後走走停停。按照國際分類體系，從官定匯率制度（官方安排、固定釘住），經政府和市場雙重控制的中間匯率制度（水準帶內釘住、爬行釘住、爬行帶內浮動），到市場決定的浮動匯率制度（管理浮動、獨立浮動），三大類別，總共七級台階，中國在2021年大概爬到了倒數第三級，靠近市場決定的浮動匯率，但仍屬政府和市場雙重控制的中間匯率制度。

　　無論如何，1994年之後，中國的匯率壁壘降到了過得去的水準，國內價格大體可以與國際市場接軌了。在這個意義上，匯率從單軌制到雙軌制或多軌制再向單一浮動匯率並軌，就是外匯差序市場從

高殘向低殘乃至常規市場的過渡。

（3）商權壁壘

　　進入國際市場的商權，中國稱之為外貿經營權。改革開放前，外貿經營權由外貿部獨家掌握，外貿部直屬的十幾家不同專業的進出口總公司，分門別類壟斷了全部進出口業務，各省的外貿部門只是這些總公司的派出機構。外貿部統一核算，財政部統收統支，進出口按計畫進行，政企不分。

　　1979年至1987年，外貿體制改革啟動。外貿部獨家壟斷的外貿經營權陸續下放給了各個省市，各個部委也分享了外貿經營權。

　　1994年至2001年，國企普遍獲得了外貿經營權。

　　2004年4月，按照入世承諾，對外貿易法修改，外貿經營權審批制改為備案登記制，外貿經營權全面放開，商權壁壘大體拆除。

　　商權大體平等之後，國企出口占比一降再降，縮到了角落裡。外資企業異軍突起，2015年又被民企超越，中國的民營企業在國際市場的自由空間裡迅速發展壯大。

　　總之，外貿領域差序市場變革的宏觀圖景是：農村改革完成之後，數以億計的剩餘勞動力如洪水氾濫，官方試圖化害為利，以「兩頭在外」的方式引向國際市場，而計畫經濟時代的外貿體制阻塞了溢洪道，於是我們看到了逐步拆除三道壁壘的市場化改革。

　　拆除外貿壁壘的底層邏輯，與統購統銷公式描述的統購統銷興衰的邏輯是一致的：外貿壁壘總收益不高，外貿壁壘總成本太大，上億人失業的成本尤為重大，拆掉很合算。

7. 差序市場的U形變遷

　　從歷史角度看，中華人民共和國的市場，一直是差序市場，但差序市場中的市場地位呈現U形演化。

　　毛澤東時代是市場地位一降再降的下坡路段，到谷底時只剩下

一些市場殘餘，還要繼續「割資本主義尾巴」——有些地方文革中嘗試取消農村的集市貿易。此時的市場可謂極權市場，或者叫差序市場的極權組合：生產資料私有制幾乎完全取締，產品市場分類管制，大管制搭配小自由，要素市場的小自由也「搞掉」了。市場在資源配置方面的地位和作用極低，商權極度萎縮，權力主導資源配置。

鄧小平時代，市場的地位和作用進入上坡路段，從極權市場走向威權市場，權力在諸多領域後撤，「四大自由」恢復大半。例如傻子瓜子的創始人年廣九，改革開放初期雇工多人，在主流意識形態看來就是闖入勞動市場，雇工剝削，違法違憲，引發了官場震動。鄧小平主張放兩年再看，說一動他，群眾就說政策變了，人心就不安了。在這種成本收益計算中，最高領導人摸著石頭過河，摸到了半極權半威權位置，形成了差序市場的半極權組合。

前邊提到美國傳統基金會的「自由指數」，50分以下是不自由的經濟，當代朝鮮只有3-5分，毛澤東時代的極權經濟應該和當代朝鮮差不多。2021年中國走到了58.4分，仍屬自由受到嚴重壓抑的經濟，但站到了部分自由的門檻前。60-70分就是部分自由的經濟。

2013年，中共中央在十八屆三中全會上承諾，要讓市場在資源配置中發揮決定性作用，全面深化改革開放。儘管沒有給出量化指標，但從自貿區的樣板看，改革達標的自由度，似乎能到70分以上，進入基本自由的階段。這種水準的市場經濟，與世界發達經濟體的水準差不太多，如果承諾兌現，國內市場與國際市場就大體接軌了。當然，承諾改變在中共黨史上屢見不鮮。

回顧1949年以來市場地位U形變遷的歷史，我們看到，差序市場已有三層含義。

第一層，某個特定領域市場內部的差序結構，產權和商權的殘

缺度不等，如出版領域的三刀兩補市場。

第二層，同一時期的市場差序結構。首先，產品市場從高殘到低殘再到常規市場，如當代中國市場的一至四環。其次，支撐產品市場的，還有殘缺度不等的要素市場——勞動市場低殘，土地和資本市場高殘。再次，國內市場與國際市場之間的三重壁壘又建構起全球市場的差序結構。以上三者，產品差序市場、要素差序市場和外貿差序市場，構成了統制經濟差序市場的整體結構。

第三層，不同歷史時期的不同制度下的差序組合：以高殘市場為主色調的極權組合，經過高殘與低殘市場平分秋色的雙軌制，即半極權組合，走向低殘市場主導的威權組合。在各種組合中，權力侵入的深度不同，呈現出不同的差序格局。

我們還看到，差序市場的興衰，從毛澤東時代的強化到鄧小平時代的弱化，都遵循著同一個底層邏輯：官方認定利益的最大化。

（三）半極權市場的龜狀結構

當代中國的差序市場，是高殘、低殘與常態市場的半極權組合。從利益攫取的角度看，這種組合的結構和功能，狀似一隻烏龜。

陶然和蘇福兵兩位教授在〈經濟增長的「中國模式」〉[24]一文中，給出了一個中國經濟增長模式的簡化圖示：

烏龜的身子，即民營企業彙聚的下游製造業，作者稱為「一類市場化競爭」領域，這是差序市場中的常態市場，也是當代中國財富創造的核心地帶。

---

24 陶然、蘇福兵，〈經濟增長的「中國模式」〉，《比較》雜誌，2021年第3輯。

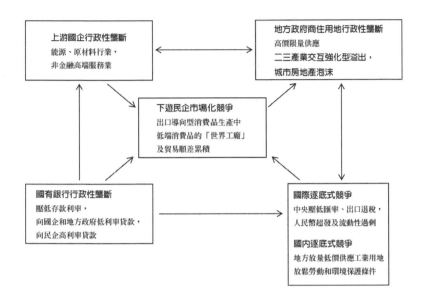

左前爪，即上游壟斷性國企控制的兩大行業：一是能源、原材料行業，如石油石化、煤炭、電力、礦業和冶金；二是非金融高端服務行業，如郵電通信、民航鐵路等。這兩大行業憑藉資源或行政壟斷，從下游民營企業彙聚的核心地帶抽取利益。左前爪涉及的利益規模，以2017年中石油、中石化和中國移動的營業額為例，總額已超過5萬億人民幣[25]（當年中國的GDP總額為82萬億）。假如壟斷利潤為20%，利潤總額應該達到1萬億，當然年報上的利潤沒這麼高，國企降低成本的動機不如民企。

左後爪，即行政性壟斷的金融業，以國有銀行為主體，壓低存款利率，向民企高利率貸款，在財富創造的核心地帶抽取利益。同時，通過向國企和地方政府提供低利率貸款的方式輸送利益。左後

25　見三大公司2018年年報。

爪涉及的利益規模，僅僅2017年壓低存款利率這一項，就高達2萬億人民幣，[26]而當年全國稅收收入不過14.4萬億。

右前爪，憑藉行政權力壟斷了工商和住宅用地的地方政府，低價從農民手中強徵土地，高價限量供應住宅用地，從差價中獲取利益。右前爪涉及的利益規模，以2017年國有土地使用權出讓收入為例，總額約為5.2萬億元。[27]按照15-20%的淨收益計算，規模也接近1萬億。從這個數字，可以看出土地進入非農市場的商權的價值。

右後爪，還是政府，以低人權優勢如壓制勞工在市場上集體談判能力的方式，降低環保要求，獲得國際市場上的競爭優勢，再以低價放量供給工業用地，獲得本地的低要素成本優勢，招商引資，擴大稅基。[28]

一個市場化程度較高的身子，四隻殘缺市場的爪子，一頭一尾則是高殘的軍火市場和出版市場，形成了中國差序市場半極權組合的基本結構。憑藉這種結構，官家既調動了民間的積極性，創造了競爭激烈的繁榮高效的市場經濟，又通過壟斷價格和市場准入之類的手段，從民營企業和擁有土地的農民那裡獲得了稅費之外的巨量財富，還創造了國際市場上的競爭優勢，降低了槍桿子和筆桿子被市場調控的政治風險。

這種半極權市場的龜狀組合是怎麼來的？

26　據海通證券首席經濟學家姜超計算：截止2017年末，中國居民儲蓄為64萬億，存款平均利率大約在1.5%左右，相比4-5%的貨基和理財產品收益率，相當於被剪了3%左右的羊毛。這意味著相對於居民60萬多億的儲蓄，每年有2萬億利息收入被銀行拿走了。《華爾街見聞》，2018年4月16日。

27　見財政部網站：2017年財政收支情況。

28　陶然、蘇福兵，〈經濟增長的「中國模式」〉，《比較》雜誌，2021年第3輯。

　　起點是毛澤東時代的極權高殘市場組合。改革開放後，為了調動生產者的積極性，緩解就業壓力，發展經濟，權力先後向農民、小商販、農民工和民間資本讓步，逐步從農業領域、產品市場和勞動力市場退出。在放開的自由空間裡，私營經濟興起，相對低效的國有企業也按照「抓大放小」政策從一般競爭領域退出。不過，在天然壟斷的資源領域，權力堅守不放。這些領域考核比較容易，創新有限，管理簡單粗暴也無大礙，再輔以行政壟斷，成本低、收益高。如此趨利避害，順勢演化，放開壯大的部分成了烏龜的身子，權力堅守的部分成了頭尾四肢，「龜狀組合」便形成了。

　　對比平行演化的俄國轉型經濟，那裡的自然資源比中國豐富，軍火工業比中國強大，計畫經濟的水準和傳統優於中國，人口壓力卻沒中國大，民企競爭也比中國弱。在這種條件下演化生成的格局，能源壟斷的左前爪變成巨螯，狀如大頭（軍工）小身子（民企）的龍蝦，並非龜狀組合。

　　從極權退到半極權的成本收益計算，發生在給定的人口、資源和歷史條件下，且在政治、經濟、社會和意識形態的全要素框架中進行。經濟或財政考量只是全要素考量的部分因素。國企可能虧損，但作為「聽話」的經濟力量，有利於黨對經濟和全域的直接控制，便於內部的利益分配，且政治正確，意識形態正當，所以還要保留甚至擴張。

　　前邊說到管仲的「官山海」時，強調了暗稅的稅收成本低、政治風險小，民眾容易接受且難以逃避。當代的油價、房價和電價中也隱藏了巨量的稅收，深合管仲之意。需要補充《管子》的是，隨著差序市場的建立，各環節衍生的分肥集團也生長壯大了。

　　俗話說「過手三分肥」，在這種龜狀結構中，手握大權的眾多組織和官員代理人有了持續撈錢的機會。正如太監有了持續撈錢的

機會便有意將宮市做大做強一樣，在官場上，這種機會也是眾人覬覦的利基，必須設法維護做大。各種官家代理人的利益，因此成為龜狀結構的社會基礎或曰階級基礎。在此基礎上，可以生長出白手套之類的二級代理集團，也可以發展出黑白兩道聯盟，還可以由代理人變身股東，[29]建構出各個條條和各級塊塊內部的權貴壟斷體系，與差序市場的龜狀結構互為支撐。

如此建構的當代中國差序市場，結構精巧，收放適度，水到渠成，官家集團各種利益的最大化得以實現。

龜狀差序市場的弊病頗多。左派人士批評資本主義市場經濟，特別關注一些副產品，如資產階級法權或機會平等造成了實際上的不平等，兩極分化嚴重等等。這種批評對差序市場的龜殼部分當然適用，那裡大體有機會平等，民營中小企業彼此平等競爭，優勝劣汰，高效而生機勃勃，但兩極分化很刺眼。不過，在龜狀結構的四肢和頭尾，機會主要依據權力分配，親貴私屬具有天然優勢。機會不平等，結果更不平等，兩極分化更嚴重，還缺乏龜殼部分的平等競爭和高效率，缺乏優勝劣汰的市場演替。

（四）官市公式

官家在兩千多年鹽權實踐中發現：追求自身利益最大化，過猶不及，於是先收後放，在反覆調整中接近最佳點。國民黨在統制經濟的進退中尋找最佳點，也是先收後放。共產黨在計畫經濟和改革

---

29 據有關部門經濟專家根據官方資料計算，2020年全國國有企業資本中，非公有資本占21.6%，總量約為21萬億人民幣。其中，央企的非公資本占37.8%，地方國企的非公有資本占13.9%。這些非公資產是誰的？依據蘇聯和中國一些國企股份化的經驗，有理由猜測某個比例的代理人或他們的白手套變身為股東。

開放中摸索利益最大化的那一點，同樣先收後放，走出了一個U形彎。

　　我用統購統銷公式解釋了先收後放的成本收益計算。同樣的演算法，也出現在外貿體制改革和要素市場及四大自由的爭論與實踐中。根據這種普遍性，統購統銷公式可升級為官市公式，即官家追求官市利益最大化的基本演算法：

　　官市利益＝官市總收益－官市總成本

　　總收益和總成本，指選定的官市差序組合的成本和收益，如文革期間統購統銷、要素市場和外貿體制極權組合的成本和收益。官市，即官家建構的市場。從管仲到漢武帝，從劉晏到蔣介石，從毛澤東到鄧小平，凡是以官家權力壟斷取代市場競爭而建構的市場，皆為官市，官市必是某種商權差序安排的組合。

　　按照現代經濟學的說法，官市利益最大化的實現條件，就是邊際收益＝邊際成本。在差序市場建構的過程中，如果官家收緊市場有利可圖，就會再收一點；如果放開市場有利可圖，就會再放一點。如此邊際調整，直到無利可圖，便到了利益最大化邊界。

　　公式很簡單，用起來很複雜。

　　首先，誰是官家？誰是拍板決定者？官家集團，由皇親國戚、條條塊塊各級衙門和官員代理人等多重主體構成。這些主體都在追求利益最大化，還可能相互衝突。不過，只要承認暴力最強者擁有最後否決權，官家集團內部的複雜選擇，便可以簡化為最高權力的選擇。至於權貴如何遊說皇帝，皇帝如何防騙糾偏統籌全域，那是他們內部的事，這裡就不討論了。

　　其次，最高權力有多重利益：個人利益與整體利益，長期利益與短期利益，核心利益與表層利益，物質利益與精神利益，現實利益與想像中的利益，這些利益也可能相互衝突。最高權力對現實的

認識還可能被扭曲，他的世界觀和價值觀也可能發生變化。但有一點是確定的：權力的生死存亡，永遠是第一位的。我們一再看到政治安全度與市場殘缺度之間的正比關係，一再看到經濟效益向政治安全讓步，而政治安全的核心，對專制統治者來說，正是獲取權力並保住權力。

再次，市場參與者眾多，他們也在做利益最大化選擇，且隨時調整各自的博弈策略：合作、躺平、逃亡、走私、反抗。如此構成官家集團眼中的收益或成本。水可載舟，亦可覆舟，統治集團不能不在乎自己的稅基和政治基礎。

前邊屢次提到改革開放定律，其機理可分解為三條：第一，更大的經濟自由空間，容許並激勵民間創造更多的財富，財富創造與經濟自由正相關，可謂自由定律；第二，官家背離自由定律越遠，政權越不穩定，是為執政者衰亡定律；第三，官家趨利避害，走向改革開放，直到該收益被放權的損失抵消為止，此為收放定律。歷史上反覆出現的先收後放，就是改革開放三定律引導出來的雙贏決策。[30]

反之，全面控制的欲望，權力的貪婪，暗稅的狡猾，意識形態的理想，對筆桿子槍桿子的重視，財政的壓力，權貴或條條塊塊和代理人利益的擴張，引導了一波又一波收緊。

目前，官方主導的官民博弈形成的差序市場，就是半極權市場的龜狀組合。這種格局已形成20餘年，但主政者的價值觀和各方各項成本收益的小波動不斷，多方博弈並未停止，變遷也未停止。

---

30 詳見拙作〈改革開放的基本規律：讀田紀雲《改革開放的偉大實踐》〉，《南方週末》2009年10月8日。

（五）頂殘市場

　　假如中共十八屆三中全會2013年作出的讓市場發揮決定作用的改革承諾兌現，超過70分水準的市場形成，中國就有了基本自由的市場。不過，市場的地位到底有多重要，差序格局是強化還是弱化，仍是一元化領導決定的。最高權力既可以推進市場的自由化，也可以壓縮市場的自由度，官市公式依然有效。

　　最高權力依據自身利益的最大化，確定差序市場如何組合建構，且不受憲法和民眾制約，這種權力的威權性質，決定了市場的威權性質。在這種對上負責的體制中，各級各類權力及其代理人，照例有比較大的舞弊空間，可以在產權和市場的邊界上壓出條條塊塊和個人私利的凹凸，形成明暗不等的潛規則邊界。這種市場，政治專制而市場的名義純度較高的市場，可謂威權市場，或者叫差序市場的威權組合。

　　市場只是社會體制的一部分。所謂威權市場，即缺乏契約性政治體制配套的契約性經濟體制，無論內部結構如何貌似完整，從外部關係或全域的角度定義，依然是一種殘缺市場。在這種市場裡，面對來自頂層權力的侵犯，所有市場主體都缺乏抵禦能力。因此，這種殘缺市場，可謂「頂殘市場」。頂殘市場中的商權，可謂「頂殘商權」。

（六）販私和投機倒把罪

　　違禁製造或買賣官權貨物的罪名，兩千多年來不斷見諸各種記載。例如私販鹽、鐵、茶、酒（麴）、礬、軍器、馬匹、香藥、寶貨等。這些罪名零散，但有一個共同的構詞方式：違禁動作（犯或販）＋違禁主體（私）＋違禁物（鹽鐵茶等）。例如犯下私販鹽的

罪，就叫「犯私鹽」。

在當代學者的分類中，上述罪名屬於「危害中央集權的經濟犯罪」，與危害君主專制、侵犯人身安全、侵犯私有財產、妨礙婚姻家庭等犯罪並列。[31]

私販鹽鐵等官家禁榷貨物，損害了官家的商權壟斷，但在兩千多年的歷史長河中，並沒有形成統一的罪名。中共建政之後，推動社會主義改造，把市場經濟看作產生資本主義和資產階級的土壤，特別注意限制市場在資源配置中的作用，限制交易品種，限制入市主體，限制交易行為，官方的經濟利益與政治利益和偉大理想融為一體。在三十多年的限制和反限制中，出現了一個統一的罪名：「投機倒把」。倒賣商權受限的物品和重要的生產資料，私人長途販運，連同私下製造一起，都屬於投機倒把行為。

投機倒把罪名的濫用和濫罰在文革中達到高潮。1970年中共中央發動了聲勢浩大的「一打三反」運動——打擊現行反革命破壞活動、反對貪污盜竊、反對投機倒把、反對鋪張浪費。貪污盜竊和鋪張浪費冒犯了官家產權，投機倒把冒犯了官家商權。1970年2月5日發出的中共中央5號文件《關於反對貪污盜竊、投機倒把的指示》，重申了商權壟斷：「除了國營商業、合作商業和有證商販以外，任何單位和個人，一律不許從事商業活動。……一切按照規定不許上市的商品，一律不准上市。……任何單位，一律不准到集市和農村社隊自行採購物品。不准以協作為名，以物易物。不准走『後門』。」文件要求粉碎階級敵人在經濟領域的進攻，保衛社會主義，槍斃一批最嚴重的投機倒把犯。三個月後，據黑龍江省革委會人民保衛部

---

31 張晉藩主編，《中國法制史》（北京：群眾出版社，1991年第1版），
　　頁175。

統計，該省在「一打三反」運動中被定為貪污盜竊、投機倒把分子
的已達72069人。[32]

　　1979年，文革結束不久，「投機倒把」作為規範化的罪名寫入
中華人民共和國刑法第117條：「違反金融、外匯、金銀、工商管理
法規，投機倒把，情節嚴重的，處三年以下有期徒刑或者拘役，可
以並處、單處罰金或者沒收財產。」和古代鹽鐵一樣，外匯金銀都
屬於禁榷物，此時中國對違禁行為的處罰力度也和明朝一樣：徒三
年，財貨入官。與文革中不同的是，投機倒把的罪名不再有階級鬥
爭之類的政治色彩。[33]

　　1987年，國務院發布《投機倒把行政處罰暫行條例》，將倒賣
政府禁止自由買賣的七大類物品和涉及定價、報銷、協助違禁交易
等三大類行為定義為投機倒把。禁止自由買賣的物品包括：國家計
畫分配物資和專營商品、發票批件執照和許可證、文物金銀外匯、
非法出版物、假冒偽劣商品等。

　　1997年《刑法》修訂，取消了投機倒把罪。2008年1月，國務院
公布了《關於廢止部分行政法規的決定》，《投機倒把行政處罰暫
行條例》在列。2011年1月8日，國務院又公布了《關於廢止和修改
部分行政法規的決定》，其中包括了刪去《金銀管理條例》和《國
庫券條例》中關於「投機倒把」的規定。至此，投機倒把的概念徹
底退出現行法律法規。[34]

32　《黑龍江省志・第70卷・共產黨志》（哈爾濱：黑龍江人民出版社，
　　1996），頁251。轉引自楊繼繩，《天地翻覆：中國文化大革命歷
　　史》（香港：天地圖書出版社），第18章。

33　張學兵，〈當代中國史上「投機倒把罪」的興廢──以經濟體制
　　的變遷為視角〉，《中共黨史研究》，2011年第5期。

34　同上。

投機倒把罪名的形成、擴張、收縮和廢除，歷時半個多世紀，與當代差序市場的U形變遷大體一致。

以刑罰震懾官家商權侵犯者，既是建構維護高殘官市的手段，可以獲得官市收益，也是必須付出的執法司法成本。官市收益越高，走私激勵越強，在對抗升級中還會生成武裝走私集團，王仙芝、黃巢、張士誠等撼動王朝統治的造反者便出身於此。這種不斷對抗升級的成本，製造問題然後解決問題，製造市場殘缺然後維護殘缺，爭搶蛋糕而不做大蛋糕，消耗了巨量的財富，可謂社會淨損失。

五、差序產權縱橫

按照常規定義，產權即財產所有權，由占有權、使用權、收益權、處置權構成，法學界稱為四大權能。處置權即自由處置財產如轉讓、閒置、出售甚至銷毀的權利。有的定義特別強調出售的權利，將交易權單列一項，便有了五項權利。

如果把以上五項子權利看作一束木條，每根木條還可以截短甚至乾脆抽走，便形成了一系列殘缺度不同的權利組合。完整的權利束就是完整產權，有殘缺的權利束就是殘缺產權。

古代中國是農業社會，土地是最重要的財產。從產權的權利束角度看，在中國古史記載裡，土地的占有、使用、收益和處置權，最初是包在領主權或曰「有限主權」之中出現的。

古史傳說，大禹治水成功之後，「賜土姓」——賜土以立國，賜姓以立宗。[35]大禹劃分九州，「任土作貢」——依據土地狀況，

---

35 《史記‧夏本紀》。

制定貢賦的品種和數量。[36]封建諸侯處置天子賜土的方式，據說就是井田制——發端於唐虞夏商，完備於西周，敗壞於春秋戰國。[37]在一系列制土分民、制田制賦、制民之產的分類建構中，形成了王田、公田和不許買賣的私田。當代中國的差序產權，真可謂源遠流長。

下邊先橫後縱，描述並追溯差序產權的結構和演變。

（一）當代出版界產權的「兩界多層」

我熟悉的一家雜誌，和前邊提到的「中經報聯」一樣，從創辦起，政府就沒投資一分錢，沒給一個編制，全靠自己籌資招聘，在市場上打拼，不僅打進了報刊市場50強，影響力也名列前茅。這家雜誌之所以能拿到刊號，即報刊出版市場的准入證，主要憑藉前副國級領導人創辦的民間社團的權貴身分，加上部級離休高官的巧妙周旋。這類有權貴背景的民間產權主體，不妨稱為「權貴民企」。但權貴也不能公然壞了「非公莫入」的大規矩。每年2、3月份報刊年檢時，仍要戴上一頂紅帽子，承認自身產權的國有性質，雙方互給台階，睜一隻眼閉一隻眼，通過各種關卡。

「權貴民企」在官家界內。更準確地說，位於差序產權官家界內的地下。

官家界內都是國有產權主體，但也有高層低層之分。中共中央的《人民日報》，各省各部的機關報如《河北日報》和《農民日報》，既享有進入出版市場的特殊商權，又享有作為「公益二類事業單位」的財政差額補貼。多重特權裝備之下，待遇遠超市場平等競爭的起跑線，可謂高層特權主體。

---

36 《書經・禹貢序》。
37 《玉海・田制總敘》。

　　低層國有產權主體，享有進入出版市場的特殊商權，但不享受財政補貼。作為「公益三類事業單位」，只能自收自支，例如南方報業集團的《南方週末》，可謂普通特權主體。

　　權力的等級劃分複雜細密，特權主體有多種分類排序方式，這裡只分「高級」和「普通」兩檔，示意特權圈裡仍有差序。

　　官家界外是民企。改革開放之後，民間資本獲准進入書報刊發行市場，但不准從事出版業務。要進入出版領域，只能通過「戴紅帽子」或買賣書號之類的方式從地下潛入。

　　為什麼說「權貴民企」位於官家界內的地下？我熟悉的那家雜誌，還有「中經報聯」，都戴著「公益三類事業單位」的紅帽子，自收自支，屬於官家界內的普通特權主體。但紅帽子之下隱藏著遭禁的民企。它們是改革混亂期的模糊地帶的產物，甚至是潛規則的產物——倘若後台不硬，倘若規則清晰，倘若執法嚴明，原本不該存在，不得不如黑市一樣在地下生存。2013年之後，意識形態收緊，執法隨之嚴明，紅帽子下的民身被迫換作官身，「權貴民企」幾乎都被收編了。

　　如果說戴紅帽子的民企位於地下，那麼，地下還分一二三層。「權貴民企」後台硬，即使被收編，權貴代理人之間討價還價，經濟補償也不至於低得離譜。「中經報聯」後台不硬，強行收編時下手更狠，補償低得近似搶劫。至於印製「非法出版物」的地下團夥，一旦被查獲，財產罰沒之外還有牢獄之災。

　　上述差別，官民兩界，地上地下多層，體現了「兩界多層」的產權結構，這就是當代中國出版界的產權差序格局。

　　這種制度安排究竟有什麼好處？對誰有好處？

　　在黨的領導看來，出版界屬於宣傳陣地，關係到政權穩定，占領陣地的必須是自己人。體制內的條條塊塊，人、財、物全面受控，

據此建立的主管主辦單位制度，權、責、利歸屬清晰，既可以滿足各級黨政部門的宣傳需要，又能維護意識形態安全，減少雜音，消除反調。同時，在書報刊發行和廣告市場，允許民營主體進入，可以借助市場競爭提高效率，優化資源配置。這種制度安排，實現了黨的效用最大化。

禁止民間主體進入出版市場，製造民間產權主體的殘缺狀態，將大批高效率的潛在競爭者排斥在外，當然不利於市場競爭，不利於發揮各種資源的使用效率。但政治的頭號問題是分清敵我，效率首先也要問誰的效率。出版者和作者要當好黨的喉舌，為誰服務是第一位的，服務效率是第二位的。

經濟為政治服務，正是「社會主義政治經濟學」或「官家主義政治經濟學」的基本原則。改革開放的「以經濟建設為中心」背離了這個基本原則，順著新原則的邏輯走下去，社會主義或官家主義就可能演變為資本主義。

（二）當代中國產權的「三界多層」

出版界的差序產權結構為「兩界多層」，中國產權的整體結構，還要加上外資，從兩界增加到三界。

1. 官界

官家界內是國企特權主體。如出版界顯示的那樣，特權還有高級與普通之別。其中，國有銀行長期享有的壟斷地位，不僅體現了自身的特權，還可以通過貸款的方向、利率差異、追責方式等等，推動資源配置向國企傾斜，強化國企的地位和特權。

國企的效率普遍低於民企。如果用特權還扶不起來，虧損嚴重，又不是重要領域，無所謂政治效用或「戰略意義」，官家不妨「抓大放小」。出版界的發行銷售領域就發生了這種民進國退，類似歷

史上鹽權的官運官銷改商運商銷。

所謂國企，在官家集團主導的國家應該叫官企，產權到底歸誰所有，一度模糊不清。黨、各級政府、計委、財政部，到底誰擔責，誰受益？改革開放後，通過設立國資委和股份制改造等方式，產權歸屬比過去清晰了，但約束和激勵力度仍然比不上私有產權——贏利者未必喜，虧損者未必痛。

2. 洋界

官家界外，地位較高的是外資。外資又分為美國的、歐洲的和港台的。來頭越大，官家權力越惹不起，產權保護度越高。

一般說來，國內平民都在官家權力的威逼利誘範圍之內，對民企不必客氣。外資在權力控制範圍之外，享有海外公民權，可以利誘卻難以威脅，外資待遇自然高於民企。很多民企因而冒充外資，當「假洋鬼子」。

3. 民界

民企通常無權無勢，地位排在國企和外企之後，但民企內部的結構層次非常複雜。有權貴民企、有戴紅帽子的、有掛洋旗的、有黑道保護的、有獲得產業政策支持的、有國資入股搭車的、還有獲得不同級別的人大代表或政協委員身分的。總之，民企內部可分為普通民企和「特惠民企」兩大類。

官、洋、民三界之間還有許多過渡地帶，如股份制、混合所有制，民企中的乾股、擁有否決權的「金股」等等，呈現不同深度的權力介入。

4. 頂殘產權與品級產權

引入外資之後，兩界多層的差序產權，演化為三界多層的結構。差序產權從特權到產權再到殘缺產權，呈現一個灰度序列。外資享有的產權接近國際標準，在中國傳統中增添了新東西。但是，無論

產權和特權的級別多高,面對更高級別的不受制約的政治權力,面對來自上層的入侵,或大或小都有敞口,總有不同程度的殘缺。反過來說,即便是殘缺度最高的產權,如盜版書商的產權,欠著官家的刑罰,他們的產權對身邊的平民和顧客依然有效。

由此可見,中國的殘缺產權,殘缺部位主要在頂端,在官民交界處,可謂「頂殘產權」。

在市場上,殘缺產權的價值,也隨著殘缺度打折。例如農村集體土地上的「小產權房」,價格可能還不到附近商品房的一半。遭到權力入侵的各界產權,即使在美國上市,即使是海外的一流企業,股價也可能因政策變化遭遇重創。順著「頂殘」的邏輯說下去,頂端權力的侵犯性越強,手段越多,中國產權的相對價值越低。

我們不妨把官、洋、民三界想像為立體結構,即底大頂小的三層台,最低層,頂殘面積最大,保護度最低。位置越高,頂面積越小,保護度越高,特權越多。但除了至高無上的皇帝之外,沒有任何人可以宣稱自己產權和人身權利不受侵犯。這種品級結構的差序產權,也可稱為「品級產權」。

品級產權有一個大弊病:保護度最高的產權主體是權力擁有者,生產經營只是他們可以用權力協助的副業。純粹的生產經營者,開拓創新的動力最強,最應該全力以赴,偏偏保護度最低。

(三)戴罪生存與贖買自由

接著說我熟悉的那家雜誌。進了出版界,所有書刊出版機構都必須服從重大選題備案制度的規定。這種規定,在實施中加了一個未見上級回覆不得印刷的模糊條件,備案制度在印刷環節中轉變為審批制度,悄然迂回違憲。

對於重大選題的界定,也同樣設計了這種精巧的模糊性。例如

「涉及中共黨史上的重大歷史事件和重要歷史人物的選題」，什麼算重大事件？誰算重要歷史人物？什麼算「涉及」？這種模糊性賦予掌權者寬泛的合法傷害權，管制對象動輒得咎，模糊而普遍地處於戴罪生存狀態。

不僅在新聞出版領域。條條塊塊的各種權力，從消防到環保再到城管，在自我授權的立法定規中普遍埋伏了這種模糊性，如「涉及社會安定等方面的內容」之類。憑藉這種模糊授權，權力的各級代理人總有理由威脅你，敲打你，讓你聽話，不服從就合法地收拾你，直至消滅你。例如，如果管理者有意找茬兒，隨時可以挑出幾篇涉及重要歷史人物的文章，指責雜誌違犯重大選題備案規定，年審時不蓋章通過。沒有這個章，徵訂、印刷、運輸皆屬非法，雜誌就死掉了。

如果有人不服上告，例如在確認重大選題之類的問題上申請行政複議，最後裁判的，恰好就是新聞出版廣電總局自身，被告便是裁判。作為被告的中國權力的最高裁判，當然也是中國的最高權力，一元化的權力。

在這種體制下，即便是完全合法的產權主體，也擺脫不掉說大就大、說小就小的對權力的負債甚至負罪。一元化的權力不受監督，不受制約，還故意設定了一些模糊的難以企及的高標準，讓產權主體陷入戴罪生存狀態，迫使當事人贖身贖罪，這既是官家集團的頂層設計，也是條條塊塊和大官小吏個人的利基。

在重大選題備案制度之下，期刊出版領域的產權主體受到什麼影響？打個比方說，我家的土地，不許我出售建廠或自己蓋房倒也罷了，今年禁止種大蔥，明年不許種白菜，後年連玉米也不讓種了，組成土地產權的權利束中，權利細條被一根根抽掉，一刀刀削短，土地產權的價值自然隨之打折。重大選題制度覆蓋越廣，行政禁令

越多，頂殘敞口越大，戴罪生存現象越普遍，產權打折就越狠。如果這塊地只能種植官方指定的某種虧本作物，不種還要罰款判刑，如宋朝四川榷茶地區禁止茶農砍掉茶樹改種贏利作物那樣，那麼，產權的價值將成為負數，成為債務，我們就會見到農民棄耕外逃。

　　面對找茬兒、禁令和禁區，當事人的主流反應就是花錢買平安、買自由和買特權。買平安是被敲詐，買特權是行賄，買自由就是用買書號或戴紅帽子交管理費之類的辦法贖回原本屬於自己的公民出版自由。官家主體在賣書號之類的特許權上獲得的收入，經濟學界通常稱之為「租」，我更願意稱之為「法酬」，即血酬的升級版。[38]這是憑藉合法暴力即權力要素獲得的收入。

（四）差序地權演化大略

1. 皇土公式

　　「普天之下，莫非王土；率土之濱，莫非王臣。」《詩經》裡的這個說法，道出了周代的共識。天下是周武王打下來的，周公說這是天命。順天應人也好，逆取橫搶也罷，暴力要素和觀念要素聯手，將「王土王臣」打造成了主流觀念。

　　秦始皇廢封建立郡縣之後，「王土王臣」的版本升級為「皇土皇臣」：「六合之內，皇帝之土。……人跡所至，無不臣者。」兩千多年後，在大陸和台灣的土改中，我們還能看到黨國版升級。

　　中國地權演化的基本邏輯就是趨向「王土」或「皇土」效用最大化。更準確地說，是土地要素與人力要素及其配置的綜合效用最

38　血酬就是暴力掠奪的收益。法酬＝全部稅費－公共產品價值。詳見拙
　　著《血酬定律：中國歷史中的生存遊戲》（北京：語文出版社，2009
　　年4月第1版），頁1、7。

大化。天子要「盡地力」、「盡人力」，用土地激勵耕作、激勵軍功、自養、養親、養官、養兵、養官府辦事等等，而這些用法又有各自的成本和副作用，皇帝選擇自身利益最大化的土地用法。

皇土利益演算法公式：

總利益（皇土不同用法及用量）＝總收益－總成本

總收益和總成本，包括皇土不同用法及用量的政治、經濟、意識形態、短期和長期的、實際和想像的成本與收益。主權者權衡決策並付諸實踐，將實踐結果與預期收益比較，再與機會成本比較，隨時做出邊際調整，做出利益最大化的選擇。

如何追求利益最大化，趨利避害直到邊際成本＝邊際收益等等，前邊的官市公式已經討論，不贅述。

根據同一演算法，我們也可以建立一個皇民公式：皇帝選擇人力資源效用最大化的用法，用於耕作、用於戰爭、修建宮殿陵墓、祭祀犧牲等等，並且隨時調整用法，保證各種用法給皇帝帶來的邊際效用相等。皇帝還要與敵國或內部的豪強藩王爭奪人力，以編戶齊民之類的方式掌控在自己手裡。從皇民公式的角度看，土地產權的不同安排，就是以不同的獎懲機制，根據皇帝的需求，調動或抑制臣民在不同領域的積極性。如此既盡地力，又盡人力，達到資源效用的最大化。

儒家所謂的「制民之產」，百畝之田有恆產有恆心云云，討論了王土與王民的理想組合。貴族的五服封建則是王土與王臣的組合。

從皇土公式的角度看，興修水利，國土整治，都是應有之義。作為「亞細亞生產方式」主要特徵的治水，只是皇土公式之下的小選項，一些提高土地收益的技術方案。這類方案有助於強化皇權，卻不是皇權的來源。打天下坐江山的核心資源是暴力而不是治水能力。暴力支撐了否決權。最高權力據此打壓各種資源的不利用法，

於是有皇土公式。

皇土公式給歷史實踐和意識形態留出了位置：在每次調整用法
之後，決策者必須等待實踐結果逐漸浮現，搜集資訊，加工整理，
形成新觀念。改制則要付出觀念和制度變遷成本。

經過長期試錯調整，演化到明代，中國地權呈現為「兩界多層」
的差序結構，與當代觀察到的產權結構近似。

2. 明代田制橫截面

按照《明史‧食貨志》的說法，明代田制，有官田，有民田。
官民兩界是一級分類。

官家界內，最高層是皇莊，次高層是皇親國戚及勳貴的莊田，
如王莊宮莊。王莊是皇帝賜予的，載於「金冊」，免糧免差。再往
下是條條塊塊的官產，如養軍的屯田、養學的學田、養官的職田。
唐宋和明初的職田如同官宅吏舍，是衙門的官產，使用權和收益權
歸在職官員，離任交還。最底層是官員私家的優免田。官員享有不
同品級的賦役優免權。萬曆十四年（1586）《優免則例》規定，一
品京官免田一千畝，免丁三十，逐級遞減至九品，免田二百畝，免
丁六。舉人生員免田四十畝，免丁二。[39]

享受不同品級特權待遇的勳貴官紳地主，侯外廬先生稱之為「品
級性地主」，把列寧筆下的俄國「身分性地主」中國化了。品級地
主與品級產權同構。

高品級產權免去了一些義務，配備了特權，更有生存競爭優勢，
因而招來眾多的「投獻」和「詭寄」者，他們託人花錢，像當代「戴
紅帽子」那樣戴上烏紗帽甚至王冠，於是，優免田越來越多，「王

39　關於《優免則例》的內容，轉引自黃惠賢、陳鋒主編，《中國俸祿
　　制度史》（武漢：武漢大學出版社，1996年10月第1版），頁470。

店」遍地開花，民田和官家稅賦隨之減少。對投獻和詭計行為，從
明初到明末都有處罰規定，[40]這些高品級產權的冒充者位於官界的
地下。

民間田產也有層級。除了自耕農的小農產權，編戶齊民之中，
還有地主和佃戶兩種權利。

明代佃戶的佃權，在長期租佃中發展出田面權，又稱田皮權，
這是可以單獨出售的。與此對應，原田主的產權被稱為田底權或田
骨權。一田一主發展為「一田兩主」，即皮主和骨主，皮權與骨權
的比值大概在三七和五五之間。[41]有時皮主將土地耕作權出讓，自
己作為「二地主」吃一筆「小租」，皮權之上又生出佃權，一田便
有了三主。

前佃與後佃及田主如何博弈，田面權如何自立門戶，日本學者
寺田浩明有精彩論述。[42]讀者可以看到，田面權的形成，從索取冀
土銀到威脅使壞，浸透了血汗，還要經過漫長的時間和多次轉手確
認。在編戶齊民內部改變舊的權利邊界，拆分權利束，生出二地主，
很不容易，但又不失公道。

3. 官田演化

講述官田演化的故事，按照明代「兩界多層」的差序產權結構，

---

40 張顯清，〈明代土地「投獻」簡論〉，《北京師院學報》1986年第
2期。

41 土改時的官定比值是3：7，見方恭溫，〈實行土地所有權公有和使
用權農民私有〉，《改革》雜誌1999年第2期。土改時人人躲避地
主身分，地主沒有議價權，田底權的比重容易高估。我在其他地方
看到的數字，大概在四六開至五五開之間。

42 寺田浩明，〈權利與冤抑——清代聽訟和民眾的民事法秩序〉，《明
清時期的民事審判與民間契約》，見滋賀秀三、寺田浩明、岸本美
緒、夫馬進著（北京：法律出版社，1998年10月第1版），頁203。

應該分為四個小故事,分別講述皇莊、王莊、條塊公田和官員優免田的來歷。

以王莊為例。王莊,以及所有皇親國戚和勳貴的莊田,屬於官家界內的次高層地權。王莊的來歷,其實是廢封建立郡縣的故事。

周天子留王畿以自養,制土分民以養親尊賢,「封建親戚,以藩屏周」,實現了王土效用最大化。

貴族從天子手中「受民受疆土」,「公食貢,大夫食邑,士食田,庶人食力……」連土地帶人民,層層分封下去。周天子的主權——權力與權利的總和——分解為諸侯國的二級有限主權,再分解為大夫封邑的三級有限主權。

有限主權的核心是有限武力,包括規模受限的兵力和城牆長度等等。從孔子墮三都到三家分晉,我們看到,武力總有逾分擴張的企圖。隨著武力擴張,三級有限主權可能升到二級,如三家分晉;二級可以升到一級,如秦國一統江山。在此過程中,禮崩樂壞,天下大亂,生靈塗炭。封建制度的這些成本得以確認,需要數百年乃至上千年的反復實踐。

秦始皇總結周朝八百年實踐的教訓,廢封建立郡縣。漢初總結秦朝短命無援的教訓,半封建半郡縣。漢代諸侯王掌握了王國的軍權、財權和行政權,有土有民,封建之弊隨即重現,內戰再起。叛亂平息之後,封國封邑的規模及其「權力束」一再削減。領主權力束中的軍權、人事權和行政司法權逐步削減抽空之後,「諸侯唯得衣食稅租,不與政事」,「勢與富室亡異」。[43]

西漢之後,封建制度演化的大趨勢就是越封越虛。在有限主權的灰度序列上,封國退化到封土,封土退化到封戶,領主權退化到

43　《漢書‧諸侯王表》。

食租稅權，食租稅又退到食歲祿。明代藩王主要吃歲祿，莊田租米
被看作歲祿的替代。明成化六年（1470）進一步規定，諸王莊田子
粒（地租）由州縣收取，王府不得自行收受。這就是說，諸王沒有
管業權和收租權，對土地的掌控程度還不如地主。[44]清代乾脆取消
了明代的藩國制度，諸王不能就藩，只留下宗室王公的莊田。[45]

　　宗親和勳貴的莊田，從有限主權向品級產權一路弱化過來，既
達到了養親尊賢的目的，又削弱了他們犯上作亂的能力。這種弱化
趨勢的反面便是皇權的強化趨勢。皇權強化趨勢的背後有暴力組織
規模效應的支撐。至於大趨勢中的幾次小幅回檔，如漢初和西晉的
封建復辟，還有明初封藩授予師級規模的護衛武力，總要招災惹禍
隨即糾錯，不妨看作個別皇帝算錯了帳，高估了諸侯的「藩屏」價
值，低估了叛亂風險。

　　皇莊、職田和優免田的演變，和王莊的故事一樣，可以看作最
高權力追求這三種土地用法的效用最大化的過程。

　　皇莊，皇帝直接當地主，貌似對皇帝有利，但太監和莊頭吃拿
卡要、作威作福和跑冒滴漏等弊病甚多，扣除成本，未必比編戶齊
民收皇糧合算。這個演算法：稅收利益＞產權利益，不僅適用於皇
莊擴張的邊界，還可以看作官產私有化乃至國企私有化的必要條
件。皇莊最大的受益者其實是太監。於是，皇莊的規模，與皇帝受
太監影響的程度成正比，與皇帝的精明苛察和理想主義精神成反比。

　　職田，本來是皇帝撥給官員養廉的菜田或祿田。這種在職官員
的自留地，很能激勵官員借助職權增產增收，養廉的效果往往比不

44　黃惠賢、陳鋒主編，《中國俸祿制度史》（武漢：武漢大學出版社，
　　1996年10月第1版），頁410。

45　同上，頁514。

過養貪，多少不均和豐歉不勻還造成很多內部矛盾。於是，在千年尺度上，職田波動下行，越來越無足輕重。明初又試了一回，便轉向簡單的俸祿發放。

優免田，皇帝照顧各級官員的尊嚴，讓他們專心本職工作，免了攤在田土上的雜役。針尖大的洞，碗口大的風。明末的優免規模在名義上就能擴大十倍，實際「冒濫」更多。結果官員中間受益，皇帝和平民兩頭受損。清初堵漏，逐步取消了優免權。

總之，官家界內的多層產權，在歷史演化中趨向簡化，從領主權向品級地主權乃至編戶齊民的方向簡化。這是一級趨勢。一級趨勢背後有比較低的內戰風險和制度運行成本支持。與此對抗，官家集團之內的不同主體，要求皇帝的恩惠賞賜，努力擴大等級特權，維護有利於自身的差序格局，這是二級趨勢。亂世之中，趁皇權失控之機，藩鎮割據，豪強擴張，塢壁林立，莊園山寨土圍子形成，也屬於二級趨勢。

這兩種趨勢，在改革開放後差序產權的演化中同樣存在。政企分開，把各個工業部改為總公司，打破一家獨大的行政壟斷，同時抓大放小，便屬於一級趨勢。設置行業壁壘和地區壁壘，權貴壟斷或黑白兩道聯手壟斷，屬於二級趨勢。

4. 民田演化

中國史家談民間私田的歷史，通常從商鞅變法（前359-前349）說起。杜佑（735-812）在《通典・田制》中說：商鞅認為三晉地狹人貧，秦國地廣人稀，荒田沒有盡墾，地利沒有盡出，便以田宅招徠三晉之民，三代之內免除他們的兵役，在境內務農，而讓秦人外出打仗。廢井田，制阡陌，任憑來者耕作，不限多少。數年之間，國富兵強，天下無敵。

所謂「廢井田、制阡陌」，通常解釋為廢除土地公有制，劃定

地界，確認私人產權。這些土地後來還可以買賣。董仲舒（前179-
前104）說，秦國用商鞅之法，除井田，民得賣買，富者田連阡陌，
貧者無立錐之地。

從皇土公式的角度看，秦國地廣人稀，秦孝公以荒田招徠敵國
的人口，增強了本國的人力物力，減弱了敵國的人力資源，可謂一
舉兩得。荒田本是「王土」或曰「公土」，秦孝公授田於民，無人
受損，是為帕累托改進。這種高收益低成本的土地用法，堪稱最佳
選擇。當時，秦晉之間戰爭不斷，人力物力的差距，事關大國生死，
優勝劣汰的壓力很大。

民眾開荒早已有之，公田私有化據說也普遍存在，商鞅變法並
非私田的起點，卻是私田合法化的標誌。「從此以後，私有土地是
中國歷史上最重要的土地所有權制度。各朝代也有各種形式的公有
土地，但是數量都遠不及私有土地多。」[46]

大規模授田於民的舉措，在中國歷史上多次出現。均田制是商
鞅變法之後最著名的一次，從北魏到隋唐持續約300年。

北魏太和九年（485年），魏孝文帝下詔實行均田法，將全國的
荒地和無主土地按勞動力計口分田，每丁露田（唐代稱口分田）40
畝，桑田（唐代稱永業田）20畝。口分田在受田者年老或死後歸還
國家。永業田可以世襲，也可以在超額或不足額的條件下買賣。

均田首倡者李安世為皇帝分析利害。第一，戰亂之後荒田多，
遊民多，地力民力均未發揮。第二，豪強占地多，且在荒田或無主
之田爭奪中占優，有坐大之勢。第三，實行均田制，一概編戶齊民，

---

46 趙岡、陳鐘毅，《中國土地制度史》（北京：新星出版社，2006年
　7月第1版），15頁。

可以均貧富，盡人力，盡地力，力業相稱。[47]

李安世的演算法和商鞅一樣，考慮荒地、遊民、豪強對手侵占、皇家編戶齊民四個因素，選出皇土效用最大化的組合。

從土地權利束的角度看，同為民田，口分田是高殘的，抽掉了繼承權和轉讓權。永業田是低殘的，有繼承權和部分轉讓權。為何劃分永業田和口分田，代代調整，自找麻煩？李安世說，這是預防貧富不均，使「力業相稱，細民獲資生之利，豪右靡餘地之盈。」

皇帝認可李安世的觀點，劃出了40畝口分田：每代人重配一次，同時禁止額外買賣。但這麼做是有成本的。口分田代代換手，種桑樹就不合算。耕地無產權，改良土壤便成了「為他人作嫁衣裳」。針對這種短期行為，皇帝又劃出了20畝永業田。奈何人口越來越多，可收回分配的口分田越來越少，越來越零碎混亂，百餘年之後，口分田基本成了永業田。

民間的自發交易也會侵蝕口分田，還會侵蝕官田和屯田。土地使用權是值錢的，有人救急要賣，有人投資願買。產權買賣非法，那就典押使用權。依然覺得不安全，價格就適當降低。官田地租高，買方就出高價當民田買，讓賣方負責每年補上官府多收的地租。如果官府地籍管理混亂，或者可以行賄製造混亂，高殘就會冒充低殘。如果權貴侵吞官田屯田，無人敢問，公田還能直接轉化為私田。

於是，權力製造的差序產權，經過上百年的侵蝕，溝坎漸成平地。明代江南的官田就這樣消失了。滿清入關後跑馬圈地，旗丁普遍分得旗田，法律嚴禁典賣，但違規者眾多，運動式執法也沒擋住，旗田漸漸消失在民田之中。

在中國歷史上，除了商鞅變法和北魏均田這兩大事件，短期或

47 《魏書》列傳第四十一。

局部授田始終不斷。漢初，戰亂中人口逃亡，戶口不過十分之二三，官家授田免役以招誘民眾。明初有山西洪洞大槐樹移民，清初有湖廣填四川，都伴隨著授田免役之法。

授田完成之後，口分田漸成永業田，權力逐步淡出，民間土地交易的一系列契約便成了業主權利的證明，官民雙方認可，土地權利據此確立，民間土地的演化便大體完成了。在佃權轉讓時，江南高產地區的土地價值高，前佃普遍索取「糞土銀」，導致田面權獨立有價，解決了佃戶改良土壤的回報問題。民間土地產權安排達到了相當精密的水準。

在制度經濟學家看來，初始的產權安排並不重要，使用權或所有權之類的名號也不重要。只要有剩餘索取權，如大包乾所謂「交夠國家的，留足集體的，剩下都是自己的」，就會有投入積極性。只要有自願交易，稀缺資源就會轉到出高價者手裡，他們的資源使用效率通常也更高。我們確實在歷史上看到，通過並不合法的市場交易，旗田從不擅農耕的旗丁之手，轉入擅長耕作的漢族農民之手，土地利用效率提高了。

憑藉這套權力打造然後自發演化而成的土地制度，中國農業的效率相當高，養育了龐大的人口，支撐了龐大的帝國。

差序產權經過各種自願交易而效率趨近的故事一再重複，直到今天我們還可以在出版界的書號交易中看到。據此可以建構一個「和平演變模型」：交易成本越低，演變越快；交易成本越高，演變越慢。趕上仇視和平演變且精明苛察的皇帝，如雍正和乾隆拯救旗田，歷史還能在短期內逆行。

5. 土地制度改革

我們已經看到，在政治領域，最高權力逐步削弱了領主權，將有限主權弱化為品級產權，實現了政治效用最大化。在民間產權安

排中，最高權力以盡地力盡人力為導向，逐步走向私有化，實現了經濟效用最大化。土地制度設計的因革損益，可以看作第一種土改。

初始制度確立後，差序產權之間發生交易，買賣官田、屯田、職田、旗田和口分田，改造了初始安排，土地權利流向高效使用者。儘管土地兼併和兩極分化有違初心，但自發趨勢很難阻擋，皇帝通常接受和平演變的事實。這種獲得認可的自發改變，可以看作第二種土改。

權力強行改造自發演變出來的秩序，可謂第三種土改。這種土改，在兩千多年中央集權專制的首尾兩端，有過兩次大規模嘗試。一次是王莽土改，一次是黨國土改。

（1）王莽土改

西元9年，王莽稱帝，隨即批評秦國無道——廢井田、導致土地兼併，強者田多，弱者無地。名義上三十稅一，實際豪民收租十分之五。近似當代左派，王莽把私有化和市場化帶來的副產品看作亟待解決的一級問題，下令恢復「井田聖制」，天下田改稱「王田」，不得買賣。男口不足八人而田畝超出一井者，餘田分給九族、鄰里、鄉黨。反對者流放邊疆。[48]

王莽推行土改，可以用皇土公式解釋，只是他的儒家原教旨信條對井田制的估價偏高，對私有制加市場化的效率估價偏低，對強行改制的成本也估計太低。

土改劫富濟貧，富人是受害者，必有反抗動作，此為成本之一。將土地收為「王田」，剝奪了交易轉讓權，土地權利束的五條權利被抽走一條，大小田主都反對，此為成本之二。王田不許撂荒，不

48　司馬光《資治通鑒》卷三十七。

耕者罰三夫之稅，[49]土地權利束中的處置權又被截短，大小田主都
不滿，此為成本之三。田地不能流轉到最擅長利用的人手裡，難以
盡地力盡人力，全社會受損，此為成本之四。由於違反買賣田宅及
奴婢禁令，「自諸侯卿大夫至於庶人，抵罪者不可勝數」，[50]貪官
污吏乘機敲詐勒索，造成更多怨恨，此為成本之五。王莽的國有化
運動還擴展到鹽鐵酒專營，鑄錢改幣制，多領域聯動，「於是農商
失業，食貨俱廢，戾涕泣於市道。」此為成本之六。

　　在付出上述成本的同時，王莽想必得到了獲得土地者的好感，
但收穫能大於損失嗎？且不說削減地權和強制治罪是無人受益的雙
輸遊戲，即便是劫富濟貧的零和遊戲，按照百元損失之痛大於百元
獲得之喜的主觀感受常規，王莽收穫的仇恨也必定大於好感。

　　堅持到第四年，王莽收回成命，允許王田買賣，「勿拘以法」，
但這番折騰成為他日後倒台的重要原因。

　　王莽土改推行三年，最後搞砸了。這個事實表明：第一，皇權
真能立法改制；第二，改制要付出成本，虧本的改制運動難以持久；
第三，皇權無法降低井田制之類田制所固有的高成本，虧損性制度
早晚破產。預期收益差，強推虧損性制度的成本自然比較高。

（2）國民黨土改

　　國民黨引入黨國制度，政權獲得了現代意識形態和政治組織的
加持，更加敢想也更加能幹。孫中山的民生主義有兩大要點：一是
平均地權，二是節制私人資本。平均地權，包括土地漲價歸公、耕
者有其田等內容。

　　在大陸，國民黨並未實施「耕者有其田」，「二五減租」（降

49　《漢書·食貨志下》。
50　杜佑，《通典·田制》。

低地租25％）也淺嘗輒止。共產黨則高舉「耕者有其田」的大旗發動農民造反成功。退至台灣，汲取在大陸失敗的教訓，又少了統治集團與地主的牽連，蔣介石便支持台灣省長陳誠強力推行土改以穩定民心。[51]

　　1949年3月，陳誠宣布實行「三七五減租」，把地租率從50%之上壓到了37.5%之下。隨後是「公地放領」，當局將從日本人手裡接收的公地，以該地全年正產物2.5倍的低價賣給佃戶。1953年4月，《實施耕者有其田條例》發布，政府又以全年正產物2.5倍的低價，徵購地主超出限額（水田43.5畝、旱田87畝）的土地，再以同樣的價格轉售給該地佃戶。

　　「公地放領」近似商鞅和北魏的公田私有化，耕種者得田，盡地力盡人力，很少有人反對。「三七五減租」截短了地主的土地收益權，低價徵購地主超出限額的土地，限制了地主的產權。這兩項政策慷地主之慨，卻深得佃農之心。

　　陳誠勸告台灣地主：「三七五減租，一方面固然為佃農解除痛苦，減輕負擔，實際上實為保護地主，幫助地主。……三七五減租的實行，便可避免共產主義的流血鬥爭，……農民為自求收穫增加，必能盡力耕作，地主收益不但不會減少，反而更可增多。」

　　陳誠同時放出狠話：「我相信困難是有的，調皮搗蛋不要臉皮的人也許有，但是我相信，不要命的人總不會有。」此言一出，局勢大變。有大陸的樣板，還有幾年前的「二二八事件」，威脅高度可信。

51　關於台灣土改的敘述，本文主要參考了郭岱君教授的《台灣往事：台灣經濟改革故事》（北京：中信出版社，2015年第1版），第二章。

台灣的和平土改進展順利，大獲成功。

一百多萬台灣農民，將近人口的五分之一，獲得了土地所有權。農民收入在1949年後的10年裡增長了一倍。他們添置農業機械，使用化肥，糧食產量從1953年起持續16年增長，平均增速5.2%。

從地主方面說，畝產增幅大，減租之後的絕對收入仍可增加。土地被低價徵購固然吃虧，但以大陸土改為參照系，台灣地主又賺大了。由於政府以七成土地債券和三成國營企業股票徵購土地，債券年息4%，有些公司股票分紅還超過土地收益，許多地主便轉型為工商企業家，登上了工商業發展的快車。

對國民黨來說，最大收益是政治安全。陳誠在《台灣土地改革紀要》中透露當時的想法：「大陸局勢日益惡化，台灣人心浮動……欲確保台灣，必須先求安定，而安定之道，莫先於解決民生問題。」從結果看，安定人心的任務超額完成。1965年陳誠病逝，出殯時萬人空巷，成千上萬的農民攜家帶眷，跪在道路兩邊為他送行。此後很多年，農村都是國民黨的票倉。

台灣土改搞成了。這個事實表明，第一，黨權比皇權更能立法改制；第二，改制的成本小於收益，運動便不難成功；第三，改革之後的制度可以帶來更高收益，新制度即可持久，並形成對政權的支持。

（3）共產黨土改

中國共產黨在50多年裡三次半改革土地制度。第一次土改，奪取地主土地，分給貧雇農，實現了「耕者有其田」。第二次土改，耕者之田歸公，完成了農業的社會主義改造。第三次土改，大包乾，將公田分給農戶經營，拉開了改革開放的序幕。還有半次，1982年憲法修訂，將全部城市土地劃歸「國家所有」。

如果給中共三個版本的土改加上1.0、2.0、3.0的標號，那麼，

我們可以在每個版本中看到多次進退調整，形成1.1、1.2、1.3……之類的次級版本。各大小版本都有自己的成本和收益，版本變遷正是據此調整而來。在中共黨史敘事中，只有1.0系列被稱為土改，本文遵循慣例。

　　第一版土改，從1928年毛澤東主持制訂《井岡山土地法》開始，到1953年少數民族地區土改基本完成，1.0系列之中有七個次級版本。

　　1.1版權力通吃：《井岡山土地法》規定，沒收一切土地歸政府所有，政府將土地分配給農民個人或集體耕種，強制有勞動能力者勞動，土地禁止買賣。

　　1.2版階級鬥爭：1929年《興國土地法》將「沒收一切土地」改為「沒收一切公共土地及地主階級土地」並分給貧雇農。[52]權力退居二線，將階級鬥爭推至一線，挑起民間互鬥。

　　1.3版減租減息：1937年西安事變之後國共合作，停止沒收地主土地，降格為減租減息。[53]中共將團結抗日推至一線，階級鬥爭退居二線。

　　1.4版回歸階級鬥爭：抗戰結束次年，中共發出《五四指示》，將減租減息改回沒收地主土地，但打著「減租減息」和「反奸清算」的旗號。階級鬥爭悄然回歸一線。

　　1.5版徹底平分：1947年10月，國共鏖戰經年，中共公布《土地法大綱》，宣布「鄉村中一切地主的土地及公地，由鄉村農會接收，連同鄉村中其他一切土地，按鄉村全部人口，不分男女老幼，統一

52　金沖及，《二十世紀中國史綱》（北京：社會科學文獻出版社，2009年第1版），上冊，頁324。

53　同上，頁400。

平均分配。」

徹底平分一切土地，因為地主富農的地不夠分了，要拿中農土地換取貧雇農參軍參戰。具體操作方式是放寬階級劃分標準，把一部分中農劃為富農或地主。地主富農占農村人口的比例，在晉綏區從8%暴漲到25%，階級敵人暴增。[54]

1.6版糾偏：貧農團主導的土地平分，對地主富農吊打追逼，挖浮財、分土地，亂打亂殺。大量人口逃亡，許多黨員幹部和軍屬受到衝擊，基層黨政組織失靈，軍心不穩，還鄉團反殺報復，農民生產積極性下降。1948年中共中央開始糾偏，通過《一月決定》，強調聯合中農，強調黨的領導地位，將貧雇農的主導作用降低為帶頭作用，改正錯劃，退還財物。[55]

1.7版政經兼顧：1950年6月，《中華人民共和國土地改革法》公布，各地派土改工作隊下鄉，組織農會，發動群眾開會訴苦，沒收地主的土地分給農民，同時保存富農，保護中農，發展經濟。

第一版土改，沒收地主土地約7億畝，得地農民超過3億。[56]土改據說有增產效果，但1.0系列土改的主要目的並不是增產，而是挖掘農村的人力物力打內戰，奪取政權。

除了槍桿子筆桿子，共產黨兩手空空。奪取地主的土地財產，滿足貧雇農的要求，是大規模動員人力物力的無本高效手段。這好比一雞四吃。第一吃地主的糧食和浮財，可供軍需還可分給農民。第二吃地主的土地，分給農民換取支持。第三吃地主的人格和生命，暴力土改讓雙方互殺，血債累累，由此收穫投名狀，擴大優質兵源，

54　楊奎松，〈1946-1948年中共中央土改政策變動的歷史考察〉，《開卷有疑》（南昌：江西人民出版社，2007年第1版），頁324。

55　同上，見文中最後三個小節。

56　金沖及，《二十世紀中國史綱》，下冊，頁752。

建立基層組織。第四吃官府稅基,好比殺雞取蛋。

這種吃法,官府當然不能學。所以毛澤東說:「國民黨比我們有許多長處,但有一大弱點即不能解決土地問題,民不聊生。這一方面正是我們的長處。」[57]

至於次級版本的調整,1.3版的階級妥協,1.6版的反左糾偏,並非不吃雞,只是調節吃法和範圍。減租減息既能換取農民支持,又能換來國民黨的合作和軍餉,當時比土改合算。土改糾偏,如劉少奇所說:「搞土地改革,就是為了打勝仗,打倒蔣介石。如果搞的厲害,地主逃走,就增加了蔣介石的力量。」[58]坐江山了,不容地主在農民和政府之間坐吃地租,但要保存富農,發展生產、培養稅基。

1.0版土改搞成了。這個事實表明:

第一,只要用武力控制了某個地區,有能力局部壓制皇權,就能在這個地盤上立法改制。

第二,武裝教團缺乏奪取政權的物質資源,地主階級擁有這筆資源又缺乏自衛能力,於是,利用槍桿子和筆桿子土改,便成為獲取人力物力的唯一選擇。局部和暫時的調整難免,但基本路線無法改變。

第三,奪取地主巨量土地,如果發動民間暴力,動員者可以四兩撥千斤,付出少量組織成本,完成土改,並建成自家組織。如此低成本高收益,運動不難進行到底。不過,地主階級被消滅之後,高收益消失,運動便要終止。擴大化之後強行推進,傷害自家的既得利益集團,將有內部分裂。

---

57 金沖及,《二十世紀中國史綱》,上冊,頁616。

58 楊奎松,《開卷有疑》,頁320。

6. 人民公社

（1）人民公社興起

中國農村的社會主義改造，從1951年宣導互助組開始，到1962年確立「三級所有、隊為基礎」的人民公社制度，中共土改2.0系列之中有六個次級版本。

2.1版是1951年宣導的互助組——土地私有、勞動互助。2.2版是1953年推出的初級農業生產合作社——土地入股、集體勞動。2.3版是1956年橫掃全國的高級社——村級規模土地公有、上百戶人家集體勞動，但允許社員在業餘時間經營家庭副業和少許自留地。中國農業的社會主義改造至2.3版宣告完成。

毛澤東1958年又推出了2.4版——數十個高級社合併而成的鄉鎮乃至縣級規模的人民公社，四五千戶人家集體勞動，統一調撥，平均分配，公共食堂免費吃飯，取消自留地和家庭副業，「組織軍事化，行動戰鬥化，生活集體化」。井岡山土改1.1版的初心實現了：權力通吃，強制勞動，不留死角。

毛澤東把所有制看作社會發展不同階段的主要標誌。公有化程度越高，集中力量辦大事越方便，越有利於發展生產力，離共產主義越近。但在制度經濟學家看來，產權主要是一種激勵約束機制，一種關於剩餘權責的制度安排：幹好了剩餘歸己，搞砸了虧損自擔，自作自受。人民公社的激勵約束機制恰好相反，超產了大家平分，吃超了集體承擔，自作而他受。

順便一說，1958年中共宣布了社會主義建設總路線：「鼓足幹勁、力爭上游、多快好省地建設社會主義」。「多快好省」願望甚好，但在制度經濟學家看來，社會主義產權激勵出來的，恰好是「少慢差費」。總路線自相矛盾。在鼓足幹勁、力爭上游的政治壓力之下，解決矛盾的主要方式只能是瞞上欺下、虛報浮誇。

　　1960年餓死的人數上千萬，虛報浮誇露餡了。1960年11月中共中央發出《緊急指示信》禁止一平二調，允許社員經營少量自留地和小規模家庭副業並恢復農村集市；人民公社三級所有、以生產大隊為基礎，公有化從鄉級退到村級。1961年6月《農村人民公社工作條例》發布，進一步取消了公共食堂和占比三成的供給制（七成為按勞分配），這就是2.5版。

　　2.6版於1962年2月出台。《關於改變農村人民公社基本核算單位問題的指示》規定：農村人民公社一般以生產小隊為基本核算單位，至少30年不變。上百戶的規模降到了幾十戶。

　　人民公社推行三年，最後搞砸了。這個事實表明：

　　第一，黨權立法改制的願望和能力都超過皇權，中國產權之「頂殘」因而遠邁前代，至此登峰造極。

　　第二，儘管改制願望和王莽一樣源於信條，流於空想，但改制能力超強，碾壓反抗，虛報收益，依然可以成功。

　　第三，1.0版土改剛剛完成，耕者有其田的新制度也帶來了更高收益，但立法者認定還有更新的制度和更高的收益，就會有2.0版，1.0版便難以持久。

　　第四，黨權無法改變產權作為激勵約束機制所固有的成本和收益，自作而他受，必定產出少而浪費多，終究難逃破產。

（2）左右糾偏

　　實際上，那時調動農民生產積極性的流行方式是包產到戶。鄧子恢到處推廣介紹，說和自留地一樣，「超產是他的」。這種繞開所有制紅線、將剩餘權責與土地使用權掛鉤的激勵機制，[59]20年後

59　關於使用權與剩餘索取權掛鉤的看法，來自我與張曙光和盛洪兩位教授的討論，特此致謝。

顛覆了人民公社，很快就引起毛澤東的警覺。

從1962年7月起，毛澤東在各種場合不斷發問：「你們贊成社會主義，還是贊成資本主義？」「是走集體經濟道路呢，還是走個人經濟道路？」[60]他說中國不能搞包產到戶，不能搞單幹。這樣搞，「半年的時間就看出農村階級分化很厲害。有的人很窮，沒法生活。有賣地的，有買地的。有放高利貸的，有討小老婆的。」

換句話說，寧可少打糧食，也不許放高利貸、買地、討小老婆。不許兩極分化。這種價值排序，文革後期的一條著名口號表述為：「寧要社會主義的草，不要資本主義的苗。」

毛澤東大講階級鬥爭和路線鬥爭，要年年講、月月講，此意被提煉為社會主義歷史階段的基本路線，成為無產階級專政下繼續革命理論的核心。這套意識形態認定的最高價值是消滅資本主義實現共產主義，而不是經濟富裕。

我們在1.0版土改中見過左右糾偏，現在看到了2.0版的左右糾偏。兩次糾偏都以調整土地產權安排的方式謀求政治利益最大化。經濟寬裕了就向左轉，追求更高更純的公有化；饑荒鬧大了再往右調，轉向激發個體積極性的「小自由小私有」（鄧子恢語），以免兩敗俱傷；饑荒緩解了，政治考慮又挾階級鬥爭之威壓倒經濟考慮，防範私有化。

糾偏行為顯現的價值排序是：安全第一，政治及意識形態第二，經濟第三。套用裴多菲的詩句：財富誠可貴，政治價更高。若為安全故，兩者皆可拋。

（3）人民公社解體

1978年11月的一個晚上，安徽省鳳陽縣小崗村18戶農民開會，

60　金沖及，《二十世紀中國史綱》，下冊，頁946-949。

簽了一份契約，全文如下：

> 我們分田到戶，每戶戶主簽字蓋章，如以後能幹，每戶保證完
> 成每戶的全年上交和公糧，不在（再）向國家伸手要錢要糧。
> 如不成，我們幹部作（坐）牢殺頭也幹（甘）心，大家社員也
> 保證把我們的小孩養活到十八歲。

下邊是生產隊副隊長嚴宏昌領頭的簽名蓋章，隨後是眾人的簽名和手印。

嚴宏昌解釋了分田到戶是什麼意思，這個意思後來被官方包裝為一首民謠：「大包乾，大包乾，直來直去不拐彎。交夠國家的，留足集體的，剩下都是自己的。」用經濟學術語說，在土地公有制權利束中，大包乾抽出了使用權和收益權中的剩餘索取權，偷偷給了個體農戶。

小崗契約如此分配私下改制的風險和義務：幹部承擔殺頭坐牢的風險，個體農戶承擔對國家和集體交糧的義務，分擔撫養服刑幹部孩子的義務，放棄伸手要救濟的權利。小崗農民願意簽約，表明他們認為改制收益大於改制成本。

改制的收益是什麼呢？就是大包乾所帶來的糧食增產。小崗改制次年果然大豐收，糧食總產量是上年的四倍。[61]杜潤生說自留地收益是公田的五倍，[62]兩數接近，改制收益應該在當事人意料之中。

殺頭坐牢作為改制成本，通常高於多打糧食的收益，幹部不願

---

61 張廣友，《抹不掉的記憶：共和國重大事件紀實》（北京：新華出版社，2008年1月第1版），頁191。

62 《杜潤生自述：中國農村體制變革重大決策紀實》（北京：人民出版社，2005年8月第1版，頁112。

挑頭冒此大險，但在饑荒的條件下可以反轉。小崗人平時就吃不飽，1978年安徽大旱，大饑荒躲不開了，坐牢卻可能躲開，再說坐牢也有飯吃，還有人養孩子，改制成本相對降低。當年，安徽鳳陽縣小崗村和安徽肥西縣山南公社不約而同地包產到戶——山南公社稱之為「借地」。所包所借，皆為土地使用權及剩餘索取權。

小崗村幹部社員的演算法提示我們，與皇土公式相對應，民間田主也有自己的公式，即：田主改制之利＝總收益－總成本。

改變官定產權制度的收益，如果大於成本，民間就會改制。無利不動。利益越大，改革越猛。田主公式給出了改舊制、立新制的條件：改制收益＞改制成本。具體改制方式可以多種多樣：或逐步蠶食，或一步到位，或潛入贖買、或迂迴擴張，盡量在獲取收益時降低政治風險。

小崗村大包乾屬於一步到位的潛入，山南公社借地就是戴著紅帽子在時間維度上的蠶食，包產到組則是組織規模維度上的蠶食，擴大自留地是土地面積維度上的蠶食。不碰所有制核心的多方蠶食，皆為迂迴擴張。

一般說來，在產權權利束中，田主會努力爭取每一條、每一段的權利，爭取剩餘控制權，爭取擴大自己在要素分配中的份額。沒有田底權就爭取田面權，沒有所有權就爭取使用權。殘缺也罷，戴紅帽子也罷，收益大於成本就認帳，以殘缺換取總體利益最大化。在此意義上，殘缺產權，也是民間千辛萬苦爭取來的。外表殘缺的產權形態，委曲求全的形態，恰好是適應中國環境的最佳形態。完整無缺的所有權只是一個外來的夢想。

事實上，古代中國根本就沒有所有權這個概念，古代田契上的表述是「管業」——頗有皇土小管家的意思。順著這個意思說下去，還有一級發包和一級管業，如北魏皇帝按勞動力平均發包和「身終

頂殘

不還」允許轉賣的永業田；二級發包和二級管業，如佃戶承佃和田面權轉讓；再加上王莊屯田職田旗田等等，可以形成多級發包和多級管業權，也就是差序產權。各級業主努力升級，好比佃戶升為田主，不能升一級就升半級，不能合法升級就戴紅帽子升級。大包乾就是取得管業權性質的升級——集體發包、承包農戶有了管業權。

如前所述，毛澤東把三級所有、隊為基礎看作退讓的底線。包產到戶可以增產救命，饑荒嚴重時不妨默許，饑荒緩解必定取締。小崗農民現在遭遇饑荒，為改制不惜殺頭坐牢，官方如何處理？

從縣委書記陳庭元到省委書記萬里，基本態度都是讓小崗農民接著幹、不宣揚，他們願意替下級承擔責任。消息傳到陳雲和鄧小平那裡，獲得了權威支持。[63]1982年「家庭聯產承包責任制」流行全國，次年人民公社解體，換上了鄉鎮政府的牌子。

官方態度轉變的大背景是：1976年9月毛澤東去世，1978年12月中共十一屆三中全會召開，宣導思想解放，放棄「以階級鬥爭為綱」，將工作重點轉到經濟建設上。

由此可見，3.0版土改，仍然是最高權威批准的。區別在於：最高權威變了，經濟排序提高了，政治理想排序降低了。如果說，田主公式給出了民間改制的條件，皇土公式就給出了官方允許改制的條件：改制收益＞改制成本。立場不同，條件是一樣的。官民博弈，各自的選擇也構成對方的成本和收益，成本演算法還涉及殺頭坐牢即生命和自由的價值。[64]官民兩條成本收益曲線的交叉點，即雙方

63 金沖及，《二十世紀中國史綱》，下冊，頁1159。
64 關於生命與財富的換算，我在《血酬定律》（北京：工人出版社，2003年第1版）、〈中美煤礦工人的命價〉（《經濟學家茶座》2006年第3期）和〈血汗替換率〉（《經濟學家茶座》2007年第1期）中有比較詳細的討論。

認可的選擇，在1982年，便是大包乾。

3.0系列的土改，最初有三個版本。3.1版是各地試圖推行的包產到組，被戲稱為「三級半核算」，在三級所有、隊為基礎之下又添了「組」級。3.2版是趙紫陽在四川推行的擴大自留地，從占地5%擴大到15%。3.3版就是大包乾。由於安徽的硬闖和最高權威的認可，前兩個小步慢走的版本失去了流行一時的機會。

3.0版土改四年，官家放任民眾鬧成了。這個事實表明：

第一，如果黨權認可民意，民意就能推動立法改制。

第二，公有制激勵不足，與自留地和包產到戶的效益相差四五倍，靠大寨式的思想教育和階級鬥爭威懾難以補足，大包乾的新增收益巨大。預期收益高，追求者便前赴後繼，遏制成本很高，內部容易分裂。

第三，改制成本，主要是最高領導人的意識形態成見，一旦主流意識形態調整為「以經濟建設為中心」，再找到讓反對派下台階的說法，幾乎無人受損，改制成本很低。

（4）大包乾性質之爭

包產到戶到底算個體經濟還是集體經濟？姓社姓資？這是改革開放初期面對的頭號大問題。

包產到戶的反對者認為，分田單幹是走資本主義道路，承包田是「復辟田」。支持者則否認所有權改變，強調生產責任制只涉及使用權，好比工人使用國企車床切削工件，超額有獎，工廠照樣是社會主義企業。包產到戶支持者在政治上成功了，但從學術角度和發展眼光看，大包乾在兩界多層的差序結構中的位置，既支援兩種說法，又偏向包產到戶的反對者，偏向毛澤東。

如果把官民兩界多層的結構展開攤平，拉成一個1-10分的灰度序列，最左端的1分是官方定義下純度最高的社會主義公有制，最右

端的10分是最純的資本主義私有制，5分為公私分界點，那麼，按照
慣例，公有制可分為全民所有制和集體所有制，私有制可分為個體
和私營。全民所有制是公有制的高級階段，又分央企和地方國企，
座標1和2。集體所有制是公有制的初級階段，分為大集體和縣級以
下的小集體，座標3和4。人民公社在4分的位置，三級所有、隊為基
礎。毛澤東從公社核算退到大隊核算再退到生產隊核算，相當於從4
分退到4.5分再退到4.9分，他認定這是底線。分田單幹，無論叫什麼
名字，都越過了公私分界線。自留地更是資本主義的尾巴，肯定在
5.1分之後。

　　這是毛澤東的看法。權力好比半瓶酒，他看到了缺失的那一半。

　　大包乾「交夠國家的，留足集體的，剩下都是自己的」，從權
利束的五條權利中抽走了三條：占有權、使用權、收益權，公家只
保留了兩條：處置權和交易權。這就是包乾到戶的權利安排──差
序產權中的一種新組合。在這種組合中，公家名義上處於強勢，實
際上處於弱勢。毛澤東關注的那半瓶酒，空了五分之三。

　　不僅如此。在經濟學定義裡，剩餘權責通常劃歸所有權。中國
改革無人敢碰神聖的所有制紅線，剩餘權責便跟上了使用權。大包
乾後，原本屬於所有權的剩餘權責，在種植農作物的範圍內，也給
了農戶。

　　集體所有制號稱有處置權和交易權，但誰是集體？這個模糊的
所有者不僅無權建商業住宅，無權將農用地改作它用，無權把土地
出售給政府之外的主體，還無權拒絕政府的低價徵用。如果這叫所
有權，也是嚴重殘缺的。這就是說，集體保留的那五分之二也是摻
水的，酒味寡淡。

　　更何況，歷代土改證明，傳統的私人產權本來就是頂殘產權，
上級權力總有辦法入侵，包攬一切剩餘權利的所有權實際在官府手

裡。那麼，一種傳統的頂殘產權，經過「集體化」打折，又把有限
的幾項實在權利給了農戶，尤其將跟著所有權的剩餘權責給了農
戶，毛澤東視為反革命復辟，理由相當充分。

　　順便介紹幾句大背景。馬克思主義的所有權概念來自羅馬法，
分析中國的歷史和現實難免方枘圓鑿。侯外廬先生依據頂殘特徵和
包攬一切剩餘權利的史實，宣稱中國歷代皆為土地國有制。[65]反對
者依據田土買賣納稅蓋章之類的史實，宣稱中國地主所有制貨真價
實，還扣帽子說，否認地主私有制的存在就是否定共產黨領導的土
地革命。其實雙方皆無大錯，錯在外來概念的用法。《柯林斯詞典》
幾乎與馬克思同時誕生，以例句準確表示實際用法著稱，至今保持
權威地位。查「所有者」即「業主」詞條，第一例句是："These little
proprietors of businesses are lords indeed on their own ground." 詞典漢
譯：「這些小業主們，在他們自己的行當中，就是真正的至高無上
的統治者。」lords，君主，至高無上的統治者，中國的小業主或土
地所有者豈敢有此非分之想？所有權好比四十多度的威士忌，頂殘
產權只是十五六度的黃酒，統稱為酒，卻所指不同，很容易喝高了。

　　進一步說，「姓社姓資」之爭所依據的外來概念連同馬列主義
理論，套用於中國現實，也有方枘圓鑿之嫌。例如中國的階級劃分，
官民之分如同國界，區分了暴力集團與生產集團，好比食肉動物和
食草動物；地主與佃農、資本與勞動之分只是省界，區分了生產集
團內部不同生產要素的擁有者。西方意義上的所有權在中國打折
了，西人所謂地主階級和資產階級的地位不應該打折嗎？階級鬥爭

65　見〈封建主義生產關係的普遍原理與中國的封建主義〉等文的討
　　論，《侯外廬史學論文選集》（上）（北京：人民出版社，1987年
　　第1版），頁168。

的重要性怎能不隨之打折反而登頂呢？這恐怕要從奪權手段的角度
理解，不能從學術角度較真，也不好簡單說什麼人喝高了。

　　話頭拉回來，接著討論大包乾和自留地的座標和定性問題。

　　自留地和大包乾一樣，都是占有權、使用權、收益權和剩餘索
取權的組合，差別在於自留地面積很小，無需交糧納稅，收益權更
完整。鄧子恢稱之為「小私有」。這個概念近似「小產權」，即殘
缺度很高的私有產權。他和毛澤東一樣把自留地劃在5分之後。

　　杜潤生先生與毛澤東相反，他關注權力酒瓶裡的半瓶子酒，而
不是權力的空缺。他在自留地裡看到了權力的存在，稱自留地為「公
有私營」，屬於殘缺的公有產權，位於5分之前。杜潤生是中共土改
專家，用熟了羅馬法系列的所有權概念。40多度的威士忌不怕少許
摻水，公權如此強大，自留地那一點私人使用權豈能影響土地的公
有性質？杜潤生主持起草的中共中央1982年一號文件，對大包乾採
用了同樣的劃法，大包乾因此獲得了意識形態合法性。

　　從動態的發展眼光看問題，毛澤東的理由更充分。根據中國的
歷史經驗，剩餘索取權跟著誰走，處置權和交易權早晚會跟上，這
似乎是一條定律，不妨稱之為「剩餘權主導律」。井田、口分田、
旗田都遵循了這條定律，當代承包田的有償轉讓也正在跟上。憑著
使用權和剩餘索取權組合，中國佃農甚至從田主手裡截出一段田面
權，在土地市價中占比三到五成，吃田面權者晉升為「二地主」。

　　這就是說，無論承包田或自留地被劃到公私分界點的哪一邊，
4.95分也好，5.1分也罷，動態演化到6-7分都是可預見的。如果6分
是殘缺的小農私產，7分就有了地主經營性田產的意思。此時說王土
或國有，已經不能當真了。英國王土的土地保有制也是如此演化為

私有制的。[66]毛澤東對包產到戶的阻擊,正是基於這種預見。

7. 城市土地國有化

當代中國土地產權的兩界多層結構,最寬的界河在城鄉之間。

1982年憲法修訂,宣布「城市的土地屬於國家所有」(第十條第一款)。當時私人業主早已馴服,毫無反抗,無人質疑,甚至沒有引起社會關注。不過,隨著城市化進程,隨著對農村土地徵用越來越多,市場拍賣價格越來越高,官家通過這次土改獲取的財富也越來越驚人。2017年全國城市面積已超過6500萬畝,其價值當以百萬億人民幣為估量標準。

中共建政之前,城市土地官有與民有並存,各大城市的私人房地產占大頭。1949年春,毛澤東和朱德簽署的《中國人民解放軍布告》宣布:「農村中的封建的土地所有權制度,是不合理的,應當廢除」,但「城市的土地房屋,不能和農村土地問題一樣處理」。如何處理呢?依據當年通過的《共同綱領》,1950至1953年間,新政權給各地城市土地所有權人換發了土地房屋所有證,確認了城市私有土地的合法性。

1982年取消這種合法性,宣布土地國有化,在憲法的修訂討論中既簡單又容易。

1981年10月至11月,人大副委員長彭真數次主持召開憲法修改委員會秘書處工作會議,討論憲法修改草案。

彭真介紹說:「關於土地所有權,過去憲法和法律沒有明確規定,但歷來對城市土地是按國有對待,農村土地是集體所有。這次憲法明確規定,城市的土地屬於國家所有。農村和城市郊區的土地,包括個人使用的宅基地和自留地,除法律規定為國家所有的以外,

---

66 參見盛洪,〈制度應該怎樣變遷〉,《學術界》,2014年第12期。

屬於集體所有。任何單位和個人不得買賣和租賃土地。這對堅持社會主義是必須的。」[67]

參加討論並發表意見的委員，十幾位發言者，幾輪討論，無人反對城市土地國有化。鄧小平兩次審閱憲法修改草案初稿，對此也無異議。

當時爭論的焦點在農村土地是否應該國有化。正當大包乾席捲中國之時，修憲委員們為何熱心於農村集體土地國有化？

全國政協副主席榮毅仁、全國政協常委胡子嬰認為這樣有利於開礦採油，全國政協副主席錢昌照說有利於建港口和城市化，國防部部長耿飆說方便軍隊建機場，國家科委主任方毅說國家企業事業發展要用地，農村土地歸集體所有，變成了他們向國家敲竹槓的手段。方毅說，科學院蓋房用地，付了三次錢，國家財政受不了。

總之，在工業化和城市化的進程中，說起農民要價高，身兼要職的委員們都有切膚之痛，紛紛主張將農村土地收歸國有，集體只留使用權。

反對派的先鋒是憲法修改委員會秘書長胡喬木。他說，有人提議城鄉土地一律規定為國家所有，另有人則認為，農村土地國有，會引起很大震動，沒有實際意義。開始的時候，土地為農民個體所有，合作化後已經歸了集體。所以不必宣布國有。如果規定農村土地一律國有，除了動盪，國家將得不到任何東西。即使憲法規定了國有，將來國家要徵用土地時，也還是要給農民報酬。至於農民要價過高，可以制定徵用土地的辦法。土地不許買賣，所以說「徵用」

67　《彭真傳》編寫組，《彭真年譜》（第五卷）（北京：中央文獻出版社，2012年版），頁123，轉引自程雪陽，〈城市土地國有規定的由來〉，《炎黃春秋》，2013年第6期，本節敘述和引述均依據此文。

而不說「徵購」。

　　胡喬木這番話的經濟學含義是：農村土地集體所有權高度殘缺，所有者缺位且不許買賣，已經和國有差不多了。農民的耕種使用權，徵用時也要付一筆錢，但付多付少可以由國家規定。農村土地國有化的收益低於成本。

　　全國人大常委會法制委員會副主任楊秀峰也反對農村土地國有化，他說沒有實際意義，還會吃大鍋飯。國有之後如何管理？誰來使用？全國政協副主席兼秘書長劉瀾濤則提醒說，從井岡山起，農民就為土地而戰。

　　彭真綜合兩邊的意見，提出折中方案：首先把城市定了，規定「城市的土地屬於國家所有」。其次，農村、鎮、城市郊區的土地屬於集體所有，這樣震動小一些。他表示支持農村土地國有，但應該漸進。現在搞個《土地徵用條例》就行了。國家所有了，農民也得向你要錢。

　　中央軍委常務副主席楊尚昆支持彭真，支持逐步過渡。他說宣布農村土地國有震動太大，有徵用這一款就可以了。

　　城市土地毫無爭議地國有化了。沿襲「對城市土地按國有對待」的慣例，按照經中共強化的「普天之下莫非王土」的傳統，波瀾不驚是正常的，農村土地國有化受阻才略顯異常。不過，胡喬木對所有權的名實分析和得失計算，彭真的折中漸進策略，反而分寸精準地實現了官家利益最大化。

（五）　產權建構公式

1. 土改公式

　　王莽、國民黨和共產黨的土改，以及共產黨的三次半土改，無論成敗，都有一個共同點：為了權力收益最大化改變土地制度，並

根據成本收益作出調整。此邏輯已見於「皇土公式」。

　　共產黨1.0版土改中的新增因素是：土地未必是自己的，但又「入吾彀中」，在自身暴力所及範圍之內。立法改制者有能力在這塊地盤上取代皇權。

　　王莽和共產黨2.0版土改的新增因素是：按照教義評判利益，原教旨理想的排位高於經濟績效。不過，權力因此陷入險境，就會糾偏。精神和物質財富的排序可以調整，權力安全永遠第一。

　　王莽、國民黨和共產黨土改共有的新增因素是：土地雖是「皇土」，但有了業主，土改有了受害者，改制成本因而提高。得不償失，改制難免失敗。如果受害者屬於統治集團，改制成本來自權貴抵抗，改制就更容易失敗或半途而廢。

　　歷代土改都在追求一種新制度。不過，土改的成功，並不能保證新制度成功。官有制激勵約束機制的效率比不過私有制。新制度的官氣越重，穩定性越差，和平演變越快。同屬私有制，小農經濟的效率，據說高於地主經濟，即自耕農的效率高於佃農或雇工經營，因此「耕者有其田」可以增產。但民國年間的統計資料並不支援這個說法。[68]用前邊的比喻說，武力維護的國界即官民兩邊確實存在效率差距，省界兩邊如何，尚存爭議。

　　加入了新增因素，尤其是改制過程的成本收益，皇土公式便衍生出土改版。即：

　　土改利益=總收益-總成本

　　土改利益，包括精神的和物質的。總收益，包括改制過程的收益和新制度收益。共產黨土改1.0版的一雞四吃就是改制過程的收

68　張五常，《佃農理論》（北京：商務印書館，2000年8月第1版），頁65-66。

益，大包乾增產四倍則是新制度的收益。總成本包括改制過程的成本和新制度的成本。商鞅變法和王莽改制積累的內外怨恨就是改制過程的成本，人民公社造成的大饑荒則是新制度的成本。

2. 制產公式

　　黨權取代皇權之後，「制民之產」的傳統未變，制產者卻換了身分。制產者就是主權者。皇帝是主權者，坐江山的共產黨是主權者，選民在民主制度下也是主權者。皇土公式的主語虛位以待，便升級為「制產公式」。

　　用公式表達：制產之利=總收益−總成本。

　　總收益和總成本包括各種性質和規模的產權安排在政治、經濟、意識形態等領域的得與失，還包括制產如土改過程中的成本和收益。

　　商權是商人之產的核心，與各種產權部分重合，因此制產公式也可以包容「官市公式」。

　　制產公式是共型，皇土公式，土改公式，官市公式，只是不同條件下的特型。

　　按照孟子提出的理想標準，「明君制民之產，必使仰足以事父母，俯足以畜妻子,」於是劃定百畝之田、五畝之宅，政治收益即「有恆產者有恆心」。商鞅在孟子之前數十年已經如此實踐，七八百年後北魏繼續實踐，這是儒法兩家的共識。孫中山提出「耕者有其田」，共產黨贊成並推行，加入了這種共識。中國傳統主流清晰顯現。

　　王莽土改和共產黨2.0版土改，官家出面奪民之產，最後都搞砸了，又改了回去，這是制產史上的兩段插曲。

3. 差序產權建構公式

　　如前所述，制產公式中的總收益和總成本，包括了各種性質和規模的產權制度在政治、經濟、意識形態等領域的所得和所失。例

如人民公社時期，有央企、地方國營、大集體、小集體，作為小集體的人民公社三級所有、隊為基礎，還保留了5%的自留地。在這個差序產權序列裡，不同權利組合如自留地的存廢和規模，取決於政治經濟等方面的成本和收益計算，這個演算法可以解釋差序產權的整體結構。具體如何計算呢？以自留地為例。

首先要確定自留地的產權性質，其次要確定自留地的成本和收益，最後要考慮其它權利組合的成本收益，綜合平衡作出利益最大化選擇。

自留地的性質：可以叫高殘公產，在1-10分的灰度序列中位於4.95分，在公私分界點5分之前；也可以叫高殘私產，位於5.1分，兩者都說得通。一旦定位於5.1分，如毛澤東和鄧子恢認定的那樣，這份產權組合就屬於小私有、私有制殘餘、資本主義尾巴，不僅很礙眼，還帶來三項成本。

成本之一：讓社員生出二心，與公家爭奪土地、水肥、時間和精力等稀缺資源。這是現實成本。控制成本的方式，就是限制自留地的面積，只允許社員利用業餘時間打理，只能有拾遺補缺的作用。

成本之二：據此復辟，進而兩極分化。毛澤東轉述列寧的話說：「小生產是經常地、每日每時地、自發地和大批地產生著資本主義和資產階級的。」順著這條路走，很快就能見到7分8分。如毛澤東所說：「半年的時間就看出農村階級分化很厲害。有的人很窮，沒法生活。有賣地的，有買地的。有放高利貸的，有討小老婆的。」毛澤東把私有制和市場經濟的副產品──兩極分化──看得比經濟效率重要。當然，這只是毛澤東片面想像中的未來成本。未來的意思是：現在沒大事，但要防患於未然。片面想像的意思是：嚴重的兩極分化未必見諸北歐那邊的私有制，也不僅見之於私有制。公有制下有的人更窮，有的人小老婆更多，權力要素比資本和土地更容

易帶來財富。

　　成本之三：偏離集體化道路，失去了集中力量辦大事如興修水利的優勢，失去了規模經濟拉動機械化等好處，失去了「先進生產關係可以解放生產力」之類理論上的好處。這些都是機會成本，也包含了不少片面想像成分。

　　收益：自留地的收益可達公田的五倍，以5%的土地面積，獲得20-30%的家庭收入，平時拾遺補缺，饑荒時可以救命，降低民眾的改制衝動，換來人民公社的穩固。

　　成本收益計算：有人覺得自留地的收益大於成本，便提議從5%的面積擴大到7-10%。有人覺得集體經濟在競爭中受損，限制了自留地的面積還要限制水肥，再找機會徹底取締。農業樣板山西省大寨大隊就徹底取消了自留地。

　　毛澤東在自留地存廢問題上反覆權衡，折騰了五次。

　　第一次，1958年大躍進，毛澤東說人民公社更「公」一點，資本主義的殘餘可以逐步取消，比如自留地，[69]結果當年就取消了。

　　第二次，1959年5月，農副產品供應緊張，蔬菜肉類短缺，中共中央發出《緊急指示》恢復了自留地。

　　第三次，1959年7月廬山會議反右傾，入冬後「共產風」再起，又收了自留地。

　　第四次，1960年大饑荒，上千萬人餓死，當年11月中共中央發出《緊急指示信》，允許社員經營少量自留地，還說以後不得收回。

　　第五次是一個過程：從1962年9月強調階級鬥爭但不許干擾經濟工作，到1975年全國開展「學習無產階級專政理論」運動，限制資

69　毛澤東在中共中央政治局擴大會上的講話紀錄，1958年8月30日，轉引自金沖及，《二十世紀中國史綱》，下冊，頁885。

產階級法權、限制小生產、剷除資本主義土壤、「割資本主義尾巴」，並在某些地方嘗試取締自留地，十多年內小幅波動收緊。

　　毛澤東的評估框架，無產階級專政下繼續革命理論，有神聖化公有制並妖魔化私有制的傾向。奈何精神與物質的價值排序與不同需求層次的滿足程度有關：吃飽的時候可以有多種選擇和偏好，越往匱乏底線走，選擇越簡單，最後只剩下一個念頭：吃。在生死存亡之際，意識形態偏好便向吃飯讓位。毛澤東一年半讓了兩次。

　　毛澤東的反覆權衡，就是在農產品豐歉的波動中摸索利益最大化的政策。

　　前邊說到，經濟學所謂利益最大化的實現條件是「邊際收益=邊際成本」。對自留地而言，如果收益大於成本，就會保留甚至擴大。反之就會壓縮甚至取締。如此反覆調整，直到無利可圖。穩定下來的條件是「自留地邊際成本=自留地邊際收益」，即：

　　自留地邊際收益／自留地邊際成本=1

　　毛澤東建構的差序產權序列，央企產權的座標在1，地方國營在2，縣級及以上的大集體在3，人民公社「三級所有隊為基礎」在4-4.9。產權的價值也如此排序。自留地的官定座標在5.1，屬於私有制，占地比例被限制在5-7%。在這種拾遺補缺的比例上，邊際成本=邊際收益。

　　作為第4級產權的人民公社，在大躍進中嘗試升至大集體第3級產權，其邊際收益是公有制升級的理想實現，邊際成本是餓死人上千萬，代價慘重，不得不連退三步至4.9分。

　　兩界多層差序產權之中的各種產權，即1-10級產權束的各種組合，如央產、地方國營、大集體、小集體、自留地，在邊際成本與邊際收益全部相等時，官家就實現了制產利益最大化。這是制產公式的衍生和擴展，可謂差序產權建構公式。公式表達：

1級產權邊際收益／1級產權邊際成本=2級產權邊際收益／2級
產權邊際成本=3級產權邊際收益／3級產權邊際成本=4級產權邊際
收益／4級產權邊際成本=5.1級產權邊際收益／5.1級產權邊際成本
=N級產權邊際收益／N級產權邊際成本=1

由公式可知，任何位置上的成本收益改變，都會引起整體均衡
的調整。價值觀改變則會引發全面調整。

我們看到，制產者可變，還可能誤算。意識形態可變，災害饑
荒等因素導致的成本收益可變，技術進步和貪污腐敗也會改變成本
收益。差序產權格局隨之動盪，至今動盪不已。

以自留地存廢為案例的差序產權建構公式，顯示了差序產權序
列5.1級組合提升至4級組合的兩個回合四次反覆，其背景則是人民
公社4級產權升至3級、退至4.5級再退至4.9級。這一系列進退的成本
收益計算，經濟效益與政治目標的權衡，也可以用來解釋當代中國
出版界的兩界多層產權結構、土改乃至歷史上全部官田和民田的演
化。

在歷代土地制度的差序序列的一級位置，有天子親耕示範的籍
田，好比當代出版界的《人民日報》，核心功能是政治教化。二級
位置有養親酬功的王莊，好比權貴分工把持不同領域的央產，涉及
權力分配和權貴家族待遇。在三級位置上，屯田的主要功能是戍邊
保障，好比毛澤東時代的「三線建設」。在特殊歷史時期，例如王
莽的「井田聖制」，毛澤東追求的全民所有制，更具備了教義賦予
的神聖性。

上述權利組合所承擔的功能，都比經濟效益重要。這種組合的
成本和收益要算「政治帳」，不能只算「經濟帳」。所謂政治帳，
涉及個人或組織的生命及其意義，難以用金錢衡量。哪怕是民間族
田中的祭田，祖宗墳塋所在，田價也不能以租金衡量。家庭帳目中

的現金，1,000元保命錢，其價值也高於1,000元閒錢，這是生命本位的演算法。血酬和命價就是打通生命本位與貨幣本位兩種演算法的概念。

政治和經濟帳內還要考慮一本暗帳。例如國企效率低下，卻有擴張之勢。計入意識形態和政府控制便利等政治收益之後，仍有費解之感。如果計入潛規則給權貴帶來的潛收益，再考慮到權貴私利對制度抉擇的影響，總帳就容易做平了。

差序產權建構公式的演算法很有中國特色。更準確地說，很有前現代或前資本主義時代的特色，那是打天下坐江山的暴力集團主導的時代。所謂資本主義，一種憑藉財產資格成為選民並立法定規的社會，把財富創造和資本增值放在首位，經濟帳與政治帳合一了。權力被關入籠子之後，皇帝或總書記的演算法被迫退居二線。總統或首相只是選民的代理人，他們的政治安全必須向選民的養家發財讓步。

（六）私有產權待遇的U形軌跡

產權歧視，打壓私有制，原本是中共建政之初的國策。

1952年薄一波在修改稅制時提出「公私一律平等納稅」，遭到了毛澤東的批判。毛澤東主張：「有所不同和一視同仁……前者管著後者」，「利用、限制、改造資本主義工商業」。1955年10月，毛澤東說，「要使資本主義絕種，小生產也絕種。」[70]

後來，資本主義果然滅絕，小生產瀕臨滅絕，生產勞動積極性也普遍降了下來，經濟、就業和財政全面困難。

為了調動積極性，改革開放，政策逐步右轉，強調「利用」，

---

70 《毛澤東選集》（北京：人民出版社，1977年版），第5卷，頁198。

減少「限制」，2007年物權法實施，承諾公私財產同等保護。承諾
尚未實現，但國策畢竟反轉了。

對私有產權的歧視待遇從小到大，再從大到小，差序產權變遷
的軌跡大致如此。在這種U形變遷背後，私有產權激勵約束的高效
率並未變化，官方也知道怎樣調動生產積極性，卻不肯用「資產階
級法權」刺激強化人們的「私心」，試圖以「政治掛帥、思想領先」
的大寨和大慶模式戰勝「物質刺激」。

在U形變遷背後發生變化的是：官方改造人性理性自利進而改
造社會的努力一再碰壁，取代私有制和市場經濟的理想方案一再失
敗。原以為公有制的「存在」可以決定集體主義的「意識」，培養
出社會主義新人，結果卻是大面積怠工浪費和饑寒交迫。理想價值
的興衰，如同一條拋物線，對應著私有產權的U形軌跡。這條拋物
線，與國際共運的走勢相同。

理想價值的衰落，可以看作觀念要素的真實收益不及預期。反
覆驗證之後，這種觀念要素要麼修正，要麼拋出，好比資本要素面
臨次貸危機時的資產重組。觀念要素的調整及其地位升降，如同宗
教領域的改革或改宗、還俗或政教分離，對歷史走勢影響顯著。毛
澤東有教主情懷，後來的鄧小平沒有。鄧小平提出「以經濟建設為
中心」，標誌著一個武裝教團的世俗化轉型。

（七）差序產權的時空差異

中國的各類產權，在不同時期、不同地區和不同領域呈現出不
同形態，特權大小不等，殘缺多少不一。「投資不出山海關」，就
描述了當代民間資本對東北地區的私有產權殘缺度的判斷。南方各
市縣招商引資，爭相提供優惠，局部降低了產權殘缺度，白重恩教
授稱之為「特惠經濟」。

　　「特惠經濟」的反面可謂「特殘經濟」，兩者都偏離了中國產權保護的平均水準。這種偏離，在很大程度上可以解釋繁榮的地區差異和領域差異。

　　憑藉權力要素，各地政府可以製造殘缺或提供恩惠。通過降低稅費、降低環保標準、強化社會治安、限制吃拿卡要、約束合法傷害權，可以降低產權和市場的殘缺度。通過限制工會壓低工資、低價徵用農地然後低價出售、以土地抵押取得並提供低息貸款，可以降低生產要素的價格。

　　張五常教授把這種招商引資的區域競爭機制，看作促進中國經濟發展的最好制度。這種制度符合皇土公式和官市公式背後的傳統邏輯，即權力要素收益最大化的邏輯，但增加了平行競爭。

　　如果我們把暴力要素或權力要素看作生產過程正向或反向的參與者，看作有否決權的主導者，那麼，縣域競爭，好比列國競爭，正是權力要素主導的全要素競爭。1990年代實行的分稅制，地方和中央的稅收分成，讓各地政府獲得了擴大稅基的激勵。地方權力要素有了剩餘索取權。權力使用權與剩餘索取權的組合，就像土地承包制一樣發揮了激勵約束功能，地方權力便成為地方經濟發展的強力推動者，顯現出17世紀前資本主義時代歐洲列強的重商主義行為特徵。

　　西方企業家是各種生產要素組合的經營者。中國大一統體制中的政治家是全要素（包括觀念要素）組合的經營者。官市公式、皇土公式、制產公式、差序產權建構公式，都是權力要素主導的全要素最佳組合的演算法。

　　所謂權力要素，對一個武裝教團來說，就是槍桿子和筆桿子的集合，即暴力要素和觀念要素的集合。暴力要素帶來的收益是血酬，觀念要素帶來的收益是「教酬」。兩大要素結合起來打天下坐江山，

立法定規，血酬升級為法酬。權力要素收益的最大化，也就是法酬最大化。

六、在產權和市場的邊界上

關於產權，在《新帕爾格雷夫經濟學大辭典》中，阿爾欽教授是這樣定義的：「產權是一種通過社會強制而實現的對某種經濟物品的多種用途進行選擇的權利。……私人產權的有效性，取決於對其強制實現的可能性及為之付出的代價，這種強制有賴於政府的力量、日常社會行動以及通行的倫理和道德規範。」

在產權的邊界上，阿爾欽列舉了三大防衛力量：第一，政府的強制力。第二，社會習俗的約束。第三，人們內心的道德倫理約束。

社會習俗和倫理道德規範是相對穩定的，政府強制力及其背後的利益和偏好則是多樣且多變的。第一大防衛力量的多變性，權力背後的利益的多樣性，整體或局部、集團或個人，或貪或廉，或軟或硬，或防守或入侵，或偏心或公平，造就了各時各地的差序產權。

毛澤東時代，政權敵視私有制，發動了社會主義改造運動，私人產權邊界頭號守衛者轉變為頭號入侵者。

改革開放後，政權逐步恢復了對私人產權的保護，但某個條條塊塊仍然會為了自身利益放棄保護甚至轉身入侵，例如新聞出版管理部門為了「意識形態安全」而揮刀砍書限權。各地還會有一批利用權力敲詐勒索的官員，工商環保稅收和公安的合法傷害權用來比較順手，邊界入侵者就比較多。

官方意識形態和上級領導人的個性偏好，對上述各類權力主體都能發生影響。

面對強權，產權邊界幾乎處於無設防狀態。社會習俗和內心的

道德約束都無法與強權匹敵。因此，入侵的深度和廣度，主要由強權及其代理人的利益結構決定。權力的入侵態勢也體現了官家集團的利益結構——官家整體利益、皇親國戚利益、權貴利益、條條塊塊利益、各級官員代理人利益、貪官污吏利益，等等。與這種入侵的凸面對應，產權邊界形成了凹面，這就是差序產權的形狀。

歐美有私人財產神聖不可侵犯之說。1763年，英國首相皮特在國會講到民眾居家安全的權利：在自己的小屋裡，最窮的人也能對抗國王的權威，風可以吹進這所房子，雨可以淋進這所房子，但是國王和他的千軍萬馬不敢跨過這間房子的門檻。此說被簡化為「風能進、雨能進、國王不能進」。這個說法大體符合事實的前提是：英國光榮革命成功了，國王的權力被各種力量聯手關到了籠子裡。

中國則不然。私人產權一直處於頂殘狀態。從前有皇權神聖不可抗拒，後來有黨權神聖不可抗拒。黨權又分極權形態和威權形態，背後有不同的意識形態助陣。於是，在中國的產權邊界上，如果頭號守衛者是極權，助理守衛者是極權意識形態及其道德倫理，我們就會看到差序產權的極權組合。如果守衛者變成威權及其意識形態，就會形成差序產權的威權組合。如果守衛者處於從極權到威權的過渡之中，意識形態也處於調整之中，彼此之間的協調整合尚未完成，就會形成差序產權的半極權半威權組合。

在權利邊界的調整變遷之中，違法違憲怎麼辦？先大膽闖大膽試，成功之後再改法修憲。1962年6月中共中央書記處聽取華東地區工作彙報，發生了關於「包產到戶」的爭論，鄧小平說了兩句名言。第一句：「不管黑貓黃貓，能逮住老鼠就是好貓。」第二句：「不合法的使它合法起來。」[71]鄧小平成為最高領導人之後，大包乾果

71　《杜潤生自述：中國農村體制變革重大決策紀實》（北京：人民出

然合法起來，憲法中的「人民公社三級所有、隊為基礎」也改為「農村集體經濟組織實行家庭承包經營為基礎、統分結合的雙層經營體制」（第八條）。

總之，隨著權力對自身利益的理解及意識形態的變化，隨著權力強弱的變化，不同時代不同體制法定的產權邊界及市場邊界是不同的。

1982年，在極權體制向威權體制轉型初期，陳雲提出了「鳥籠經濟」論，描述政府權力與市場及其主體的關係：「搞活經濟是對的，但必須在計畫的指導下搞活。這就像鳥一樣，捏在手裡會死，要讓它飛，但只能讓它在合適的籠子裡飛。沒有籠子，它就飛跑了。籠子大小要適當。總要有個籠子，這就是計劃經濟。市場調節只能在計畫許可的範圍以內。」[72]

隨著改革開放的進展，我們看到，鳥籠越來越大，不同的鳥還配有不同大小的籠子，差序組合在不斷調整之中。不過，基本原則始終如一：依舊是權力把資本和民眾這些產權和市場主體關在籠子裡，而不是選民把權力關進籠子裡；籠子的大小邊界依舊體現了法酬最大化，而不是公民利益的最大化；邊界位置依舊由官家依據自身利益進行調整，邊界也依舊由官家自身把守巡視。

鳥籠的邊界，即產權和商權的邊界，不妨統稱為利權邊界。晚清進入千年變局，西人船堅炮利闖入國門，索要各種經濟權利——

（續）

　　版社，2005年8月第1版），頁332。
72　1982年11月4日，陳雲，〈在聽取宋平、柴樹藩關於國企計畫會議和當前經濟情況與問題彙報時的講話〉，房維中編，《在風浪中前進：中國發展與改革編年紀事（1977-1989）》，第五分冊（1982年卷，自印稿），頁184。轉引自盧躍剛，《趙紫陽傳》（台北：INK印刻出版社，2019年10月初版），下卷，頁892。

貿易和投資設廠的自由，例如五口通商、修建鐵路、開通航道，開工廠開礦等等。這些權利，晚清官場皆以「利權」表述。在英語環境裡，缺省設置是民眾擁有這些權利。在漢語環境裡，天然狀態是民眾沒有這些權利，權利來自天子恩賜。於是，「利權」在歐洲語境中可以視為經濟權利，譯為rights，在中國語境中則應視為權力，譯為power。中國的權利是權力讓渡給民眾的，而不是民眾讓渡給權力的。這就是中國利權——產權和商權——頂殘特徵的根源。

讓渡多少合算，如何劃定利權的邊界，乃是晚清以來中外博弈和官民博弈的新戰場。當代中國人熟悉這種博弈。大包乾、小商販和私營企業放開，加入WTO，鳥籠型號的調整，便是百年博弈的最新版本和最新表述。

最後還要說說兩條悖論。

第一，國企悖論

中華人民共和國憲法規定，社會主義公共財產神聖不可侵犯。這與權力神聖不可抗拒的體制原則大體一致，但是深究下去，我們可以發現一個悖論。

眾所周知，國有財產的邊界保衛工作，普遍不如私人保護自家財產那麼認真細緻。公共財產也好，國有或官家資產也罷，這些財產的代理人的利益，並不等於財產所有者的利益。代理人可能監守自盜，代理人地位的升降也掌握在上級領導手裡。於是，公共財產或國有資產的邊界，對代理人及其上級是半開放的。因此，國有資產的實際邊界弱於名義邊界，實際價值低於同等水準的私人資產的價值，無論法律賦予它多麼神聖不可侵犯的地位。

無數巨貪的案例讓我們看到，雖然國企產權的正面大門堂皇神聖，門禁森嚴，後門卻是虛掩的。看門人及其領導有各種手段和機

會通過後門獲取利益。

　　「神聖又可侵犯」，這就是國企悖論。

　　順著這個邏輯推下去，在「神聖不可侵犯」的宣示中，被神聖化的東西之一，就是官家代理人從後門侵吞蠶食的機會。反過來說，官僚代理人侵吞國有資產的機會越多，擁護這種神聖化的熱情就越高。

第二，極權悖論

　　前邊提到陳雲的「鳥籠經濟」論，此論來自黃克誠對搞活經濟的比喻，陳雲引用後廣泛流傳。[73]

　　可見，許多官方權威人士認識到，控制程度的最大化，不等於控制效益的最大化。如果對經濟的控制程度達到極權水準，全面深入徹底，「四小自由」也不能有，就好比攥緊一隻鳥，費心費力，鳥還要死，控制效益成了負數。反過來說，提高控制的經濟效益，不得不提高經濟領域的自由度，給各界鬆綁，調動各方面的積極性。根據歷史經驗，統治集團為了追求經濟效益最大化，極權邊界大體要退縮到威權邊界。

　　極權在追求控制效益最大化的過程中不得不放棄高度一元化的極權，退向有限多元化的威權，這就是極權悖論。

　　當然，極權的主要追求並不是經濟利益，而是改造人性，培育新人，建立理想社會。一旦理想褪色，改造人性的試驗失敗，轉向「以經濟建設為中心」，極權悖論便凸顯出來。

　　極權悖論──放權以獲利，可以部分解釋改革開放，解釋市場

73　朱佳木，〈談談陳雲對計畫與市場關係問題的思考〉，《黨的文獻》
　　2000年第3期。

和私人產權邊界在改革過程中的擴張。拉長歷史縱深，還可以解釋官家鹽業政策演化的基本趨勢：以退為進，降低控制程度，提高控制收益。

國企悖論——神聖而可侵，也可以部分解釋改革開放，解釋「抓大放小」以及國企改革之難：代理人不願封死那些神聖的後門。

七、權力是誰

（一）元權力

前邊描述了中國特色的商權和產權的複雜邊界及其變遷軌跡。我們看到，劃定、修改、守衛或侵犯這些邊界的力量，主要來自官方。官方的各種權力——立法、司法、行政、條條塊塊、中央和地方、筆桿子和槍桿子，主要由打天下坐江山的槍桿子決定。在此意義上，暴力是決定權力的權力，我稱之為元權力。

元權力是最高權力，其近義詞為主權，但凸顯了主權及其代理人裁定各級各類權力和產權商權邊界的主宰面目和暴力性質。

元權力是誰，決定了權力的複雜身分，這是一個歷史故事。

（二）中國的老權力

秦漢之後，歷代中國的權力都掌握在打天下坐江山的暴力集團手裡。這個集團以皇帝為首，選拔官吏作為代理人，統稱官家集團。官家集團的利益由皇家、條條塊塊（部門和地方政府）和官僚代理人三重利益構成，以皇家利益為主導，故稱「家天下」。皇帝是權力要素及剩餘權責的人格化載體。

這是一家獨大的元權力結構。

皇家的最大利益就是皇權專制體制的「長治久安」。永遠保持

邊際成本=邊際收益的最佳狀態，如秦始皇所希望的那樣，權力一代一代往下傳，二世、三世，以至萬世，永久享國。

在皇權王法的寶纛下，條條塊塊和各級官員借助其代理的權力，擴張小集團和個人私利。擴張過度就會引發整頓和改革，但權力不能不由代理人行使，又不能放任民間受害者監控，以權謀私註定無法清除。

總之，中國的老權力是一個皇權主導的利益綜合體，一級特徵是元權力結構上的一元獨大，這是在天下大局中顯現的特徵。在二級內部特徵上，老權力到底是誰，官家如何分配權力要素，如何制民之產，官民之間如何劃分權利義務邊界，如同多種「性分」組合為一種綜合人格，這位法人的尊姓一直是「官家主義」，大名則隨著官和民種種組合的不同而不同，如明清的地主—官家主義，再如當代的資本—官家主義。

（三）歐洲的新權力

與中國不同的是，羅馬帝國解體之後，歐洲形成了群雄並立、多元共存的元權力結構。在這種結構中，如果封建貴族最終說了算，就是封建主義；如果中央集權專制的國王最後說了算，就是絕對主義。多元結構中的暴力集團相互牽制，好比槍桿子相互牽制；教會與國王相互牽制，好比槍桿子與筆桿子相互牽制。對比大一統官家主義體制中統治者君臨天下，左文右武，國王和貴族的控制力弱多了。

歐洲的國王和貴族，憑藉暴力資源，通過強制命令，追求利益最大化。資本，市民，通過市場交易，追求利益最大化。暴力集團與生產集團博弈，形成雙方權益的邊界。

在多元共存的元權力結構的基礎上，歷史性創新出現了。在種

種機緣巧合之中,資本做大做強,並在某個局部控制了權力,也就是說,生產要素中的強者控制了暴力要素中的弱者,將暴力集團收編為自家的保安,即亞當‧斯密所謂的守夜人。盧梭「主權在民」的主張初步實現。

此時,資本利益的最大化——保護產權並擴張商權,定義了新權力的性質。這種性質,史稱資本主義。

(四)歐洲新權力的演變

資本主導的元權力結構,在18和19世紀的歐美持續演進。

市場範圍的最大化,主要是資本的追求,未必是無產階級的追求。在市場上處於弱勢地位的社會集團,必然尋求各種力量——宗教力量、道德力量、尤其是政治力量——限制市場,彌補自身的弱勢。各種社會主義主張由此誕生,國際共產主義運動據此興起。選舉權逐步普及,民主制度逐步建立,資本主導的元權力結構最終形成了三權分立的憲政民主格局,「主權在民」得以充分實現並穩定下來。

國家權力應該保護產權,還是干預市場以免各階級遭受市場運行之苦?「這是20世紀政治問題的核心」。[74]如何解決這個問題,反過來定義了國家權力的性質。

左翼的社會民主黨,偏向勞工和弱勢群體。右翼的保守黨或共和黨,偏向資本和市場。新權力的性質,就在社會民主主義與新自由主義這兩端之間搖擺。不過,搖擺再大,也不會退到國王和貴族之類的暴力集團被馴服之前的狀態。三權分立彼此制約的元權力結

74　科林‧克勞奇〈市場與國家〉,《布萊克維爾政治社會學指南》(杭州:浙江人民出版社,2007年5月第1版),頁257。

構,確保暴力強制讓位於協商契約。

(五)官家套娃:中國老權力的轉世重生

如前所述,中國的老權力屬於打天下坐江山的官家集團,且一家獨大。

在歐洲新權力的衝擊和引導下,中國出現了新的意識形態集團,放棄了儒教,敵視私人資本,偏好市場限制。槍桿子與筆桿子結合,構成武裝教團,試圖一舉解決內憂外患,君臨天下。武裝教團動員貧苦大眾打天下坐江山,晉身為新官家集團,但一家獨大的元權力結構依舊。

新官家集團與貧苦大眾等市場弱勢群體聯手,「反帝、反封建」、反資本、反市場、反剝削、反壓迫、反不平等,共建社會主義。不過,這個社會主義,並非馴服了暴力集團的民主社會主義,而是武裝教團主導的社會主義──「官家─社會主義」。更準確地說,是舉著無產階級專政的社會主義旗幟的官家主義──工農─官家主義。以反私有制及資本主義不平等為核心訴求的社會主義,與官家主義下級服從上級的核心結構,兩者相互矛盾。

作為老權力的官家集團,一向具有雙重身分,表現為皇權及其代理人的公私矛盾。實行公有制和計畫經濟之後,新官家集團的權力及其控制範圍升級,且更具等級性和強制性,強化了不平等。於是,在原有公私矛盾深化的基礎上,新權力新增的一層矛盾,即社會主義平等訴求與官家主義等級控制結構的矛盾,日益引人注目。

針對新官家集團的特權身分,毛澤東說資產階級就在共產黨內,大官們「比資本家還厲害」,稱他們為「走資派」,[75]還把一

75　中共中央1976年4號文件。

個社會主義全民所有制企業稱為「地主、資產階級集團統治的獨立王國」，[76]中共中央介紹四清運動典型的「桃園經驗」，稱桃園村黨支部為「一個反革命的兩面政權」。[77]這些說法都在努力描述新官家集團的新增兩重性：他們打倒了地主資本家，卻比資本家還厲害。

順著「兩面政權」的邏輯說下去，新官家集團就是一個兩面集團：一面追求社會主義平等，一面擴大統治集團特權。這種兩面性可以解釋四清和文革式的自我掙扎或自我拯救。這種自我拯救並未觸及不受制約的特權核心，而是嘗試以更加不受制約的特權發動群眾監控各級權力代理人。

在公有制和計畫經濟受挫、毛澤東的自我拯救失敗後，新官家集團走投無路，被迫改弦更張，調整了武裝教團的教義，逐步從計畫轉向市場、官營轉向民營。這種調整引發了「姓社姓資」的爭論。鄧小平制止爭論，「以經濟建設為中心」，「讓一部分人先富起來」，發展「社會主義市場經濟」，實際上放棄了毛派教義。於是，武裝教團蛻變為更加簡單粗暴的權力集團或武力集團。

此時的兩面集團，好比三層的俄羅斯套娃，每層套娃都有正反兩張面孔，都試圖解決以前的難題。裡層的一號套娃，體內是一把打天下坐江山的祖傳寶刀，正面是帝王臉，背面是儒家官僚臉，難題是帝王及其代理人的公私矛盾。中層的二號套娃，正面是毛澤東

---

76 1964年6月毛澤東在〈關於奪回白銀有色金屬公司的領導權的報告〉上的批示，《建國以來重要文獻選編》（北京：中央文獻出版社，1998年2月版），第18冊，頁572。

77 〈關於一個大隊的社會主義教育運動的經驗總結〉，轉引自金冲及，《二十世紀中國史綱》（北京：社會科學文獻出版社，2009年9月第1版），下冊，頁960。

臉，背面是「走資派」臉，難題是社會主義平等與官家特權，公私
矛盾的升級版。外層的三號套娃，正面是鄧小平臉，背面是毛澤東
臉。鄧小平解決了毛澤東時代的貧窮低效問題，製造了特權與資本
結合的雙料不平等問題，還不肯放棄平等＋特權的毛式社會主義旗
幟。每個套娃都試圖解決前者遭遇的問題，都拒絕憲政民主，都保
留了核心的寶刀，都繼承了前者中的矛盾，並形成「正反合」關係。

官僚帝國時代，權力與土地結合，有地主—官家主義。黨國時
代，毛澤東推行公有制和計畫經濟，黨員幹部取代地主資本家直接
管理工農，有工農—官家主義。鄧小平發展「社會主義市場經濟」，
權力與資本結合，如毛澤東擔憂的那樣，資本—官家主義形成。

隨著改革開放的進展，三號套娃正面的鄧小平臉上，權貴資本
的色彩越來越濃，漸漸彌漫擴大。2013年之後，兩面集團內部反資
本的毛澤東色彩越來越濃。反腐敗、打壓權貴資本、限制民間資本，
同時強調平等、扶貧、不忘初心、宣揚共產主義理想，還聯手俄羅
斯等國對抗西方，毛澤東式的自我拯救有捲土重來之勢。工農弱勢
群體支持這種趨勢，但是，這個社會的基礎結構已經從農業變成了
工商業，工商業是由資本集團主導的。

從全要素經營角度考量，強勢反資本將導致稅基崩潰，強勢反
西方將阻礙對中國有利的全球化和現代化進程，強調共產主義理想
將嚇跑主導市場經濟的資本要素，如此危及權力安全，便不能走毛
澤東的「老路」。但是，一路腐敗下去，仇官仇富情緒蔓延，同樣
危及權力安全，恐怕要走上「邪路」。於是我們看到了毛鄧兩個三
十年不能相互否定的強勢宣告，看到了「既要……又要……」的兩
面訴求，看到了共產主義大旗重新揮舞然後悄然捲起。[78]官家套娃

78 2018年11月之前，「共產主義」在人民日報上出現的頻率連年上升，

依舊，三層的兩面結構依舊，卻如李鴻章自嘲的那樣暫時裱糊一新。

真正的問題在套娃懷揣的那把刀，即一元獨大的元權力結構。這種結構確保權力要素不受制約地成為主宰，法酬即權力要素收益最大化成為各種制度設計的核心原則。

法酬最大化的全要素經營取向，不僅與資本要素利益最大化的取向衝突，也與勞動等生產要素乃至生產集團整體利益最大化的取向衝突。這個英國在光榮革命時代已經解決的前現代問題，仍然是中國的頭號問題，即所謂官民矛盾問題，打天下坐江山的暴力集團與生產集團的矛盾問題。官家集團取代地主資本家，不僅對地主資本家不利，對工人農民也不利。裁判下場踢球，只對裁判有利。但這種格局難以長期持續，比賽出不了好球隊，這種賽事就會遭遇優勝劣汰的命運，裁判難免失業。

元權力的一元獨大，在全球化時代的地球村裡難乎為繼。一超多強國際格局中的「一超」是美國，並不是中國。

在官家集團內部，祖傳寶刀的傳承出現了危機。打天下鎮江山的寶刀一直通過世襲傳承，當代的武裝教團，世襲不再，大小官員皆為代理人。教義更是一代一改，錯雜抵牾，沒了自己的聖經。武力和教義兩大要素的根基不深不穩，家業難傳難繼。

新官家集團的三層兩面結構，暫時處於內部糾結外部裱糊的維持狀態。這個集團糾結不清，連累整個國家身分不明，攪得世界走

（續）────────────────

2018年12月開始急速下降。詞頻統計由香港大學新聞及傳媒研究中心的錢鋼先生提供。拐點出現的11月，最高領導人在民營企業座談會上宣布：「民營企業和民營企業家是我們自己人」。共產主義大旗悄然捲起之後，「初心」的定義由實現共產主義改為「為中國人民謀幸福，為中華民族謀復興」。對比三民主義，新旗幟缺了民權主義，可謂「兩民主義」。

向難定。

八、總結：公式和定律的整合

（一）全文概述

本文描述了「三刀兩補」市場和「兩界多層」產權的構造，並給出了殘缺市場、頂殘產權和差序市場等一系列相對貼切的命名。

這種差序結構從先秦演化至今，基本取向是權力收益最大化，具體演算法可以歸結為幾條定律和公式。

權力自身的複雜結構和身分演變，體現為三層兩面的官家套娃。

中國社會基礎結構從農業到工商業的變遷、外部環境從天下一統到地球村一超多強的變遷、權力自身的糾結失據、武裝教團的難乎為繼，決定了當代中國市場和產權制度的不穩定和過渡性質。

（二）提煉整合

文中提到了大大小小8道公式和有名有姓的5條定律，下邊整合為一，作為全文的抽象和總結。

1. 公式整合

文中出現的第一道公式是統購統銷公式，隨即在鹽権和煙酒專營等更加寬泛的基礎上升級為排號第二的官市公式：官市利益=官市總收益-官市總成本。

第三個出現的是描述土地產權建構演算法的皇土公式：總利益（皇土不同用法及用量）=總收益-總成本。在官家「盡地力」和「盡人力」的綜合考慮中，帶出排號第四的皇民公式。排號第五的田主公式，站在耕者立場追求利益最大化，與官家取向對沖，相互影響成本收益。官民在互動中建構土地制度，衍生出排號第六的土改公

式。

　　第七個出現的制產公式，給出了任意一個主權者建構或改造產權的演算法，無論位居主宰的是皇帝還是主席，即：制產之利＝總收益−總成本。於是，皇土公式和土改公式就成為制產公式在某個時代的特殊形態。

　　第八個出現的差序產權建構公式，權衡所有產權組合的成本收益，在特定的觀念體系裡算總帳——以政治帳的生死考慮為主、以經濟帳的貧富考慮為輔，向利益最大化（邊際成本＝邊際收益）的方向調整。

　　差序產權建構公式的演算法，也適用於差序市場的建構。如「官市公式」所討論的那樣，在鹽榷茶榷和統購統銷的實踐中，官家做著同樣的成本收益計算和政策選擇，即：官市收放的邊際收益／邊際成本＝1。差序產權與差序市場的建構還有連帶關係。統購統銷以人民公社為基礎，政府指揮幾個代理人，比控制千家萬戶農民的成本低多了。

　　上述8個公式，分別沿著商權和產權的路徑升級整合，最後可以由第九個公式統一起來，將差序產權與差序市場的建構公式統合為「差序利權建構公式」，即：產權邊際收益（1，2，……N級）／產權邊際成本（1，2，……N級）＝商權邊際收益（1，2，……N級）／商權邊際成本（1，2，……N級）＝利權邊際收益（1，2，……N級）／利權邊際成本（1，2，……N級）＝1。這是權力要素主導的、以權力要素收益最大化為取向的全要素參與的演算法，產權和商權在不同領域和不同主體之間如何分配的演算法。

2. 公式與定律整合

　　文中提到的改革開放定律及三條子定律，以及「剩餘權主導律」，與差序利權建構公式有何關係？

如果以公式吞併定律，可以說，改革開放第一和第二子定律，只是對差序利權建構公式裡的政治經濟成本收益的來歷及其相互關係的描述。

第一子定律即自由定律：自由與財富創造正相關，市場化和產權私有化可以創造更多的財富，這是經濟收益的來歷。

後來插入的「剩餘權主導律」，只是對自由在權利邊界內「自作自受」的兜底性質的強調，這種性質構成了產權的激勵約束機制，這種機制的高產效率帶來其它次級權利相繼追隨的後果。

第二子定律即執政者衰亡定律：偏離自由定律越遠，政治風險越高，成本越大。

第三子定律即收放定律：各級決策者如何追求利益最大化。如果將單項選擇擴充為多項選擇，補上各種差序權利組合然後算總帳，其實就是差序利權建構公式。大大小小的決策者如此建構了中國的差序制經濟。

(三) 公式與經濟增長理論

亞當‧斯密認為，分工和專業化的發展是經濟增長的源泉。市場越大，分工和專業化程度越高。在市場這只「看不見的手」的安排下，最有動機參與分工和專業化的是私人企業。這就是關於經濟增長的古典經濟學理論。[79]有了這套斯密式增長機制，蒸汽機—電動機—核反應堆等等就有了需求者和投資者。一旦技術發明的供給者出現，社會制度之外的條件湊夠了，工業化和現代化就誕生了。[80]

79 楊小凱、張永生，《新興古典經濟學和超邊際分析》（北京：中國人民大學出版社，2000年8月第1版），頁8。

80 這也是參克法蘭在《現代世界的誕生》一書中表述的基本觀點（上海：世紀出版集團，2013年8月第1版）。

科斯提出了交易費用的概念，據此劃出企業和市場的邊界，發展出新制度經濟學。

楊小凱把古典經濟學和新制度經濟學結合起來，說分工程度由交易費用的大小決定，而交易費用的大小，又由產權界定及合約執行決定。[81]於是，產權、市場和法律制度及交易費用對分工和生產力演進的意義就清晰得可以計算了。[82]這就是新興古典經濟學解釋經濟增長的理論框架。

在這個理論框架中，插入權力要素（暴力要素+觀念要素）及其主導建構的差序產權和差序商權，我們就可以看到，法酬（權力收益）最大化取向的各種制度安排，從鹽權到統購統銷，從王莊到國企，從圈地到土改，從頂殘市場到頂殘產權，權力要素的介入，如同攔路收費一樣提高了市場上的交易成本，如同入戶打劫一樣侵犯了產權邊界。倘若出現經濟糾紛，官家裁決可能出現的對公正的偏離，進一步提高了上述成本。這些成本越高，阻遏分工並抑制生產的作用越大。對市場和產權的損害突破某條底線之後，經濟就會崩潰，王朝隨之垮塌。此時流寇橫行，土匪遍地，交易成本無限大，產權無限小，人們退據險地，結寨自保，一個興衰循環又回到了起點。

反之，一旦生產集團成為主權者和制產者，暴力集團被馴化為保安，斯密式增長便可能進入良性循環。英國光榮革命之後不到百年，這個世界上就出現了這樣一條陡然而起的長期經濟增長曲線。

倘若暴力集團足夠開明，容許生產要素向高效使用者流轉，如「和平演變模型」所描述的那樣，開明期內也會形成斯密式增長的

---

81 同上，頁161。
82 同上，頁16。

良性循環。但這種增長不夠強勁持久，不僅遭遇差序利權的壓制，還會遭遇王朝崩潰的反覆清零，如此形成了崩潰與重建的一級波動和收緊與放開的二級波動，拉出一條基本平走的中式曲線。

英式曲線和中式曲線大體並行至1840年，碰撞然後交織，中式增長曲線跟隨變形。試圖影響曲線走勢的各種力量先後登場，利權邊界左右擺動，至今未定。不過，左側的底線及其災害已經探明，支持市場和私人產權的共識已經形成。英式權力轉型難產，斯密式增長可期。

2022年10月改畢

吳思，歷史學者。著有《潛規則：中國歷史中的真實遊戲》、《血酬定律：中國歷史中的生存遊戲》，《陳永貴：毛澤東的農民》等書。曾任《炎黃春秋》雜誌社常務社長兼總編輯，天則經濟研究所理事長。現已退休，仍然關注中國社會的性質及轉型問題。

思想
評論

韋伯與日本：
讀日本出版的幾本韋伯研究有感

王 前

　　為了紀念韋伯誕辰一百週年，1964年在海德堡召開的德國社會
學大會舉辦了關於韋伯的專題討論會。出席這次大會的有帕森斯、
馬爾庫塞和阿隆等世界級大學者。除了西方學者外，會場裡還有一
位來自日本的年輕學者德永恂。這位當時在德國師從阿多諾的社會
哲學家告訴與會者日本也在籌辦相同性質的大會，這個消息著實令
西方學者吃驚不小。因為他們不知道明治時代後期以降日本就有人
閱讀韋伯的著作，他的著作幾乎都翻譯成了日文。這樣的事實令西
方學者不僅震驚，甚至覺得很奇怪──為何日本如此喜歡閱讀研究
韋伯？

　　隨著全世界範圍新韋伯熱的出現，1975年德國著名出版社Mohr
Siebeck開始編輯出版歷史考訂版《韋伯全集》（*Max Weber
Gesamtausgabe*，簡稱MWG）。這套集中了德國學界韋伯專家的力
量來編輯的全集考訂精準、註釋詳細，是最值得信賴的版本。如果
有人問這部《韋伯全集》在哪個國家銷售量最多，估計大家都會異
口同聲說是他的祖國吧。但其實既非德國，也不是韋伯曾經親自考
察過、對戰後韋伯研究復興起過很大作用的美國，而是韋伯並不是
很關心的日本──乍聽之下肯定難以置信。日本雖未在韋伯的視野
之外，他確實在宗教社會學研究中提到過日本，但著墨並不多。據

專門研究過韋伯在日本接受情況的德國學者沃爾夫岡・舒文特克
（Wolfgang Schwentker）統計，大概有三分之二左右——也有人說
是近一半左右——的《韋伯全集》是被日本讀者或是圖書館買走的。
[1]舒文特克教授師從過研究韋伯的著名學者沃爾夫岡・蒙森，他本人
也是先當編輯全集的助手後來做到編委，他的統計數據應該是很可
信的。其實不管是哪個數字，從比例上來說都太驚人了，因為從能
閱讀德語的人口來看，日本當然無法跟德國相提並論，更不要說單
純比較專業學者的人數了。

　　韋伯跟日本究竟有何淵源，能讓日本學界和讀者一個世紀以來
如此熱愛韋伯？韋伯的思想對日本有過什麼影響？那樣的接受過程
對中文學術界有何啟示？這些是筆者在本文中想通過幾本近年在日
本出版的韋伯研究來回答的問題，最主要的參考文獻就是舒文特克
寫的《韋伯在日本：接受史研究（1905-1995）》，這是迄今為止研
究韋伯在日本接受史最詳細也是最好的著作。另外兩本是當今日本
研究韋伯的中堅學者的著作，一本是野口雅弘寫的《馬克斯・韋伯：
與現代性搏鬥的思想家》（中公新書，2020），他也是《馬克斯・
韋伯在日本：接受史研究（1905-1995）》的主要譯者。還有一本是
注重韋伯傳記研究的今野元寫的《馬克斯・韋伯：主體性人的悲喜
劇》（岩波新書，2020）。從出版年可以知道兩本書都是為了紀念
韋伯逝世一百週年而寫的。同時為了能夠更為全面地了解韋伯在日
本的接受史，還會參照深受過韋伯影響的著名思想家丸山真男

1　大阪大學榮休教授舒文特克寫的 *Max Weber in Japan: Eine Untersuchung zur Wirkungsgeschichte 1905-1995*（《馬克斯・韋伯在日本：接受史研究（1905-1995）》）是他的教授資格論文，由出版韋伯全集的J. C. B. Mohr出版社於1998出版，2013年由日本著名學術出版社美篤書房出版日譯本。

（1914-1996）、大塚久雄（1907-1996）和著名韋伯專家內田芳明
（1923-2014）、安藤英治（1921-1998）等其他學者的成果，分韋
伯研究戰前戰時篇、戰後篇和當代篇這三部分來談談韋伯跟日本的
淵源。最後還想通過韋伯與日本這個個案，談一談我們今天讀韋伯
究竟有何意義。

準備與沉潛階段：二戰前與二戰期間的韋伯譯介與研究

　　韋伯在20世紀初就被介紹到日本，至今為止對日本學界和讀者
產生的影響難以估量，在日本近代以來引進的西方大思想家裡可以
說是名列前茅的，在日本學界也許只有另外一位德國哲人海德格爾
可與媲美──日本是世界上第二個出版《海德格爾全集》的國家，
研究海德格爾的文獻也是汗牛充棟。那麼日本學界大概是什麼時候
知道韋伯的呢？據丸山真男的考察，[2] 日本出現關於韋伯的文獻最早
大概在1921年左右，這一年正好是韋伯去世後一年，長崎高等商科
學校的伊藤久秋教授在《商業與經濟》雜誌創刊號上發表了〈馬克
斯・韋伯教授逝世〉一文，介紹了韋伯的生平與業績，裡面還特別
提到韋伯最著名的著作是《中世紀商業組織的歷史》。如今看來這
個介紹說明當年日本對韋伯所知很有限，因為現在誰也不會把這部

2　在韋伯誕生一百週年的1964年，東京大學舉辦了紀念韋伯誕辰的大
　　型研討會，全日本研究韋伯的專家匯聚一堂，從各個不同的角度探
　　討韋伯的思想和貢獻。丸山真男在會上發表了〈戰前日本的韋伯研
　　究〉一文，收入會後出版的由二十世紀日本最著名的韋伯專家、經
　　濟史家大塚久雄主編的《馬克斯・韋伯研究》一書（東京：東京大
　　學出版社，1965），此文現收入《丸山真男集》第九卷（東京：岩
　　波書店，1996）。

博士論文視為韋伯的代表作了。此外伊藤教授還提到了韋伯在輿論界的貢獻，說他擅長給媒體寫文章——這點倒是說得很準確，畢竟韋伯也是位偉大的公共知識分子。

而根據舒文特克的考證，日本學界知道韋伯的時間還可以往前推16年，就是在1905年，提到韋伯的是著名經濟學家福田德三（1874-1930）。福田是現代日本經濟學的開拓者，1898年去德國留學，師從魯約·布倫塔諾（Lujo Brentano）等名家，只花了兩年時間就完成了題為《日本社會經濟發展》的博士論文，回國後不久就被聘為東京高等商業學校（現一橋大學）教授，作為國民經濟學家嶄露頭角。他1905年發表在著名的《國家學會雜誌》的文章裡提到了韋伯。該書日譯者提到還有更早的說法，就是根據當代日本學者野崎敏郎的研究成果，既是經濟學家也是法學家的金井延在1892年發表於《法學協會雜誌》的文章裡提到過韋伯，這位金井也去德國留過學。這樣算起來，無論是哪一個說法，都證明日本學界在韋伯生前就已經知道他的大名，而介紹他的都是國民經濟學方面的專家。這其實也有歷史原因。一方面經濟研究尤其是國民經濟學本來就是韋伯的一個主要領域，而日本在明治時期，出於國策需要也對國民經濟學很重視，福田德三在德國研究的正是國民經濟學，很自然回國後也就成為日本國民經濟學的領軍人物。從日本早期對韋伯的引介來看，韋伯起先是作為經濟學家被介紹到日本的，但後來逐漸從經濟學領域淡出，隨著對他的介紹不斷深入，韋伯才開始進入日本社會學領域，諸如理念型、理解社會學和價值中立等這些韋伯社會學的重要概念也進入日本學者的視野。

關於戰前日本對韋伯的介紹與研究，根據舒文特克和內田芳明的看法，需要了解一些思想史和社會史才能準確理解，其中很值得一提的就是跟日本馬克思主義的關係，這也是日本跟德國與另一個

研究韋伯的大國美國不同的地方。內田芳明在他研究日本韋伯接受史的著作《韋伯之接受與文化的位相》裡除了提到馬克思主義，還提到了對我們來說很陌生的基督教無教會主義教派的影響。[3]他在書裡談了這個問題，對我們理解韋伯跟日本的關係很有幫助，筆者就借用他的說明如下：

> 在考慮接受韋伯的精神史思想史的基礎時，必須提到下面這個要素，那就是日本韋伯研究具有獨特形態，其學問形成要麼是建立在日本帶有加爾文主義色彩的新教教派之一的無教會主義基督教的精神基礎上，要麼是建立在另一個更為廣泛、自由的馬克思主義的思想基礎之上。在談到這些時需要認識以下兩個特點。
>
> 第一，這兩個要素，都是在跟昭和初期的講座派馬克思主義[4]的社會科學方法意識和思想世界能夠自由結合的基礎上，也就是通過馬克思主義社會科學的方法意識的媒介，才使得韋伯在日

3　基督教無教會主義：這是源於日本的一種基督教信仰，是日本現代著名基督教徒和思想家內村鑑三（1861-1930）所提倡，繼承新教的精神。該信仰認為相信基督並不一定需要通過制度和儀式，換言之，不用通過教會也可以實踐信仰。內村鑑三有兩個非常著名的學生戰後都當過東京大學校長，他們是南原繁和矢內原忠雄。據說通過他們的學生也傳播到台灣和韓國。

4　講座派馬克思主義，指的是在關於日本資本主義的爭論中跟勞農派對抗的馬克思主義者的一派。他們的主要成員都是岩波書店1930年代出版的《日本資本主義發達史講座》的執筆者。而所謂勞農派則是二戰前非日本共產黨系的馬克思主義者集團，因為依托1927年創刊的雜誌《勞農》而得名。其成員是在日本資本主義論爭中跟講座派對抗的經濟學家、參與最左翼無產政黨的社會活動家和一些無產階級文學家。

本的接受開花結果的。第二，不管是對現代人的類型（獨立自
主的個人）的解放和確立這個側面的宗教性、精神性、思想性
的關注，還是社會科學對現代社會體制的創造這個側面的方法
上的關注，這兩個潮流（基督教和馬克思主義）都有自己的動
機，就是批判封建性事物，創造現代市民社會，也就是說目的
是歷史的變革。在現代精神（ethos）（人的類型）和現代市民
社會的創造這個歷史變革的動機上，在歐洲這對孿生子（基督
教和馬克思主義）分裂、頡頏，未必是幸運的結合，而在日本
這個邊緣型文化脈絡的獨特位相裡，從思想上來說是在自由的
馬克思主義這個思想基礎上再度結合、分離，從而形成作為文
化問題的接受韋伯學說的苗床。[5]

　　由內田的敘述可知，要了解日本接受韋伯的歷史，就無法不提
到馬克思主義。這跟中國的韋伯接受有很大不同。關於這點，舒文
特克在書裡也有詳細論述，有一節就叫「在馬克思的陰影下——1930
年前後日本社會科學中的馬克斯·韋伯」。在昭和初期，由於蘇聯
建國等原因，馬克思主義一度成為日本思想界的熱門，在學界很多
著名學者左傾。比如著名經濟學家河上肇就是有代表性的馬克思主
義經濟學家。據說漢語拼音方案的主要制定者周有光先生當年到京
都大學去留學就是想師從他，很不巧的是到了京都後才知道河上肇
被日本政府逮捕了。連河上肇這位做過京都帝國大學經濟系系主任
的大家都是提倡馬克思主義的，可見當時馬克思主義在學界的影響
力有多大了。而馬克思主義之所以能夠發揮那麼大的影響力，除了

　5　内田芳明《ヴェーバー受容と文化のトポロギー》（東京：リブロ
　　　ポート出版社，1990）、頁134-135。

政治因素外，還有一點是因為它的體系性。日本雖然從明治時代就
開始引進、吸收西方學問，都是作為具體的個別學問引進的，而馬
克思主義卻是第一次作為一種綜合性哲學與歷史解釋出現在日本學
界與思想界，能從整體上考察經濟、法學、政治和社會，這樣的綜
合性影響力在當時日本引進的所有西方思想中是首屈一指的。按照
舒文特克的話來說，對1920年代的日本來說，馬克思主義發揮了18
世紀末歐洲啟蒙主義那樣的作用，而丸山真男則說馬克思主義在日
本不是作為絕望的哲學，而是被視為人道主義和進步的光輝高
峰——這兩個評價有異曲同工之妙，雖然如今已經難以想像了，卻
是無法否認的歷史事實。

　　如果我們沒有忘記韋伯非常重視馬克思，聯想到韋伯對新教倫
理的研究，就可以理解為何內田說馬克思主義的傳播和日本無教會
主義基督教是跟韋伯的研究有密切關係的了。而日本的一些學者在
覺得馬克思主義不能夠完全滿足他們的思想探索時，往往會用韋伯
來補充馬克思，丸山真男和他的同輩學者大塚久雄等人正是如此。
說到跟基督教的關係，丸山雖然不是教徒，但是他的導師南原繁是
信仰無教會主義基督教的大學者，丸山受他的薰陶很多，而大塚本
人就是信仰無教會基督教的。[6]一位是20世紀日本最著名的政治思想
家，一位是20世紀日本最著名的韋伯專家、以專攻經濟史著稱的大
學者，他們對現代性的理解都跟韋伯的《新教倫理與資本主義精神》
關係密切，在他們學問逐步成形的二戰期間，正是吸收韋伯學說的
重要階段。

　　翻譯過韋伯宗教社會學名著《古代猶太教》的內田芳明，稱二

6　大塚是21歲時由內村鑑三親自為他施洗的。參看石崎津義男，《大
　　塚久雄　人與學問》（東京：美篤書房，2006）。

戰前是戰後日本韋伯研究的準備期。雖然戰後才是日本韋伯研究的飛躍期，但按照丸山的分類來看，這個準備期已經做了不少工作，奠定了戰後韋伯研究的基礎。丸山說大約在昭和11、12年前後（即1936、1937年）進入一個新階段，在這個階段對韋伯的關注大致可分為四個方面。第一，是從世界觀和學術關係的問題意識出發，重新討論價值中立問題。第二，學術體系中的理論科學和政策科學的關係，尤其是經濟學領域中的經濟政策和社會政策的學術性問題。第三，韋伯的東方社會論。第四，經濟倫理問題，廣而言之就是生活態度和精神（ethos）的問題。

據說在二戰期間德國的韋伯研究處於停頓狀態，納粹對建立魏瑪共和國出過力的韋伯自然不會有好感。而有意思的是，雖然二戰中日本跟德國是軸心同盟關係，但韋伯研究卻一直沒有中斷過，韋伯的作品不時有新的翻譯出版，比如《作為志業的學術》（1936）、《新教倫理與資本主義精神》（1938）、《作為志業的政治》（1939）和《儒教與道教》（1940）等。這段時間裡除了譯介，有些日本學者還利用韋伯的宗教社會學來研究東方社會的結構，成為此後若干年日本韋伯研究的一個重要主題。比如丸山真男本人就是一個典型例子。他寫德川時代儒教裡現代意識如何形成的論文——後收入名著《日本政治思想史研究》——就受韋伯關於宗教與經濟倫理研究的影響。具體地說，他在關於江戶時期商人的相關研究裡，就援用了韋伯在《新教倫理與資本主義精神》裡使用的「暴利資本主義」和「賤民資本主義」這樣的概念。不過舒文特克告訴我們，不應該誇大韋伯對丸山的德川思想史研究的作用，因為丸山在這個階段所接受的韋伯的影響，主要是把韋伯的一些範疇運用在他的思想史研究上，並非宗教與經濟倫理本身的體系性研究。筆者同意他的看法，因為對丸山來說韋伯是提供給他一些範疇和觀念，讓他在自己的研

究裡運用的先驅。

　　戰爭期間隨著形勢日益嚴峻，有些研究韋伯的日本學者以韋伯的價值中立學說為擋箭牌，繼續自己的研究──一如二戰時有些德國學人依靠康德哲學的力量度過難關，在日本一些研究韋伯的學者正是從韋伯的思想中獲得在黑暗的歲月裡前行的動力，儘可能地捍衛學術自由。舒文特克在書裡指出有的日本學者當年甚至把韋伯看作是求道者──這應該是雅斯貝爾斯的影響，但在他看來是有點偏離本尊的特徵了，這又是跟美國等國家接受韋伯的方式很不一樣的地方。對於這點，丸山真男的說法也許更值得參考。丸山在〈戰前日本的韋伯研究〉裡說韋伯當然有求道者的一面，但不可以把他看作單純的求道者。韋伯同時也是治學嚴謹的大學者，這是一體兩面──到底是深受韋伯影響的政治思想家，他對韋伯的這段評價非常符合事實。

　　除了丸山之外，當年還有好些不同專業的日本學者接過了韋伯的問題意識。丸山真男把相關研究歸為兩大類。一是從跟東方專制相關的角度分析探討東方社會的基礎結構、社會經濟結構的問題意識，另一類則是運用韋伯關於歐洲資本主義的經濟倫理或是精神的相關概念來研究日本以及日本占領區的東方人的經濟倫理。有意思的是在日本學者的相關研究中已經出現了對韋伯的批評。比如京都帝國大學年輕的的經濟學家島恭彥在其名著《東方社會與西洋思想》中就批評了韋伯對中國的研究。他認為韋伯的研究中存在西方中心論的傾向，他對韋伯在《儒教與道教》裡對太平天國運動所作的評價做出了很尖銳的批評。他說「韋伯不考慮太平天國運動產生的社會史基礎，只是根據領導者的宗教傾向就尋找新中國誕生的契機，這件事就再度反映了韋伯的個人主義社會觀，絕非對近代中國史的

科學觀察。」[7]島恭彥還提到普遍性的問題。因為明治以後日本談到普遍性大都是西方處於中心位置，在他看來需要對那樣的歷史理解進行祛魅，他認為在分析東方世界時應該提出普遍性的問題。上述都是1941年時年僅31歲的島恭彥提出的觀點，其博學與銳利實在驚人。他在肯定韋伯貢獻的同時，也指出韋伯在研究東方社會時沒有遵守自己提出的價值中立原則，解釋中國社會史過於理念化。筆者好多年前讀過此書，不得不說他對韋伯的批評很精彩也很有分量，跟余英時先生在其名著《中國近世宗教倫理與商人精神》裡對韋伯的批評堪稱前後呼應，各有千秋。

此外，談到韋伯跟日本的關係，不得不提一位流亡猶太裔哲學家的名字，他就是海德格爾的傑出門生卡爾・洛維特。雖然老師是舉世聞名的海德格爾，洛維特卻因為是猶太人而失去了馬堡大學的教職。他通過曾經在海德格爾那裡聽過課的日本同學、京都大學哲學教授九鬼周造的關係來到日本，去仙台在東北帝國大學教授德國文學與哲學。他1932年寫的《馬克斯・韋伯與卡爾・馬克思》，在戰後日本圍繞日本市民社會封建殘餘的討論中產生過重要影響。據舒文特克的考察，此書雖然在戰爭開始四年後就翻譯成日文了，但在二戰期間沒有產生什麼影響，不過戰後對日本韋伯研究影響甚大，截止上世紀九十年代中期已經重版四、五十次之多。之所以如此，舒文特克說那是因為洛維特不僅把韋伯和馬克思視為對立關係，同時還把韋伯的「祛魅」概念跟馬克思的「異化」概念並列為解釋近代世界的平行模式，從而為分析日本社會史提供了一種方法範式，也讓日本社會科學研究者認識到不管自己最終採取何種立場，都需要跟馬克思和韋伯在知識上進行認真的對話，採取實事求

7　這是丸山的引用，同前《丸山真男集》第九卷，頁311。

是的態度來重新審視這兩個思想體系。或者用《馬克斯·韋伯與卡爾·馬克思》日譯者的話來說，因為戰後日本面臨著如何克服社會經濟結構和社會意識裡的前現代性問題，這兩個理論體系的共同點就在於都能夠相當程度回應這個直接的實踐性課題，所以引起日本社會科學界的強烈興趣，甚至可以說戰後日本的社會科學研究就是圍繞著馬克思主義和韋伯社會學這兩個坐標軸展開的，所以洛維特的這部著作對日本學界來說就很有價值了。[8]

　　洛維特在1917年在慕尼黑聽過韋伯的演講〈作為志業的學術〉，受到很大影響，後來在其自傳裡對這位先哲讚美有加。[9]在日本期間洛維特還重新研究起韋伯，在湯馬斯·曼編輯的流亡雜誌《尺度與價值》上發表了〈韋伯及其繼承者〉一文。洛維特在評價他景仰的韋伯的貢獻的同時，也批評了這位他心目中最偉大的德國大學教師的政治社會學，認為他雖非出於自己的希望，但為權威性的、獨裁者領導的國家開闢了道路，同時對也聽過韋伯講課的卡爾·施米特把韋伯的方法用在納粹意識形態上進行了銳利的批判。洛維特的日本學生很快就把這篇論文翻譯成日文，加了非常吸引眼球的標題——〈韋伯與施米特〉。[10]

8　卡爾·洛維特《韋伯與馬克斯》日譯本，未來社刊，1966年第一刷。譯者後記，頁155-158。

9　參看Karl Löwith, *Mein Leben in Deutschland vor und nach 1933: Ein Bericht*（J. B. Metzler; 1986））的"Zwei deutsche Männer"一章裡有對韋伯的深情回憶。關於兩篇演講，他說《作為志業的政治》對他的影響沒有《作為志業的學術》大。這部非常有價值的哲學家自傳就是在他執教的東北帝國大學所在地仙台撰寫的，手稿在去世後被他太太發現，於1986年在德國出版。

10　這篇論文跟另外一篇洛維特批評施米特決斷論的著名論文〈施米特的機會主義決斷論〉一起作為附錄，收在日本著名學術出版社未來

　　洛維特在仙台期間還完成了代表作《從黑格爾到尼采》，後來
還把〈歐洲的虛無主義〉一文交給岩波書店出版的著名雜誌《思想》
發表。畢竟是海德格爾的弟子，洛維特通過他的教學與作品的翻譯，
對日本學界產生不小的影響。雖然因為納粹政府駐日使館不斷給日
本政府施壓，洛維特夫婦最終被迫離開日本，轉而流亡到美國，但
是他對日本學界和讀者的韋伯理解產生的影響並沒有消失，這段旅
居日本的經歷對他本人的哲學思考也不無影響——這從他寫的〈關
於東方和西方差異的備忘錄〉等論文也可以看得出。他對日本文化
既有欣賞的一面，也有很銳利的批評，後來丸山真男在《日本的思
想》[11]裡也引用過。舒文特克在書裡專門列出一節寫洛維特，可見
洛維特的韋伯研究與日本的密切關係。

韋伯與現代性：戰後日本的韋伯研究

　　在二戰結束後到上世紀60年代，韋伯在日本受到青睞的程度也
是很值得分析的現象。在此特別要提到的就是大塚久雄和丸山真男
這兩位大學者。他們的韋伯解讀通常被日本學界視為是「近代主義
者」的解讀——這個近代就是現代的意思。丸山和大塚認為日本由
於封建因素的影響，沒有能真正實現現代化，二戰就證明了這點，
所以需要進一步向西方學習，用真正的現代性來改造日本的前現代
性。在這方面對他們影響較大的著作正是韋伯的《新教倫理與資本
主義精神》。大塚和丸山都從韋伯學習了很多，把韋伯視為能為日

（續）————————————————
　　　社出版的施米特的《政治神學》（東京：未來社，1971）裡。
　11　參看丸山真男《日本的思想》，藍弘岳譯（新北：遠足文化，2019）。
　　　這本是最完整的中譯本。

本戰後啟蒙提供思想資源的一盞明燈。有意思的這其實是那些經歷過二戰的很多知識人的共同想法，比如二戰結束時才24歲，日後成為一代著名韋伯專家的安藤英治也是如此。他在給講談社出版的著名叢書「人類知識遺產」寫的《馬克斯・韋伯》的前言裡就說，自己之所以研究韋伯，就是因為戰爭的經歷。在戰爭中他讀異邦人韋伯的著作反而倍感親切，讓他想用韋伯的思想批判當年居支配地位的日本獨特的精神構造。

　　丸山在戰爭結束後不久的1946年寫過一篇短文，篇名是〈應該讀什麼?〉（後收入文集《戰中與戰後之間》，書名是為了向漢娜・阿倫特致意），其中有這樣一段話：「馬克斯・韋伯的《社會科學和價值判斷的諸問題》和《新教倫理與資本主義精神》等是社會科學『主食』中的主食，好好咀嚼全部都是營養」。他還說這些韋伯的著作不僅具有學術上的嚴肅性，而且對馬克思主義者來說也是必讀書，因為不跟馬克斯・韋伯對決的話，在學術上一步都無法向前走——可見韋伯在丸山心中的地位了。丸山還說過他從韋伯那裡得到了「無限的學恩」。如前所述，雖然他不是韋伯專家，但是堪稱通過學習韋伯、運用韋伯的概念和思路創造性地進行學術工作的一個典範。

　　二戰結束後，馬克思主義者因為戰時對軍國主義的頑強抵抗而頗受尊敬，影響力一度很大，但是像丸山那樣深受馬克思的影響——他曾說過影響他最大的思想家是康德和馬克思——但又不願意完全接受馬克思主義指導的學者，則援引韋伯來補充馬克思。丸山晚年回憶說，在上東京大學時最早讀的是韋伯的《普通經濟史》，然後熟讀了《政治論集》與《經濟與社會》，在他的思考中留下深刻痕跡，尤其是給他戰後的一系列工作提供了很有價值的理論分析工具。比如在分析無責任體系中的軍國主義者問題時，丸山追究的一

個問題就是──究竟誰是負責做出決斷的人？不用說責任應該是天皇和政府上層承擔，但是丸山認為天皇個人其實很弱，很容易聽從別人的意見。而主要決定都是包括軍部在內的掌握政治權力的最高層所作出的。那麼在這個多頭系統裡究竟誰才是真正掌握實權的呢？丸山在分析這個問題的代表作〈軍國統治者的精神形態〉裡借用了韋伯的政治社會學。韋伯在《經濟與社會》裡分析說，在弱君主制中的權力多元主義會給官僚特別的權力。丸山就引用《統治社會學》裡的文章來說明君主在遇到複雜的問題時，只能把政務委託給有政治野心的專門官員。在丸山看來，明治政府用盡一切辦法鎮壓自由民權運動，仿效德國制定明治憲法時就已經埋下了二戰失敗這顆苦果。這是一個非常深刻的洞見，近年發現的一些新史料進一步證明了丸山的判斷。[12]

　　講到20世紀韋伯在日本的接受史，丸山的好友大塚久雄是絕對無法繞過的一位大學者。儘管現在日本研究韋伯的年輕一代學者對大塚的韋伯研究不無批評，但無論怎麼說他是20世紀日本韋伯研究和接受史上最有代表性的大學者，在本文中必須著重介紹一下。舒

12　在太平洋戰爭70週年之際，日本放送協會（NHK）播出了一套節目叫「日本人為何走向戰爭？」，通過近年發現的包括當年軍部大本營作戰參謀在內的軍人戰後開反省會留下的大量錄音帶等在內的最新史料，分析了日本走向戰爭的真正原因，充分證明了丸山當年批評的無責任體系的確存在。後來根據這個節目整理成書，同年由NHK出版社出版，書名就是《日本人為何走向戰爭？》（全三冊）。這部書非常值得翻譯成中文，可以讓我們對那場戰爭有更為全面的理解和認識，有些資料甚至刷新了我們的認知。最近根據戰後第一任民間出身的宮內庭長官田島道治寫的日記編輯的《拜謁記》（第一卷─第六卷，東京：岩波書店，2021-2022）出版後很受矚目，因為記錄了昭和天皇的「肉聲」──私房話，也談到他跟軍部等的關係，證實了丸山引用韋伯的見解做出的判斷很正確。

文特克在書裡給大塚的篇幅較多，筆者就主要參照他的研究來說明一下大塚的貢獻。

大塚作為西方經濟史家，戰前就開始閱讀韋伯的著作，在精研馬克思的基礎上，結合韋伯的理論，為他戰後形成「大塚史學」打下了堅實基礎。他寫的《社會科學的方法：韋伯與馬克思》1966年作為岩波新書中的一冊出版後，截止上世紀90年代中期就已經銷售了50萬冊以上，跟也是收入岩波新書的丸山真男的《日本的思想》一樣，都是日本社科類經久不衰的暢銷書。更值得一提的是，大塚不僅僅是一位傑出的經濟史家，他跟丸山等進步知識人一道參與了戰後的啟蒙運動，也是位頗有影響力的公共知識分子。

前面提到過日本接受韋伯與無教會主義基督教的關係，而大塚除了是出生在信仰基督教的家庭，接受過現代日本最著名的無教會派基督教領導者內村鑑三的影響，還參加過另一位著名的無教會主義者矢內原忠雄的聖經研究會，但他在學術上最關心的是資本主義的發展史——起源於西歐的資本主義體系最終把全世界都納入其中這一世界性現象。[13]在研究這個問題時，馬克思和韋伯的著作給他提供了最重要的理論工具。

當今日本流通最廣的岩波文庫版《新教倫理與資本主義精神》最新譯本就是大塚翻譯的。這個譯本最初是1930年代大塚幫助另一位年輕學者梶山力一起翻譯的，根據大塚的自述，從那個時候開始

---

13 大塚說年輕時作為基督徒很困惑，不知道自己是否應該把研究唯物史觀成立土壤的經濟史研究作為一個基督教徒的終身工作。那個時候內村鑑三對他說，學問中的真理也是屬於神的，即便宗教性真理與學問的真理有時看上去互相對立，只要神是真理，總會殊途同歸。大塚從此不再困惑。參見大塚久雄《社會科學與信仰》（東京：美篤書房，1994），頁191。

他就對西歐資本主義的發展史產生了濃厚興趣,成了他一生工作的問題意識。舒文特克把大塚對韋伯的解釋分為三個部分論述,分別是(1)1930年代末以降關於資本主義發展的經濟史研究,(2)1950年代關於共同體理論的著名論文,(3)1960年代中葉以後以馬克思和韋伯為中心、討論社會科學方法論基礎的論著。

雖然韋伯的《新教倫理與資本主義精神》影響巨大,但我們知道其實在西方早就有過批評。這部著作發表後,魯約·布倫塔諾和理查德·托尼就批評過,說明韋伯的觀點並非一錘定音,至今仍舊如此。但是大塚比較了諸家學說後,堅定地站在韋伯一邊,認為韋伯的解說是最有說服力的。舒文特克在書裡是這樣評價大塚的貢獻的:

> 大塚是韋伯命題最強有力的支持者之一,特別是在被日本馬克思主義支配的關於資本主義發展的討論的脈絡中,「把勞動精神(ethos)、勞動道德重新以原理的方法組合進近代產業社會發生的定理裡」的功績毫無疑問是大塚的。大約源自1930年以前的馬克思主義的社會經濟分析對日本學界的頑強支配,被大塚經濟史和他的韋伯解釋給徹底破壞了。在日本社會史的敘述中,大塚依靠理念的力量把分析經濟利害狀況的比重相對化了。韋伯與馬克思、理念與利害、宗教與經濟,大塚後來也是把這些作為相關要素來思考的。這就是「大塚史學」的中心思想。馬克思主義因此失去了對日本社會科學的支配性地位。」[14]

一度影響力巨大到引起當年日本軍國主義高度戒備的馬克思主

---

14 前揭《馬克斯·韋伯在日本:接受史研究(1905-1995)》,頁188。

義，竟然因大塚一人的研究而失去支配性地位，其影響力由此可見一斑。當然，大塚只是在學術上對馬克思主義提出了異議，他對馬克思的尊敬和重視是毋庸置疑的，在這點上跟他的好友丸山一樣。

大塚的《共同體的基礎理論》是戰後日本社會科學的重要成果之一，最近剛剛收入岩波文庫，標誌著其經典地位最終確立。按照舒文特克的說法，大塚跟韋伯共有一個研究領域，那就是舊的封建生產方式崩潰，新的資本主義場域形成的歷史發展階段。對大塚來說，15世紀和16世紀是世界史的一個轉換點。他認為經由封建制，不僅僅傳統社會的上層建築，而且他命名為「共同體」（Gemeinde）的、在不同歷史階段與各自生產方式相結合的村落共同體的形態也崩潰了。對以從封建制向資本主義轉移的階段為對象的研究來說，作為生活形式和生產現場的「共同體」具有關鍵意義。舒文特克說在這個研究過程中，馬克思和韋伯的文本是大塚進行相關研究的理論基礎：馬克思的《資本制生產之前的諸形態》[15] 給大塚以理論支點，而韋伯的《經濟史》、後期宗教社會學尤其是《古代農業狀況（古代社會經濟史）》和《古代日耳曼社會組織》這些初期社會經濟史研究給大塚提供了歷史資料，兩位西方大師在他那裡正好互補。

大塚把前近代共同體分為亞洲形態、古典古代形態和日耳曼‧封建形態三種。根據舒文特克的歸納，大塚的共同體形態的歷史體系的特徵，是把馬克思的所有[16]形態原理與韋伯的合理化命題的視點結合在一起了。大塚之所以熱心研究共同體理論，是因為在他看來包括國家的獨立、產業化和政治體制民主化在內的發展中國家的

---

15 Karl Marx, *Grundrisse der Kritik der politischen Ökonomie* 中的 Formen, die der kapitalistischen Produktion vorhergehen. 2. Aufl., Berlin1974, S.375-413.

16 此處的「所有」是所有制的所有的意思。

現代化要成功，只有通過改革傳統的社會結構才能實現。為此需要
了解各個國家的具體社會、經濟和文化特性。因此，在大塚看來，
韋伯的比較宗教社會學對社會文化的結構分析來說就極其有用。

　　至於第三點社會科學的方法論，大塚的相關論點都發表在先前
提到的暢銷書《社會科學的方法：韋伯與馬克思》裡。在評價大塚
的這本名著時，舒文特克說可以誇張地講，大塚的文章是要藉助韋
伯為社會科學拯救馬克思。事實上大塚始終對馬克思和韋伯同樣都
採取批判性立場，只是越到後來韋伯的影響越大，他的學思基本上
是受到現代西方思想的影響──這也是他和丸山被稱為「近代主義
者」的理由。大塚跟丸山一樣，並沒有對西方的思考方式做出過根
本性批評，對日本的民族主義則從來沒有好感。對西方現代性的研
究可以說是他終身的計畫，而他對日本本身的研究並不多。舒文特
克引用了大塚寫的〈現代日本社會中人的狀況〉裡的一段話，正是
大塚對自己研究目的的夫子自道：

　　我之所以經常拿禁慾的新教主義的史實作為範例，當然不是想
　　把近代初期的歐洲作為現代日本的榜樣，以彼此的距離來測定
　　現代日本的歷史位置──完全沒有那樣的想法。我的意圖是通
　　過對那些史實的分析，了解禁慾對推進社會的作用和文化形成
　　作用的重要性，只不過是想要從那裡推導出關於禁慾的一般性
　　經驗法則而已。因為包括日本在內，對所有國家而言，只要存
　　在一定的歷史條件，能夠充分設想禁慾在現在也有發揮同樣強
　　烈作用的可能性，那麼作為分析那種現象的標準，事先知道那
　　樣的禁慾思想和那些行動的一般經驗法則，無論怎麼說都是非

常重要的。[17]

　　這段話可以讓我們更加清楚地了解到，韋伯的學術思想對戰後初期那一代日本啟蒙思想家的重要意義了。除了丸山和大塚具有代表性，還有一位傑出的法社會學家川島武宜（1909-1992）也值得一提。他是藉助於韋伯的統治社會學和家產制度概念，來分析日本的社會結構。他要批判的是日本家族制度的非民主性，可以說他的家族社會學和社會批判性研究是運用韋伯的統治社會學範疇的一個典型例子。他要通過那些範疇來揭露當年日本軍國主義崛起的歷史前提，就是家族式、半封建結構。因為在他看來，只有日本家族組織裡的前現代殘渣被克服，封建制、儒家家族秩序的經濟基礎解體後，日本才能擁有真正的民主生活方式。從這個意義上來說，川島的確是和丸山、大塚一樣，都是想通過韋伯的學術思想來揭露並克服日本存在的問題，重新塑造日本的現代性。[18]

　　隨著日本戰後的復興，經濟的高速成長，日本的韋伯研究出現了美國化現象。這當然也很好理解，戰後美國對日本的影響是全方位的，從軍事、政治、經濟到文化都有美國的影子。舒文特克在講

17　前揭《馬克斯·韋伯在日本：接受史研究（1905-1995）》，頁197。
18　丸山在晚年談到過他和大塚對韋伯認識的不同之處。他說在他看來，韋伯的政治社會學在日本沒有受到足夠重視，他的國家論和政治學沒有得到充分研究。這是因為以研究韋伯著稱的大塚影響力太大，主要是從經濟社會學的角度接受韋伯的學說、展開研究的，而韋伯的那本重要著作書名又是《經濟與社會》。參見《丸山真男回顧談》（上），松澤弘揚·植手通有編（東京：岩波書店，2006），頁196。丸山說之所以有這樣的不同，大概是因為專業不一樣。在筆者看來，他們對韋伯的理解和吸收各有側重，加在一起就是一個更為完整的韋伯了。

到這段歷史時用了一個很有趣的小標題——「從韋伯到貝拉：在日本尋找新教倫理的功能性等價物」。

當代社會學名家羅伯特‧貝拉是帕森斯的高徒，他當年在帕森斯和賴肖爾的指導下完成《德川時代的宗教》一書，如今也收入了岩波文庫。貝拉的研究意圖用他自己的話來說，就是運用韋伯的方法去研究韋伯自己未能充分研究的事例。因為在貝拉做研究的時代，日本是從一個農業國轉變為現代產業國家的唯一一個成功的例子，那麼究竟是什麼因素導致了這樣的成功，這就是貝拉的研究目的所在。貝拉運用韋伯的手法，分析了價值結構和價值變動，探索了經濟合理化過程中的宗教的作用。他所研究的宗教就是神道、佛教的宗派教理、石田梅岩的心學和農民的報德運動以及武士的道德，從中導出的結論是：日本的宗教與政治關係密切，合在一起對日本的經濟發展產生了決定性影響。不過當年發表後，丸山寫了長篇書評，做了非常嚴厲的批評。丸山認為貝拉無視日本學資料闡釋的歷史傳統，是用社會科學方法研究日本的新型日本研究的代表——說得不好聽點兒，就是拿著社會科學的先進理論來亂套日本史，而事實上卻是韋伯理論的重大誤用。丸山想強調的是現代化過程中存在某種模糊性，而貝拉對所有生活領域都運用方法論進行體系化、普遍主義性的合理化處理，在丸山看來那樣的情況在日本並不存在。雖然丸山對貝拉良苦用心表揚了一番，但書評很明顯總體上是否定的調子。貝拉後來回憶說，丸山的書評雖然嚴厲，卻是他收到的所有書評中最好的一篇，後來兩人因此成為終生摯友。

貝拉是加州大學伯克利分校設立的丸山真男講座第一任演講者，他在2007年做的演講中把丸山與哈貝馬斯和查爾斯‧泰勒並列，討論他的三位同時代友人與現代性的關係，在演講中貝拉也引用了韋伯。筆者一直覺得貝拉寫的關於丸山的文章是所有丸山論裡最好

的。他與丸山都終生對韋伯保持敬意，從韋伯那裡學習了很多，這是他們最大的共同點。

2012年貝拉在耄耋之年又來日本訪問了一次，在東京大學做了關於丸山的演講，筆者也去聽過，聽他談丸山真是難得的機會，評論精準，不由得被兩位大學者的真摯友情深深打動。他當時說這大概是他最後一次訪日了，豈料一語成讖，回去後一年不到就去世了，令人感到那次日本之行彷彿是他向研究了一生的日本做了正式告別，也是向摯友做了最後的致意。

近半世紀來的一些新動向

二戰後德國在政治上的影響力雖然一落千丈，但是德國文化畢竟曾一度代表了人類的最先進水準，用精通韋伯思想的法國哲人阿隆的話來說，20世紀本來應該是德國的世紀。在日本，康德、歌德、黑格爾、韋伯、海德格爾和施米特等大師巨子依然擁有眾多讀者，研究他們的著作和論文均堪稱汗牛充棟。雖然思想界代有新人流行不斷，但韋伯至今依舊是日本學界關注的西方大思想家，對他的研究也不斷有新的創獲，有些韋伯研究的水準甚至達到國際水準，可以說除了德國以外，日本是世界上韋伯研究水準最高的國家之一。據舒文特克的統計，他所知道的日本學者寫的研究韋伯的著作和論文加起來有兩千多——他的書是1998年出的，如今數量當然更多了。[19]

---

19 最近以研究社會經濟學、社會哲學知名的北海道大學教授橋本努出了本《解讀韋伯的「新教倫理與資本主義精神」》（東京：講談社，2019），作者說日本雖然有很多韋伯學者，也有不少關於此書的研究，但其實至今為止沒有一本真正專門研究韋伯這本代表作的著

　　我們知道，進入上世紀70年代以後，在全世界範圍出現了韋伯研究的新一波復興，日本自然也非例外。有些日本學者更加重視韋伯的傳記性研究，其中特別值得一提的就是安藤英治。這位親炙過丸山教誨、被韋伯的人格深深吸引的韋伯專家說他熟讀韋伯夫人寫的傳記，但是有若干問題似乎沒說清楚，比如關於韋伯的精神病理的側面。韋伯晚年最大的學術興趣所在的宗教與他本人對「罪」的意識，特別是1918年以後的德國革命等問題，他覺得韋伯夫人有的沒提，有的寫了卻讓人感覺隔靴搔癢。安藤1969年去西德進修一年，決定利用那段時間採訪韋伯生前的好友學生來補充韋伯太太寫的傳記。他活動能力極強，竟然遍訪當時還健在的跟韋伯有過接觸的友人、學生，其中不僅有當時已近百歲的韋伯的紅顏知己艾爾塞·雅菲還有哲學家赫爾姆特·普賴斯納等人。回國後岩波書店出版了他的《韋伯紀行》。近年安藤的生前好友根據安藤留下的錄音帶做了補充，由日本當今研究韋伯的少壯學者今野元翻譯成日文出版，書名是《回想馬克斯·韋伯：同時代人的證詞》。[20]

　　筆者把此書大致看了一遍，採訪雅菲、普賴斯納等人的部分的確精彩紛呈。雅菲當時年事已高，一個人住在海德堡的養老院 Haus Philippus 裡。[21]她告訴安藤當年是如何認識韋伯、聽韋伯的課，韋伯又是如何指導她選課的。她說她剛開始在大學讀書時，韋伯讓她

(續)───────────────

　　　作。橋本在書裡對韋伯的見解提出了一些反駁，反映了日本韋伯研
　　　究的一點新動向。

20　《回想馬克斯·韋伯：同時代人的證詞》，安藤英治採訪，龜島庸
　　　一編，今野元譯（東京：岩波書店，2005）。

21　《韋伯紀行》裡面有安藤採訪時拍攝的雅菲的照片，安藤說95歲的
　　　雅菲很健康也很健談，依稀可見昔日的美貌，令他非常驚訝。見面
　　　後，他興奮地對雅菲說，跟您握手就如同跟韋伯握了手。參見《韋
　　　伯紀行》（東京：岩波書店，1972），頁149。

讀亞當‧斯密、李嘉圖和馬克思的《資本論》，並且從書齋裡拿出
三大冊他們的著作交給她，她還真的就在暑假裡讀完了。安藤聽到
這裡非常興奮，說自己猜測韋伯是熟讀《資本論》的，但能從雅菲
口中得到證實太開心了。雅菲說韋伯很受學生尊敬，韋伯的研討班
人數並不多，通常20名左右。韋伯對學生並非想像中的那麼嚴格，
而是非常尊重學生的主體性。她說韋伯的學生們主要是研究國民經
濟學的，就是最狹義的經濟學。他們要學習經濟發展的歷史，對政
治背景做很詳細的考察，特別是農業政策和經濟史，但沒太多理論。
雅菲很感慨地說，她常常想，如果韋伯聽當今的經濟學課，他肯定
完全不能理解。

　　安藤翻譯過《音樂社會學》，他問雅菲韋伯是何時開始寫這本
書的，也許他也知道韋伯原先並不是對音樂很有研究的。雅菲這時
說出了一位女鋼琴家的名字，就是米娜‧托普拉——韋伯的宗教社
會學論文集第二卷《印度教與佛教》就是獻給她的。她找出了托普
拉的照片，跟安藤一起邊看邊回憶當年的情境，說托普拉跟韋伯夫
婦去拜羅伊特參加了華格納音樂節，一起欣賞華格納的音樂，韋伯
從此對音樂產生了濃厚興趣。[22]雅菲還說韋伯對音樂的感覺很好，
散步時也會哼歌，哼得很好聽。雅菲還說韋伯正是在跟托普拉開始
交往後才開始從理論上研究音樂社會學的，但托普拉對音樂理論並
沒有特別的見解，主要是演奏給韋伯聽，深受韋伯喜愛。現在我們
通過最新的韋伯傳記知道，韋伯之所以研究音樂社會學，其原因就
是雅菲在採訪中說的這些事情。關於音樂，雅菲還告訴安藤韋伯很

---

22 說到韋伯跟音樂的關係，也許雅菲記憶有誤。安藤在《韋伯紀行》
　　裡說，根據傳記的記述，韋伯9歲就學彈鋼琴，20幾歲的韋伯常去
　　聽演奏會，喜歡貝多芬和勃拉姆斯的室內樂，作為音樂愛好者已經
　　登堂入室了，堪稱音樂通。參見該書頁154。

喜歡華格納的歌劇，她也跟韋伯夫婦一起去聽過韋伯很喜歡的《崔斯坦和伊索德》和《紐倫堡的名歌手》。雅菲很感傷地說，就在去世前一個月左右，她和韋伯夫婦在慕尼黑一起去看了瓦格納的《尼伯龍根的指環》裡的「女武神」，那是韋伯最後一次看歌劇。

訪談最後他們還談到了韋伯對罪的意識。我們知道韋伯跟他父親大吵後不久他父親去世，這件事對他衝擊很大。安藤說韋伯對宗教意識的理解在1897年以後的生病期間有很明顯的深化，問雅菲怎麼看。雅菲說她不否認那次家庭變故對韋伯的內心世界有影響，但是並不認為韋伯一生都背負著那樣的罪惡感，而是一點點解放了出來。

安藤說他是在德國友人的建議之下去訪問雅菲的，竟然能夠成功採訪到這位韋伯圈子裡尚在世的重要成員，令他驚喜萬分。雅菲還贈送給了一份剪報，那是韋伯學生卡普海爾（J. F. V. Kapherr）在韋伯葬禮上致的悼詞，為了紀念韋伯誕辰一百週年刊登在《弗萊堡大學報》上的。裡面有一張安藤從未看到過的韋伯的照片，攝於1901年。雅菲把剪報而不是拷貝贈送給了遠道而來的韋伯崇拜者，安藤說感受到了雅菲對韋伯的愛，這次訪談收穫實在不小。雅菲在那次採訪四年後去世，活了差不多整整一個世紀。

安藤在德國訪學期間還特地去了年輕的韋伯待過的斯特拉斯堡，在那裡採訪了阿隆的學生、法國著名韋伯學者朱利安·弗洛因特（Julien Freund）[23]。分別代表法國和日本的韋伯研究水準的兩位

---

23 ulien Freund（1921-1993），法國政治學家，阿隆的學生，他也接受過施米特的指導，是法國著名韋伯專家。安藤採訪他的詳細過程都記錄在《韋伯紀行》。Suhrkamp出版的厚厚一大本討論韋伯的學術理論的 *Max Webers Wissenschaftslehre: Interpretation und Kritik*（Herausgegeben von Gerhard Wagner und Heinz Zipprian,1994）就是

學者相見歡自不待言，除了討論關於「價值中立」等韋伯的思想外，對安藤來說很意外地知道了韋伯和卡爾‧施米特的關係。弗洛因特說他自己讀了施米特談政治的著作後很受啟發，就給施米特寫了封信，然後去施米特隱居的家鄉見到了他。弗洛因特熱情地勸安藤去見施米特，說如果施米特知道是日本來的韋伯專家肯定願意見你，於是安藤請弗洛因特告訴他施米特的地址。正是在拜訪弗洛因特的時候安藤才知道施米特的名作《政治的概念》最早是在韋伯的研討課上發表的，他說他做夢都沒有想到施米特參加過韋伯的研討課，對兩個人的關係並不清楚，只記得1964年在海德堡召開德國社會學大會時哈貝馬斯說過施米特是韋伯的「正統弟子」，後來文章出版時改為「與其說是正統弟子，不如說是私生子」。安藤當初以為只是一個比喻而已，沒想到施米特真的親炙過韋伯的教誨。安藤說採訪過的韋伯學生都說不認識施米特，但他親耳聽弗洛因特說了這些事情，相信應該是真的，所以很期待去拜訪施米特。遺憾的是由於旅行過度勞累，他發了高燒，計畫完全被打亂，沒能去拜訪施米特和雅斯貝爾斯的遺孀。不過他後來給施米特寄去了《韋伯紀行》，施米特很快就回了信。這封信現在重新翻譯後收入《回想馬克斯‧韋伯》裡，很值得一讀，對我們理解韋伯思想的價值很有參考價值，筆者就不揣淺陋，根據德文原文試譯如下：

　　尊敬的安藤英治教授：

　　　您8月30號寄出的親切感人的信我收到了。我由衷地感到高興，對您深表感激。

　　　感謝您惠寄關於韋伯的出色著作和您於1972年7月27日親

(續)─────────────────────

　　獻給他的。

筆寫的獻辭，我慶幸終於有機會向您表示發自內心的謝意。看到書裡包括朱利安·弗洛因特教授的照片在內的那些漂亮照片，勾起了我很多回憶，不用說尤其是關於馬克斯·韋伯本人的。1919和1920年，在那個動盪而艱難的時期，我在慕尼黑參加了韋伯為教師開的研討班。歲月荏苒，一眨眼我已經85了，今後也無法有什麼大的計劃了。

在今天的德國，好些研究者認為馬克斯·韋伯已經落後於時代了，而我確信他的若干最重要的洞見依然沒有被人們認識到，他的關於權威正統性的學說也是如此（Das gilt auch für seine Lehre von der charismatischen Legitimität）。我在1970年出版的《政治神學續篇》裡重新提到了這個問題。請允許我讓Duncker & Humblot出版社給您寄上一本。如果您對「政治神學」這個問題不感興趣，就請將其視為我對您惠寄關於馬克斯·韋伯一書的感謝。我的《政治神學續篇》和您的工作就是馬克斯·韋伯從未減弱的現實性與有效性的證明（比如頁51/52、頁78、頁112/13）。

我告訴您我已經85歲了，我不知道在我這樣的衰年是否還能有機會跟您見面。不管怎麼說，跟您談馬克斯·韋伯會是我晚年的一件幸事。只要我的體力允許，我隨時聽從您的吩咐。

您的誠懇而忠實的
卡爾·施米特
1972年9月12日
於普勒藤柏格地區D597[24]

---

24 參見《回想馬克斯·韋伯》，頁181-182。

　　施米特相信他老師還有若干最重要的洞見尚未被認識到，這由他這位韋伯的「正統弟子」說出來的確很有意思，相信會令所有對韋伯學說感興趣的人深思。在筆者看來這封信堪稱安藤的《韋伯紀行》的最重要成果之一了。[25]

　　安藤那一年採訪的人中還有跟洛維特、施米特等人一起聽過韋伯晚年著名演講的普賴斯納。這位後來以哲學人類學等研究著稱於世的哲學家和夫人一起跟安藤聊了很長時間，內容非常豐富，學術價值很高。比如裡面談到韋伯跟李凱爾特在哲學上立場非常接近，治學的方法上重視文獻的研讀，跟前輩哲人狄爾泰有共通之處。談到韋伯和好友特洛爾奇的部分也是很珍貴的證言，講到了兩代大師為何從好到一度同住在一座房子到分道揚鑣的原因，既有政治上的因素，也有學術上的分歧等。安藤很關心韋伯對當年在慕尼黑發生的「議會共和」革命的看法。普賴斯納說他跟韋伯老師最後一次在大學裡談話是在1919年，那次韋伯講話時也是充滿熱情，說從俄國來的那些人都在他家喝過茶，在革命中很活躍的那些人他都認識，但是對他們的革命斷然反對，對俄國則主張還是要保持友好關係。

25　安藤在1979年跟他視為老師的丸山真男有過一次關於韋伯的對談，這篇題為〈韋伯研究的黎明〉的對談收入安藤為講談社「人類知識遺產」叢書寫的《馬克斯·韋伯》裡。從年輕時就熟讀韋伯和施米特的丸山在訪談裡提到了韋伯跟施米特的異同，說就算韋伯跟施米特有很多共同點，但兩者之間有無法彌合的斷裂。在他看來，韋伯儘管強調國家權力的重要性，但是始終沒有忘記對權力的監督，重視基本人權，不會一邊倒擁護權力集中、贊成行政權的優先，而施米特則是擁護全能國家，跟韋伯所欣賞的中間團體的抵抗權是冰炭不相容的關係。丸山在對談裡還說施米特已經九十多了，但腦子依舊很好使，他有機會也想見見他，跟他聊聊，期待安藤的採訪能夠實現。很遺憾，最終還是因為種種原因未能成行。參見《丸山真男座談8》（東京：岩波書店、1998，頁192-201。

普賴斯納說韋伯作為自由主義者當然反對沙皇主義，但是考慮到俄國的強大，即便無法互信，但還是應該保持接觸，在這點上跟俾士麥很像。至於韋伯的精神狀態，普賴斯納提到他聽韋伯的那兩個著名演講時，感覺韋伯老師心理上似乎偶爾有點容易發作的傾向。他還說老師本來就是很容易就發脾氣、跟人吵架的。這篇訪談除了學術也有八卦，限於篇幅，在此就不一一詳細介紹了。[26]

　　《回想馬克斯・韋伯》裡還有韋伯談中國的內容，是罕見的韋伯直接評論中國政治的資料，非常值得在這裡稍稍提及。這份資料是一篇對日本前外交官、政治家龜井貫一郎（1892-1987）的採訪。1974年著名綜合雜誌《中央公論》第五期上刊登了一篇評論家草柳大藏和龜井的對談，龜井說在1919年5月巴黎和會期間見過韋伯。安藤知道此事後大吃一驚，於是當年8月安藤就和另一位著名韋伯專家、時任立教大學教授的住谷一彥[27]一起去採訪。在採訪中他們談到了資本主義精神的問題，出乎筆者意料的是也談到了中國的五四運動和中國革命，因為安藤這位對左翼很有好感的韋伯專家很想了解當年韋伯是否知道這些動向，他想知道寫過《儒教與道教》的韋伯是否知道中國發生的這些事情，有過什麼看法。龜井當時是作為日本政府代表團的一員參加巴黎和會的，在此之前在中國做過外交官。安藤想巴黎和約的一個重要內容就是日本對華二十一條，韋伯作為德國政府代表團的一員，大概跟中國政府代表團也有過直接接觸，因為德國和中國都因巴黎和約而受到不公平的對待，肯定對中國有共感，會注視中國的動向。龜井說印象中韋伯沒有提到過五四

---

26 在 Rene König 和 Johannes Winckelmann 編的 *Max Weber zum Gedächtnis* 裡也收入了普賴斯納回憶韋伯的文章。

27 住谷一彥（1925- ），也是一位著名韋伯專家，他是舒文特克在日本留學期間的指導教授。

運動，但是記得自己對韋伯說孫中山的國民革命成功意味著在中國民主革命成功了時，韋伯說從中國面臨的局勢來說那樣的判斷太樂觀了。另外，韋伯還提到中國思想如果沒有改變就不能具有世界性，應該從世界上的哲學中吸收新知，重建新的哲學體系。換而言之，韋伯指出了變革中國傳統思想的重要性和革新的可能性。[28]筆者看到安藤留下的這段記錄時，一陣驚喜，不禁再次讚嘆韋伯的洞察力，不管是對中國的政治，還是對中國的學術，他做出的這些判斷至今對我們仍有啟迪吧。

翻譯這本書的今野元說，安藤的這本採訪錄的相關內容進入21世紀後被《韋伯全集》採用了，安藤若地下有知，肯定會欣慰不已的。他原本就是為了補充韋伯夫人那本傳記的不足，可以說他的目的近乎完美實現，為他熱愛的韋伯研究做出了很有意義的貢獻。

舒文特克在書裡還提到了80年代以後日本的一些韋伯研究的新動向，比如韋伯跟尼采的關係等等。尼采的著作被介紹到日本來的時間比韋伯的還早，在1900年左右就有很多翻譯了。舒文特克說他感到不可思議的是為何日本學界對韋伯與尼采關係的關注來得這麼晚。他分析說可能是因為在日本關注韋伯的大多是經濟學家和社會學家，哲學家最多從新康德派的角度關注韋伯而已，從而忽視了「兇猛的尼采」對韋伯的影響。[29]在這位德國著名韋伯專家看來，取代

---

28 《回想馬克斯·韋伯》，頁166-167。參見安藤英治著《馬克斯·韋伯》（講談社學術文庫，2003），頁431-433。這本文庫本就是根據「人類知識遺產」叢書裡的那本安藤寫的《馬克斯·韋伯》重新編輯出版的。

29 順便說一句，哲學家似乎多有輕視韋伯的傾向，比如提倡多元論的伯林，儘管他的多元論跟韋伯有類似之處，但他說過自己不喜歡社會學，沒怎麼讀過韋伯（參見伯林跟Steven Lukes的長篇對談）。另一位曾經喜歡過韋伯，後來轉而被海德格爾吸引的列奧·施特勞

原先的進步樂觀主義所支配的韋伯解釋，從尼采的角度重新思考，
是上個世紀90年代日本韋伯研究的一個轉折點。其結果就是韋伯不
是像二戰剛結束時那樣僅僅被視為現代性的引導者，同時也被視為
現代性的批評者。

　　進入21世紀以後，日本的韋伯研究當然也進入了新的階段。筆
者在此就藉助於先前提到的當今兩位有代表性的日本韋伯專家的著
作來概述一下。野口是在波恩大學完成學業的，他在回國後出版了
《鬥爭與文化：馬克斯・韋伯的文化社會學與政治理論》（美篶書
房，2006），頗受好評，被譽為近來日本研究韋伯的一部力作。他
最近還重新翻譯了韋伯的《作為志業的學術》和《作為志業的政治》，
為讀者提供了更好的文本。他寫的韋伯小傳《馬克斯・韋伯：與現
代性搏鬥的思想家》是很見功力的一本書。[30]野口在書裡談到了大
塚久雄的韋伯研究，在他看來大塚雖然在歐洲以外的世界對韋伯研
究做出了很大貢獻，堪稱金字塔般的業績，但是大塚刻畫的近代歐
洲過於理想化了。問題就出在他過於重視韋伯的《新教倫理與資本
主義精神》，從而對歐洲現代性的理解出現了偏差。據說有一次發
生了金融醜聞之後，一位日本銀行家想通過重讀韋伯的這本代表作
來重新思考經濟倫理，舒文特克說這種讀法在西方的讀者看來是很
奇怪的，因為這種讀法不是韋伯的，而是大塚的。所以在野口這樣

（續）──────────
　　　斯也有這個傾向。他還對韋伯提出嚴屬批評。在筆者看來，似乎還
　　　是韋伯的「正統傳人」施米特在這個問題上看得很清楚，跟韋伯在
　　　法國的傳人雷蒙・阿隆一樣，都能夠看出韋伯的重要性。
30　比如在談到韋伯說的複數個「合理性」概念時，野口就提到伯林的
　　　價值多元論，認為他們都是認為各種價值無法調和，經常處於對立
　　　關係。韋伯和伯林都無意建立體系，而是指出無法還原到體系的多
　　　樣性和矛盾，同時保持崗位的思想家。順便介紹一下，這本韋伯小
　　　傳三個月裡就四刷。

的新一代韋伯專家看來，20世紀日本以大塚久雄為中心展開的韋伯研究，雖然非常認真地閱讀了韋伯的文本，但是其結果卻是一種相當獨特的韋伯敘事。

　　野口說也許日本的韋伯研究是韋伯的文本在翻譯中丟失了（Lost in Translation）的過程，不過通過反覆閱讀韋伯的著作，批判性思考日本社會的問題，這本身還是有很大意義的。但新一代學者不會把韋伯所理解的歐洲現代性視為唯一的答案，他們會揚棄大塚式韋伯研究，但同時也不會像某些後現代主義者那樣輕易否定「歐洲現代性」，而是認為依舊需要通過那樣跟他者的比較來反思自己的問題。在這本介紹韋伯的新書末尾，野口這樣總結到：「日本閱讀韋伯的連續性作業，伴隨著廣義的『開國』經驗。開國的必要促使大家閱讀韋伯的著作，而閱讀韋伯的著作又反過來讓日本人反思自己。儘管有追問『何為普遍性』的爭論，但的確存在追問『普遍性』的未完的嘗試。」。[31]野口最後還套用一句大塚式說法，說現在正在逐步失去的與其說是「現代性價值」本身，還不如說是支撐那些價值的精神（ethos）。換而言之，野口想批評的，應該是當今日本缺少二戰後那種要用韋伯的思想學說，來改變日本前現代性的卓絕努力所體現的精神吧。

　　另一位當今研究韋伯的名家今野元，負笈德國時曾在柏林大學深造，有《馬克斯・韋伯：一個西歐派德國民族主義者的生涯》（東京大學出版會，2007）等著作。今野元在韋伯逝世一百週年出版的《馬克斯・韋伯：主體性人的悲喜劇》從跟野口不一樣的角度來寫的，各有精彩。在他看來，所有的思想都是要回答時代問題的「對機說法」，而如今的韋伯研究需要有「傳記論轉換」，就是通過傳

31　野口雅宏，《馬克斯・韋伯與現代性搏鬥的思想家》，頁249。

記來研究韋伯的思想學術,所以他強調思想研究與歷史研究要結合
在一起。

今野說傳記性研究中,他得到的結論就是追求人的主體
性——Souveränität-是貫穿韋伯一生的主題。這個詞在先前提到的
雅菲的話裡就出現過。在慕尼黑大學參加過韋伯研討課的學生
Wilhelm Stichweh在接受安藤的採訪時也用過這個詞,而這個詞正是
日本戰後民主主義最重要的理論家丸山真男等人愛用的一個詞,把
這個詞引入韋伯研究的正是本文多次提到的安藤,今野可以說就是
繼承了安藤的研究手法,並發揚光大的新一代韋伯專家。他把自己
的這本書稱為「批判現代性的韋伯研究的歷史學批判」。他說這半
個世紀裡把韋伯視為洞察了現代社會問題的求道者的人不少,可別
忘了韋伯本人正是德意志民族國家的熱烈支持者,對德國的命運憂
心忡忡,對環伺德國的列強嗤之以鼻。今野說如果不理解這些也就
無法真正理解韋伯。在他看來,如果忽視韋伯在波蘭問題、天主教
問題、黑人問題和婦女問題上的兩重性態度,只是謳歌「現代性批
判者」韋伯,那樣的研究是沒有說服力的。他把日本從現代性角度
研究韋伯的研究者分為三代,第一代是以丸山和大塚為代表,第二
代是以安藤等人為代表,而他自己則是屬於第三代。他認為前面兩
個世代對韋伯的解釋都有理念先行的問題,而如今隨著最具權威的
《韋伯全集》的刊行,史料日益豐富,為刷新韋伯形象提供了有利
的條件。最後他還呼籲其他社會、人文研究者也來參加韋伯研究,
不要把民族主義視為知性的缺陷,而是要正面面對韋伯這位知識巨
人。

我們今天如何讀韋伯?

　　筆者通過上述日本出版的研究韋伯的著作,概觀了一下這一個世紀左右的日本韋伯研究,越發覺得這樣多層次多角度全方位閱讀韋伯的接受史,在世界範圍內也是非常罕見的。正如野口所言,這是一個伴隨著日本開國的韋伯接受史。換而言之,是隨著明治維新的成功而開始的一場韋伯閱讀史。其間經過二戰,戰後韋伯的研究一再深化,韋伯一度成為日本戰後啟蒙的重要思想資源,韋伯的形象也日益豐滿。如此伴隨一個國家發展的韋伯接受史著實不多見,也許堪稱獨一處吧。

　　從中文學術界的角度來看,日本的韋伯接受史是很好的一面鏡子,既可以幫助我們增進對韋伯的理解,也可以通過這個接受史加深對日本現代文化的理解——因為韋伯已經深入日本文化,韋伯的一些術語概念早就成為現代日本文化的一部分了。在日本馬克思跟韋伯的關係也是一個很值得探究的話題,如何從馬克思主義一度獨步天下到戰後逐步被韋伯取而代之,這不僅僅是一個學界思想界的話題,更是一個關係現代化道路選擇的問題。

　　筆者為了寫這篇文章,近幾個月一直在閱讀韋伯的著作,重讀了韋伯那兩篇著名的演講,驚訝地發現幾乎一點都不過時,重讀都覺得興奮、激動,受到鼓勵,頗能理解為何洛維特在自傳裡說聽了韋伯的演講印象深刻,獲益匪淺。[32]韋伯一百多年前談學術談政治,

---

32　韋伯的這兩篇演講除了有了新的日譯本,紐約書評也出了新的英譯本 *Charisma and Disenchantment: The Vocation Lectures*(New York Review Books Classics, 2020)。裡面有豐富的註釋和出色的解說,也有助於我們加深對韋伯思想的理解。

為何今天我們重讀都能感到還能受益受教呢？新版《韋伯全集》的編輯說得好，韋伯的這兩篇演講都是回答了現代文化的中心問題，所以裡面的很多觀點至今可以成為指針。[33]談學術的那篇固然有E. R. 庫爾提烏斯所批評的過於以科學為標準的問題，但是總體來說放在今天依舊對所有做學問、關心文化的人們極富有啟示，並沒有因為所謂後現代的來臨而過時。貝拉在比較丸山和哈貝馬斯與泰勒時就講到，我們還處於現代性之中，既然如此，韋伯的診斷自然也就沒有過時。韋伯對解決政治問題所作的在堅硬的木板上用力慢慢鑽洞的那個比喻，尤其值得我們今天在思考政治問題時銘記在心。如果沒有那樣的毅力和耐心，很容易變成施米特批評過的政治浪漫派——當然，施米特自己後來也做過政治浪漫派，跟海德格爾一樣。[34]

　　筆者近來看到當今英美政治哲學名家查爾斯‧拉摩爾的《什麼是政治哲學？》[35]一書裡面有多處提到韋伯，視他為政治現實主義的重要代表。走筆至此，筆者想起私淑韋伯、堪稱韋伯20世紀最佳知音的阿隆在訪談錄《介入的旁觀者》裡的一段話。他說他去德國

---

33 Max Weber, *Wissenschaft als Beruf 1917/1919, Politik als Beruf1919, Studienausgabe der Max Weber-Gesamtausgabe Band I/17*, Herausgegeben von Wolfgan J. Mommsen und Wolfgang Schluchter in Zusammenarbeit mit Birgitt Morgenbrod. J. C. B.Mohr （Paul Siebeck,1994）s. 91.

34 寫過海德格爾和歌德等德國文化大師、思想巨子的優秀傳記的薩福蘭斯基，在討論浪漫主義的精彩著作*Romantik: Eine deutsche Affäre*（Fischer, 2009）裡就把效忠於納粹那段時期的海德格爾和施米特視為政治浪漫派。

35 Charles Larmore, *What is Political Philosophy?* （Princeton University Press, 2020）.

留學時，學習了很多德國名家的思想，如胡塞爾和海德格爾，但是唯有韋伯才是他真正尋找的那個人，因為在韋伯那裡他看到了一個人同時具有歷史的經驗，對政治的理解，對真理的渴望和能夠為行動而做出決斷的能力。阿隆還說，一方面下決心去看，去掌握真理和現實，而另一方去行動，這兩種律令是他一生決定去服從的，而韋伯正是那樣的典範。[36]如今雖然已是21世紀了，筆者認為阿隆的這番話跟韋伯的那兩篇演講一樣，仍舊沒有過時，還是可以給我們很多寶貴的啟發，不管是思考政治，還是從事學術文化的創造。

　　雅菲贈送給安藤英治的那份由韋伯學生 Kapherr 致的悼詞也收在《回想馬克斯・韋伯》裡，一個世紀後讀來依舊令人感動。韋伯夫人在《馬克斯・韋伯傳》稱 Kapherr 是韋伯最成熟的、也是品格最高尚的弟子之一。[37]他在悼詞裡說：「他信奉的是人要對自己忠實，那才是人，他把這個教給了我們。那是奉獻自己的熱情。他說那就是要好好履行日常的義務。他說要嚴格要自律。他還說人必須

36　Raymond Aron, *Le Spectateur engagé*（Éditions de Fallois, 2004），p. 48.阿隆為韋伯的那兩篇著名演講法譯本*Le savant et le politique*（Plon, 1959）寫的序言是對韋伯一生學思的最好解說，尤其他針對列奧・施特勞斯在*Natural Right and History*裡對韋伯的批評進行的反批評非常銳利，在釐清韋伯是否相對主義、虛無主義問題上是必讀文獻。這篇解說也有英譯文，參看"Max Weber and Modern Social Science,"收入 Franciszek Draus 編的 *History, Truth, Liberty: Selected Writings of Raymond Aron*（The University of Chicago Press,1985），pp. 335-373.洛維特也在"Max Webers Stellung zur Wissenschaft"一文中推薦阿隆的這篇文章，認為是對施特勞斯的韋伯批評的極佳反駁。洛維特的此文有中文節譯，收入李猛編的《科學作為天職——韋伯與我們時代的命運》（北京：生活・讀書・新知三聯書店，2018），頁114-135。

37　Marianne Weber, Lebensbild, S.674f.

在堅硬的木板上鑽洞。他還向我們顯示了什麼是品位，而且告訴我們，要學會沉默。」[38]相信在這個不確定的時代，這些話依然有打動人心的力量。

　　王前，早稻田大學兼任講師。著有《中国が読んだ現代思想》（《中國與現代西方思想》），合著《近代日本政治思想史》、《現代中國與市民社會》，代表論文〈「尊敬すべき敵」と味方：20世紀思想史におけるバーリン，シュミットと丸山眞男〉（「值得尊敬的敵人」與友軍：二十世紀思想史上的伯林、施米特與丸山真男）、《思想》（岩波書店）2021年6月號「以撒亞・伯林專輯」。主要研究領域為政治哲學與思想史。

38　《回想馬克斯・韋伯》，頁175-176。

思想訪談

邵懿德先生

華語流行音樂／產業在中國四十年：

邵懿德先生訪談錄*

黃文倩、溫伯學

　　邵懿德，曾在台灣、香港、中國大陸等多地擔任華語流行音樂的幕後操盤手多年，先後擔任過新聞集團〔V〕音樂台大中華地區總監、EMI百代唱片中國區總經理與竹書文化董事總經理、滾石移動美妙音樂執行長、北京電通廣告首席藝術顧問等職務，深諳音樂產業的結構與趨勢，旅外二十餘年現返台為文化藝術工作者。

一、前言：一粒砂、一個人、一世界

　　邵懿德（以下簡稱邵）：「華語流行音樂產業在中國四十年」，是一個很大的題目，音樂也只是流行文化的一部分而已，如果充分展開，還涉及政治轉型、社會變遷、經濟條件，包括台灣40年大環境的變動，以及與世界的聯結。是這樣的環境造就了我這一代人，

---

　　*　本文以邵懿德先生2022年6月18日在龍應台基金會主辦的「中國，細微觀察」演講系列中所講〈唱歌不簡單：流行音樂產業的四十年河東河西〉的演講稿為基礎，再由黃文倩、溫伯學進一步訪問、整理、改稿，並經邵懿德先生修正定稿。

這一代人喜歡什麼音樂？唱什麼歌？這些又代表什麼意義？

我本人是1997年開始定居工作在北京，前後超過20年在北京生活，也叫「京漂」。北京是中國的政治中心，也是文化的首都，特色就是五湖四海人口混雜，真正的北京人其實並不多。外地人落腳在北京生活不容易，但大家還是混在北京，因為這裡有家鄉不會有的機會，是全中國的縮影。

黃文倩（以下簡稱黃）：您當初是在怎麼樣的機緣與時勢下，赴中國大陸工作／生活？同時具體來說，您主要的工作包括那些內容？

邵：1990年我退伍，之後第一份工作是到台視的外製單位《八千里路雲和月》，那時就有機會到大陸出差。我曾經陪著張大春和詩人林耀德兩人，一個拍東北線、一個拍江南，走當年乾隆走過的路線。我們去把那些事情拍下來，張大春當主持人，介紹當地的現況跟過去的歷史，那是1992年。我去過大陸的很多城市，所以對那裡有一定的理解。

那時候北京的條件還不太好，很多人在公園裡賣茶為生，一小罐茶一毛錢。我去南京的時候，南京是個大火爐，晚上睡覺都要把床搬到街上來睡。當時許多家庭還要用外匯券，連三大件（電視、電冰箱、洗衣機）都沒有，都要靠海外的親戚送。兩岸隔絕了一段時間，開放以後，我們正好有機會看到現在的中國和過去我們想像的有什麼不同。

1993年我到TVBS工作，那還是有線台的年代。開放有線台後我做的第一個節目是《2100全民開講》，第一通call in電話就是我接的；除了這檔晚間9點到10點的政論節目，10點到11點還有一個叫《超級頻道》的綜藝節目，有《苦苓晚點名》、白冰冰的《接觸第六感》、曹啟泰的《男人放輕鬆》、黃薇的時尚節目，還有張小燕的talk show，

我就負責這兩個帶狀節目。

我在TVBS主要就是負責整個製作（production）和節目的企畫、審定，底下有蠻多人的，會和他們配合，決定每次訪談的對象。還負責執行與聯合報共同合作的「台北市長選舉辯論會」，是陳水扁、趙少康和黃大洲市長。在TVBS只待了差不多一年，1994年就被挖角到香港的Channel V，它是Star TV旗下的。Rupert Murdoch在1993年併購了李澤楷做的香港衛星電視（Star TV），希望藉此透過香港進入中國，成為第一個在中國的外商媒體，發展相關業務。

定居在北京也是因為Channel V派我去開展業務。我從一個人開始，後來有4、50個人的規模。那時中國的國務院新聞辦公室，只准許外資媒體在中國設立代表處，意思是不能有實質的盈利工作，所以我們是偷偷地做，其實是有被關的風險。但當時開展最好的兩個頻道，除了Channel V，還有ESPN體育頻道，在中國的覆蓋率和收視率都是最好的。

黃：您定居北京是1997年，從90年代到新世紀2010年代，中國的轉變應該是很大的，兩岸三地的市場也改變了，不同歷史階段的差異性，落實到個人而言，您感受到工作與生活上那些關鍵變化？

邵：1997年香港回歸，同時奧運也申辦成功，中國的國族主義的情緒特別高漲。我認為從1997年到2008年，是中國無論在媒體或者生活上都相對比較開放、自由的時期，尤其是當時的半自主性的媒體很厲害，雖然都還是經過審批的官媒，但像是《南方周末》、《新周刊》、《三聯生活周刊》和後來的《財新周刊》等等，報導的面向都非常廣，甚至可以透露一些過去不敢想像的內幕消息，整個社會氣氛是比較寬鬆和自由的。

1997到2008年這段期間，中國經濟發展狀況滿好的，物價又保持很低的水平，各種建設不斷地開展。以前外國人在中國只能買外

銷房,到2000年左右才取消外銷房的限制,開放港、澳、台人士和
外國人在中國買房,帶動起房地產經濟。那十年都是靠房地產在驅
動整個經濟,同時文化層面上也熱絡地交流、發展,各領域都出現
很多代表性人物。

2002年以後我就離開電視圈了,轉到唱片公司工作。2003年先
是到EMI百代唱片,後來改名叫金牌大風,它收購了EMI。我先去
上海待了大半年,後來又被叫回北京的辦公室,就又搬回北京。

2003年到2017年我都在做唱片公司,做音樂方面的工作,等於
是從甲方跑到乙方;媒體甲方,唱片公司乙方是要來求媒體的,想
要得什麼獎,都是要媒體安排、擺平的,所以有人說得獎是「分豬
肉」(比喻頒獎禮「每個人都有」的情況)。但唱片公司業內還是
會有公認的好作品,比如王菲、張學友的專輯,評價好是肯定的,
還是有個公認標準,所以藝人會不會拿到獎,競爭還是蠻激烈的。
比如BMG(屬索尼唱片)一定會要給劉德華,但環球唱片一定想給
張學友,那要怎麼擺平?而且要讓他們同時出席,就要去協調,這
是在甲方做媒體的狀況,但到唱片公司之後就變成我要去求媒體
了,要去幫藝人爭取,整個角色就轉換過來。剛開始我蠻不適應的,
一段時間後才明白唱片公司的運轉是怎麼回事。

二、以搖滾為起點:90年代的「非常中國」

黃:90年代製作的節目中,您認為有哪些曾經在中國很有影響
力?

邵:從1997年到2002年,我們每年都會舉辦「華語歌曲榜中榜
Top 20」的頒獎典禮。每年選出20首最好華語歌曲,再選出最佳男、
女歌手、最佳新人、最佳搖滾樂隊等。

　　我們先在台灣辦了兩屆，1997年開始嘗試在大陸辦，這類大型頒獎活動很難拿到批文，要和官方打很多交道。1997年我以慶祝香港回歸為名義，先辦了《非常中國》的慶祝晚會，找來當時北京最厲害的歌手參加演出，在一家四星級飯店的Disco House，是日本當紅製作人小室哲哉投資的空間，還滿不錯的，當時贊助商是百事可樂。

　　成功落地之後，在上海申請成功，1998年就把這套節目擴大。後來每一年都會找一個合作單位，我們找來中央電視台的第四台（國際頻道）合作，由我們兩家同時掛名牽頭。當時郎昆是第四台的主任，我們這邊則有台長吳雅珊和他對接。

　　得獎名單會是共同決定的，需要雙方承認，官方會先訂定，最佳民歌手當然是頒給宋祖英。彭麗媛當時已經非常低調，她比較活躍的時期是在80年代的春晚，她連續參加過四、五屆，可見她當時的江湖地位。但後來彭麗媛嫁給習近平後轉趨低調，宋祖英就成為民歌界的代表人物，很少人能超越她，大家也不敢把獎頒給別人。

　　1994年到Channel V，第一個製作的節目《非常中國》是跟音樂相關的節目，另一個是和電影有關的節目。製作《非常中國》期間，我每個月至少要飛到北京一個禮拜左右，每次去要採集8至9集的節目素材，帶回香港進行製播。為了應付大量的內容，我會事前聯繫好當地可以配合的製作單位，提供他們採訪名單。這個節目主要是以報導音樂人為主，一開始我就鎖定上不了中央電視台、主流不會報導的音樂人，這些反而都是當時外界最好奇的，因為我們沒有這樣的藝人。他們有一種北方漢子的形象，包括何勇、張楚、竇唯、崔健、唐朝樂隊、黑豹樂隊等搖滾音樂。

　　黃：大陸當時的媒體多元性還不大，您覺得這個節目對大陸的影響是什麼？

　　邵：當時幾乎沒有這種類型的音樂節目，央視會播出的比較像是歌唱節目或者綜藝節目的形式。《非常中國》都是外景拍攝，前期都在做搖滾樂，但是兩年過後，也幾乎都報導過了，連新疆歌王、灰狼樂隊的主唱艾斯卡爾都拍過，當時還安排他到北京的新疆街接受訪問。我特別喜歡去上海拍外景，去到巷弄裡，旁邊都會有居委會的告示，上面都是一些奇怪的標語，我就安排音樂人站在標語前面跟主持人互動，《非常中國》的表現形式比較活潑，內地節目就比較呆板一點。

　　黃：那時候要考慮收視率嗎？因為您提到Star TV只在三星級以上的賓館才看得到。？

　　邵：也有。但當時頻道還不普遍，他們不重視收視率，因為國營單位主要是必須符合政府管制和領導的要求，也沒有出現各台競爭的格局。當時還是有線電視台，後來是因為電視台改制，已經沒有有線電視台了，都被地方的省市台併成為地方台了，當然最高的還是央視。我們當初還是從有線電視的渠道讓一般老百姓看到節目。

　　後來大概地下音樂人報導差不多了，我就做偏流行的歌手，像是紅極一時的毛阿敏、韋唯、艾敬、屠紅剛、謝曉東等人，還有歌手出新專輯的時候我們也會去報導，所以我們每年都有題材可以做，報導的範圍和對象也擴大越來越多。

　　黃：1990年代中期，唐朝樂隊都還不能上中央電視台？

　　邵：完全不行。1993年，魔岩唱片已經去到北京了，張培仁（Landy）和賈敏恕開始在「百花錄音棚」協助製作、錄音，把竇唯、張楚、何勇和唐朝樂隊等，幾張經典專輯做出來，稱作「中國火」系列。

　　黃：當年連中央電視台都不知道這些人，您怎麼有管道知道這些非主流音樂人的重要性？

　　邵：之前就會有一些資訊。如果是了解音樂的人，就會知道北京有哪一撥人在玩搖滾，都是通過一些地下管道得知的。香港的音樂雜誌《MCB音樂殖民地》，雖然主要以介紹西洋搖滾樂、另類音樂和電子樂為主，但也會介紹相關的資訊，當時大家已經注意到中國有一批人在玩這種類型的音樂。

　　其次我認識了北京早期的歌手也是音樂製作人王迪，他和崔健、劉元都是一起長大的朋友，對北京圈內玩音樂的人如數家珍，透過他的人脈才結識這些朋友。

　　和我對接的在地製作團隊也會提供消息，我就根據這些資料去採訪。工作內容就是安排拍攝、訪問，再穿插他們的表演。《非常中國》分作三個part，每一集節目有半小時左右的時間，會要介紹三個樂隊，扣掉中間安插的廣告，每個樂隊大概有八分鐘。

　　黃：當時做這些音樂節目，大陸會審查嗎？會經過審批才能播嗎？

　　邵：我們沒有給他們審查，就偷偷帶錄影帶進去拍攝，拍完再把帶子帶走。

　　黃：所以一開始不是在大陸播映的，是拿到香港才播？

　　邵：剛開始沒有在大陸播出，因為我們是透過衛星播送，早期在中國要用到大耳朵（衛星天線）才能看得到衛星電視台。而且Star TV也只有在三星級以上的賓館、酒店才看得到，所以它並不能算是真正的落地。

　　後來我們和北京的有線台合作發行，簽談一個全國有線聯播網，希望盡量多找一些願意和我們合作的有線台，大概有15到20個，每年我們會給他們一筆費用，讓他們在節目中插入廣告免費播出。這就是第二階段，我們的節目可以在有線台被看到了，除了《非常中國》還有另外一個以流行歌曲為主的《華語歌曲榜中榜》。

　　這個階段節目就需要被審查了。我們放了很多港、台歌曲，音樂錄影帶中絕對不能出現中華民國的意象，包括國旗、國歌、軍人、軍服等，暴力、血腥、色情也不行，北京有線電視台的節目部主任會負責審播。那時和我們競爭的頻道是MTV，他們也和我們一樣，透過有線電視台發行節目，像是《天籟村》等。

　　黃：你們算是台灣最早到大陸製作音樂電視節目的單位嗎？

　　邵：我當然是第一個，另還有一個朋友阿舌（Author，現為Legacy Taipei總經理），他是在台灣拍以另類搖滾為主題的節目，叫《U ROCK》。我們一開始也是從另類搖滾切入，因為覺得這會最吸引人，他們的生活態度很不一樣。

　　我在文化圈的前輩陳冠中那幾年也在北京做「大地唱片」，他就形容這一批聚集在北京的人像是波西米亞主義者*。正是因為有這一群不打領帶的「閒人」，北京才顯得好玩，五湖四海的人都在這裡。你也可以將這群無所事事地擠在北京的人視為一種「文化盲流」，我們當時就在觀察這個階層。他們其實是蠻底層的，平常也沒什麼收入，靠偶爾才有的一兩場演出過活。我也不知道他們是怎麼撐過來的，可能也有別的兼職；每次採訪去到的地方，都是胡同裡很破舊的房子，有的在地下室，只有一盞燈，他們就在裡面排練，那時他們很喜歡玩重金屬、另類音樂，也有搞行為藝術的，我覺得那個時代的氛圍蠻有趣的。

　　黃：您覺得這樣的節目有沒有影響到大陸年輕一代的作家、藝術家？台北《人間》雜誌出版過一本書，討論搖滾樂對大陸年輕一代的影響（王翔，《臨界點：中國「民謠—搖滾」中的「青年主體」》），

---

　　*　參見陳冠中著，〈移動的邊界：有關三個城市及一些閱讀〉，《波希米亞北京》，頁107。

那個影響是非常深的，不論顯性的還是隱性的。您又做搖滾又做流行，就您的觀察，搖滾樂有沒有對大陸哪些作家、藝術家有影響？

邵：我覺得他們喜歡的是一種外來的青少年文化的產物，這對他們的影響最大。不見得是某首歌，他們接受的是沒看過的，像MTV、Channel V節目的promo（宣傳短片），會在正式節目播出之前播放，介紹頻道的內容。這些畫面都設計得非常生動有趣，整個頻道被包裝地非常有青少年文化的氣息，還有英美的音樂錄影帶，尤其是次文化的內容，像是Lifestyle方面，滑板、穿搭、饒舌，是最吸引他們的，這些是影響比較大的層面。如果說搖滾樂對大陸哪些作家有影響，既是導演也是曾為「下半身詩人」的尹麗川和搖滾浪子何勇短暫結婚，可以說明一些當年交陪的情況，電影導演張元、張揚、姜文，還有北京爺們王朔，偶爾會有陳丹青，還有周迅、趙薇、王菲、樸樹、張亞東……，這些人總混在一起，總的來說崔健還是影響最大。

黃：這些元素有沒有特別受到中國當局關注，禁止你們做？

邵：沒有，當年其實是很自由，蠻安全的。連Disco舞廳已經開始在中國大範圍流行了，透過舞廳有更多青少年接觸到不同的音樂、舞曲，舞廳也會自己接Channel V播我們的節目。

黃：您提到Channel V的影響力下沉至三、四線城市，具體來說是什麼意思？

邵：大陸的行政區的分級是四級結構，從省級、地級、縣級、到鄉級，除此之外還有自治區、直轄市，還有特別行政區，像香港。提到這個，主要是和宣傳有關。中國那麼大，做宣傳一定以省的一級城市為主，除了北上廣深，四個超一級城市之外，光是一線城市就有15個，像是成都、重慶，光是重慶就有1億人。

在大陸要怎麼把歌宣傳到紅，對唱片公司是很重要的任務。我

們會去開新歌發表會、新專輯發布會、歌手粉絲見面會，要跑遍這
些一線城市。90年代比較強勢的是電台，電台很重要。當時還有《音
樂生活報》，是全中國一、二線城市，超過80個電台聯合做的報紙。
各個地區都會把排行前十名的歌曲列出來，透過電台的網絡形成一
個排行榜，每個地區的榜單都會有加值的分數，再綜合排出名次。
這個榜單對唱片公司來說很重要、很有影響力的，同時也會影響到
電台的播放率。當年電台的商業操作還不是很靈活，唱片公司也不
會直接付錢給電台，但我們會和電台的DJ合作。

　　每個省市都會有幾個大DJ出面接待唱片公司和藝人，做地陪、
招呼我們吃喝玩樂，同時也要上他的節目；我們在那裡開發布會，
DJ也會來當主持，我們就給他紅包，大概就是這樣。如果這個藝人
是我負責的，我就要跟著去，把這些整個城市都跑遍。

　　黃：在一、二線城市的宣傳和三、四線城市的宣傳有什麼差別？
畢竟大陸的城鄉差距還是很大的？

　　邵：早年是。但2000年以後城鄉差距就沒有那麼大了，城鎮的
發展水平都已經不錯了，只要當地給得起錢我們就會去。舉例來說，
成都附近有一個叫攀枝花市，算是一個三線城市，但周華健可能就
去那裡開過四、五次演唱會。

　　三、四線城市還有一種特色是，有很多房地產開發商，他們是
出錢的贊助商，就會邀請老闆喜歡的藝人。大陸形成一種獨特的演
出市場，我們稱之為「走穴」，中國是非常龐大的市場，這其中也
有很多騙子，演出完還沒拿到費用的事也常常有，也算一種地方特
色。如果是唱片公司自己組織的演唱會，一定會聯繫好不同地方的
promoter，賣秀給他，票房好壞和我們沒有關係，事前就會拿到一
定的費用。除非像周杰倫這樣的特大牌，不但可以拿到賣秀的保底
金，現在至少可以賣到1500萬人民幣，票房還可以再做分紅。

　　這套機制是90年代就已經開始建立起來了，當時他們製作演唱會的能力還不夠好，幾個破喇叭、支個檯子就開始唱。90年代演唱會的製作、錄音才開始起步，這也是港、台把這套模式帶進去，教會他們的。

三、被壓抑的回歸：港台抒情華語音樂／產業在大陸

　　黃：所謂「華語歌曲」涵蓋的地理範圍很大，除了大陸，還包括好幾個華人社區。您怎麼界定華語歌曲？

　　邵：我們是處於一個「華人文化圈」的一分子，除了我們還包括新加坡、馬來西亞、海外華人、香港和大陸。從日韓的角度看，這也是所謂「漢字文化圈」，以漢語文字所統一的族群。自胡適主張白話文運動以來，華人社群就分享了一種共同的文字語言，也更加凝聚了民族的認同感。所謂的華語音樂就是從屬於這種新興的國族意識，反過來塑造強化國民意識的一種東西。今天我們談華語音樂，不能忘記它有一個國族意識的背景，因為它深刻影響到每個人的理性與感性，身體與靈魂。

　　反觀大陸在早期並不稱華語音樂，就是叫中國音樂，主要是革命紅歌和樣版劇、傳統戲曲、美聲唱法的民歌、改編自前蘇聯民謠的歌曲。一直到90年代初才有一種指稱叫做「華語樂壇」，其實這是「中國樂壇」的外部。港台流行音樂製造了一個「華語樂壇」，從外部逐漸滲透大陸內部，全新打造涵蓋中港台的大中華唱片市場，加上新馬日韓國際市場，為華語音樂流行打下了堅實的基礎。

　　黃：您曾以「被壓抑的回歸」，形容大陸對於台灣的民歌、鄧麗君的偏愛，「白天聽老鄧，晚上聽小鄧」。您認為這個現象的意義何在？

邵：80年代的中國人，剛剛從文革的創傷脫離出來，鄧小平推動經濟上的改革開放，同時知識界也引進西方的新思潮。反思文革的「傷痕文學」、北島、芒克創辦《今天》詩刊的現代詩歌運動、李澤厚、金觀濤等學者對中國文化傳統的重新詮釋形成的「文化熱」，在社會面上起到了文化啓蒙的作用，也有「人的覺醒」的呼聲。鄧麗君的流行歌曲恰逢其時，在底層人民和知識界都廣受歡迎，當〈甜蜜蜜〉、〈小城故事〉、〈何日君再來〉在對岸傳唱的時候，陸人已經戲稱「白天聽老鄧、晚上聽小鄧」，鄧麗君能夠紅遍中國，必須拜文革之賜。當年的情感表達很枯竭，小鄧不帶「政治性」的抒情歌曲，讓大陸人感覺原來歌是可以這麼唱的，情感可以這麼表達，透過地下管道流通，反而成為具有療癒心理一種「被壓抑回歸」的認同。大陸仍稱之為「靡靡之音」、「黃色歌曲」，但是即使大陸官方，搞了一下「反精神污染運動」，最終還是擋不住小鄧的魅力。

黃：根據您綜合式的直覺與理解，大陸80年代以後，整體上接受港台流行音樂的主題、風格，大概有什麼樣的喜好？或是否有什麼性別上的差異？

邵：從1949年後兩岸隔絕，其實大陸人對台灣是非常陌生的，彼此並不了解對方。改革開放以後，他們對台灣的印象還是很模糊。但因為1983年開始，中央電視台開始製作春晚，會有一些表演歌曲節目，例如1984年春晚，大陸歌手奚秀蘭就演唱了〈高山青〉，大陸人就透過這首歌，對台灣產生一種幻想，這首歌也常被誤認為傳統歌謠，但其實它是一首流行歌曲。還有另一首以台灣景點聞名的歌曲是潘安邦的〈外婆的澎湖灣〉，也是透過春晚傳播的。

80年代香港最紅的兩個人，是汪明荃和羅文，汪明荃唱〈萬水千山總是情〉，是歌頌大山大河的歌曲，羅文則是唱〈獅子山下〉，

代表香港精神，大陸人也是透過這些歌曲認識香港。

　　妳提到主題部分，其實蠻多的，但流行歌曲最多的還是情歌，占80%以上。

　　黃：為什麼情歌可以這麼普遍？

　　邵：情歌最容易接受，最容易挑起慾望，無論是悲、喜，或者兩者夾雜，觸動會比較大。

　　黃：你覺得情歌的流行，和大陸社會主義時期長期弱化個人情感、壓抑個人情慾有沒有關係？

　　邵：其實台灣也有這段過程，中國早期只有革命歌曲，沒有這類民歌小調，可能有一些山歌，但也因為文革暫停了一段時間。回想台灣的經歷，70年代很少回顧60年代的事情，我認為70年代的台灣還是有一種大中國意識，當時創作出的很多歌曲包括校園歌曲，也都是在嚮往一種中國情懷。上一輩來台的外省人，雖然與家鄉隔絕已久，但他們投射的對象還是在大陸，還是一種要回歸的情結。但到80年代已經開始去大中國意識了，歌曲已經開始關懷本土，本土意識起來了，像羅大佑的〈鹿港小鎮〉。不過大陸還沒有那麼快接軌這類本土意識的作品，最先接受的還是愛情主題的歌曲，比如鄧麗君的〈月亮代表我的心〉、〈甜蜜蜜〉、〈再見我的愛人〉、〈小城故事〉、〈在水一方〉、〈漫步人生路〉、〈忘記他〉……所有這些歌都是愛情主題，最容易被大陸接受。

　　另一類就是歌頌祖國的愛國歌曲，在大陸也很受歡迎，比如侯德健的〈龍的傳人〉、鄧麗君的〈梅花〉、鳳飛飛的〈我是中國人〉，這類有形成一群受眾。再來就是從70年代延續到80年代的校園民謠，和弦簡單、不插電配器的歌曲，像〈月琴〉、〈童年〉、〈橄欖樹〉、〈光陰的故事〉，這些都在當時很受歡迎；這些校園民歌和70年代的歌曲有很大的不同，它的特徵是大多是在講述自己成長

經驗的故事，比如〈抓泥鰍〉，80年代有很多這樣的作品。如果我們把視角放在台灣新電影，就會發現更多這樣的題材。這與音樂是共通的，而且當時很多電影都需要歌曲配合。

還有另一個城市轉型的主題。80年代，台北正值城市轉型的過渡階段，在解嚴之前整個台北市已經開始脫胎換骨了，跟70年代很不同，各種建設不斷開始，所以才會有像羅大佑的〈現象七十二變〉、〈鹿港小鎮〉來反映城市轉型的問題。城市轉型的主題也體現在當時比較盛行的當代藝術的創作，以及在台灣新電影當中，都能看到這樣的主題。包括詹宏志也多次提到，台北如何成為一個城市人生活的地方。

另外很有趣的是，80年代大陸也很流行經典紅歌，叫〈紅太陽〉金曲大連唱。如果在北京打「的」（叫計程車）的話，司機師傅的後照鏡上一定會掛著一個毛主席像，放著〈紅太陽〉金曲大連唱，包括〈太陽最紅，毛主席最親〉，由李玲玉、屠洪剛等人演唱。80年代的大陸，一面聽著鄧麗君、一面聽經典紅歌，你會發現他們處於兩個極端，是很有趣的對照組。對他們來說，也可能是對早年的一種懷舊。

黃：您1997年才過去，怎麼會知道80年代的這些現象？

邵：這是我自己的觀察，還有透過北京的朋友交流，回溯看80年代是如何成形的。另外關於男、女歌手的比較，我覺得最重要的兩個人，一個是鄧麗君、一個是羅大佑。以鄧麗君來說，1982年她第一次參與製作自己的專輯《淡淡幽情》，這張專輯把整個宋詞用現代的編曲重新演繹，裡面最有名的歌曲是〈但願人長久〉。我的感覺是，這張專輯回到了華人傳統文化的底蘊，尋找新的資源、開創全新的風格，是她過去從沒有過的嘗試，而且也非常受歡迎。

羅大佑和她相反，如果說鄧麗君是回到過去，那羅大佑就是寄

望未來的，他寫的〈未來的主人翁〉這首歌，就對孩子給予很多的
關注，是獻給孩子的歌。歌詞寫到「不要被科學遊戲污染的天空」、
「不要被現實生活超越的時空」、不要變成「電腦兒童」和「鑰匙
兒童」，最後一句很有趣，「我們需要陽光青草泥土開闊的藍天，
我們不要紅色的污泥塑成紅色的夢魘」很有先知性。

　　黃：那這首歌在當年不會被警告嗎？「紅色」不會在大陸上升
成一種象徵嗎？

　　邵：他並不是在影射對岸，只是針對當年台灣污染的問題，比
如RCA事件（台灣美國無線電公司污染案），但現在當然就不行了。

　　黃：80年代的中國聽眾是透過什麼樣的媒介聽到這些歌曲？因
為老百姓普遍經濟狀況還蠻辛苦的。

　　邵：是透過盜版的卡帶。也有錄像廳。

　　溫伯學（以下簡稱溫）：羅大佑在中國大陸年輕一輩的影響力是
大於對台灣的，兩邊的聽眾對於他的理解很不一樣，您會怎麼看這
樣的差異？

　　邵：簡單來說，雖然羅大佑對中國還是有批判，但他還是有大
中國的情懷，而且近年他在中國巡演去過很多地方，還和李宗盛、
周華健、張震嶽組成「縱貫線」，一起巡迴了百場以上，所以他們
對大陸的理解很深刻，有很大一批受眾。

　　對照台灣，羅大佑在小巨蛋都賣得很辛苦，但他還是努力朝這
個方向做，也在Legacy（傳樂展演空間）辦演出，因為他是一個真
正的詞曲創作人。周杰倫就可惜在他不會寫詞，只能用音樂去表現
自己，羅大佑更全才。再加上台灣更新換代太快了，小朋友已經不
太知道羅大佑了，更不要說他的老歌，只有被重新翻唱才有復活的
機會。

　　黃：以羅大佑和鄧麗君為首的台灣歌手，在大陸一直流行到什

麼年代？

邵：一直到鄧麗君1995年過世。她過世的時候我做了兩集專題，訪問大陸的歌手，每個人都在稱讚鄧麗君，有好幾個人都哭了，都是當年大陸最流行的歌手，包括毛阿敏、韋唯、那英、艾靜、崔健、唐朝樂隊、黑豹樂隊，他們還做過搖滾群星紀念鄧麗君的專輯，翻唱她的歌。我覺得鄧麗君真的是一個非常標誌性的人物。

黃：您在先前的講座有提到民歌，大陸到底是在什麼樣的條件或機緣下接受台灣民歌的？他們喜歡鄧麗君、羅大佑比較容易理解，但喜歡台灣的校園民歌究竟是怎麼回事？您印象中有哪些大受歡迎的民歌？像您上次提到胡德夫在新世紀以後，在北京演唱會唱李雙澤的《美麗島》，唱到台下的年輕人熱淚盈眶，這究竟意味著什麼？

邵：1992年，香港有一位作詞人劉卓輝做了大地唱片，陳冠中任總經理，當時還找了創作人高曉松、製作人黃小茂，他們成功推紅了《校園民謠1（1983-1993）》，裡面都是大陸原創的民歌，但是受台灣啟發。老狼唱〈同桌的你〉、〈睡在我上舖的兄弟〉，還包含景岡山、郁冬、沈慶、丁薇等人；1995年，老狼推出個人專輯《戀戀風塵》，校園民歌形成一個轟動的效應。

中國開始做校園民歌的關鍵，是透過侯德健（當年侯德健的女朋友程琳，也是很有名的女歌手）認識台灣的校園民歌，所以他們才會製作大陸版的校園民歌，也去學校發掘一些新人，無形中也培養了一群粉絲。開始有了豆瓣以後，他們就把這些歌詞的意思、自己的感想都傳上網，有滿大一批群眾，裡面既有喜歡大陸校園民謠的、也有喜歡台灣校園民歌的，他們喜歡稱作校園民謠，但其實是差不多的意思。在大陸民謠還有各地的譬如陝西民謠等等，所謂校園民謠還是偏向民歌類型的。大陸是先受到台灣校園民歌影響，才

開始做他們自己本土的校園民謠。

黃：為什麼會偏愛李雙澤的曲子？《少年中國》還可以理解，但像《美麗島》，這個詞後來是被台灣的黨外、民進黨使用。

邵：他們不會從這個背景去看，主要是後來的社群形成了，才去回顧這段東西，回顧的時候會直接對人物產生興趣。

我看豆瓣上寫的，他們大多先是被歌感動，然後對李雙澤、胡德夫等人的背景感興趣，對社會背景或其他政治意義方面，基本上不怎麼提，即使知道也不願意提。

溫：可以說他們是先對校園民歌這個形式有興趣，再回頭挖掘嗎？

邵：對，像胡德夫的〈匆匆〉很受歡迎，我記得他在音樂節唱這首歌，也是滿感人的。

黃：校園民歌為什麼吸引他們？是清新的風格嗎？

邵：大陸的校園民謠就是簡單的吉他和弦、人人可以哼唱的，旋律也不錯，所以傳唱度高，在校園間會形成一股風氣，同學們在吉他社練習，容易傳下去的東西。

黃：所以是一種風格，跟內容有沒有關係？譬如會偏向唱愛情題材或民族題材嗎？像〈少年中國〉或〈美麗島〉，都是屬於一個比較文化意識上的題材，為什麼這種歌會在大陸很紅？

邵：愛情題材也是有的。其實也沒有到非常紅，但就會有一批受眾。

溫：像台灣校園民歌，有陶曉清的廣播或透過金韻獎來挖掘新人，中國的校園民謠、大地唱片，又是怎麼挖掘到老狼等人呢？

邵：就是去學校找。學校都會有些社團，他們會透過社團去找，然後一個牽一個，是私下管道認識的，比如黃小茂跟崔健很熟，又或者像高曉松是住在大院裡頭的子弟，彼此都認識，認識就會有消

息，他們身邊也會有我們以前說的groupie（追星族），有一些女生圍在身邊。高曉松認識竇唯、竇唯身邊有王靖雯，就是後來的王菲，在音樂圈子裡面一個傳一個，就會找到他們需要的人。

溫：圓明園的畫家村也是差不多在這個時期嗎？

邵：對，畫家村是先在圓明園後來搬到東村，來北京的這群「波西米亞人」，他們也住不起貴的房子，像圓明園、東村這樣的地方，都是一些違章建築、小破房子。他們的經濟條件也只能住在那裡，家裡面也沒有廁所，都要去外面上，包括很多北漂的畫家、音樂人，還有詩人，很大一批詩人群體都住在那裡。

黃：有一種說法是，80年代大陸到處都是詩人。

邵：80年代是詩人最火的時候，每個人都覺得自己是詩人，有名的詩人一出來萬人空巷，就像搖滾樂手一樣。我覺得主要是當年精神苦悶，學生也沒有什麼消遣、娛樂，而詩又感覺是一個很有美學的、很有生活風格的一種形式，聽到詩，就覺得有一種新的想像。所以80年代，詩真的是非常受歡迎，我記得有一個很有名的傳奇詩人叫做海子。但過了80年代這些都沒了，失去了受眾，大詩家們都散了。

黃：會不會也是因為其他新的文化力量進來，造成詩人的影響力往下降，包含像港台的流行音樂等等，就稀釋了對詩的需求，可以從別的文化找到寄託，就不見得是詩了。

邵：對，西方的流行文化、港台的流行文化進來之後，就開始分眾了。

黃：90年代大陸比較接受的台灣流行音樂人是誰？

邵：太多了，1990年代之後，時代已經不一樣了，音樂的類型也變多了。我們開始能聽到像庾澄慶的〈快樂頌〉、鄭智化的〈水手〉、張雨生的《帶我去月球》。最近重新上映的《少年吔，安啦！》

的電影原聲帶,裡面有還叫吳俊霖的伍佰,還有像是新寶島康樂隊,唱〈多情兄〉這樣結合國語、台語、客家話的歌曲,語言的類型越來越豐富。

黃:大陸可以接受這麼多語言類型嗎?他們聽得懂嗎?

邵:當年他們還是透過錄音帶、CD聽到這些歌,尤其是盜版還是占大多數,他們的接受度還是蠻高的,就連江蕙在大陸都有一定數量的粉絲。大陸太大了,東南西北的趣味都不一樣,一個歌手在北方很紅,不一定能唱到南方;廣東受香港影響,福建、廈門一帶就受台灣的影響,所以像洪榮宏也能紅到對岸。

我們的音樂類型,像流行的、舞曲的,或像伍佰這種藍調搖滾的,類型越來越多元化,對大陸影響的層面,就有了和80年代不同的面目,不會單獨集中在幾個人身上。我有點出幾個人,像偶像團體小虎隊、林強等。

黃:1989年以前,官方對港台流行音樂在大陸的接受狀況,持什麼態度?

邵:上面說過,大陸官方媒體中央電視台在1983年才開始製播的春節聯歡晚會,曾經起過推波助瀾的作用。1984年香港歌手張明敏翻唱台灣潘安邦的〈外婆的澎湖灣〉,1987年費翔翻唱高凌風〈冬天裡的一把火〉造成全國轟動,1988年侯德健上春晚唱〈龍的傳人〉,官方似乎是有意識開放港台藝人在內地演出,背後當然有統戰的考量。

黃:六四後中國的音樂的傳播有沒有受到影響?我記得六四事件發生時,台灣就有歌星聲援支持。

邵:香港是反應最激烈的,我那時還在當兵,所以不知道在中國是不是有什麼影響,只知道港台對這樣的事件是很憤慨的。中共當局把整件事情鎮壓下來之後,包括廣場四君子之一的侯德健也被

迫流亡到香港,後來又到紐西蘭。六四像是把80年代畫下一個句點,局勢的轉換要到鄧小平南巡開始,也是在1992年之後,香港和台灣的音樂人才陸續回到北京,找到新的藝人、幫他們製作音樂。

黃:羅大佑和鄧麗君有在80年代去到中國嗎?台灣當時也還沒有解嚴。

邵:鄧麗君是非常愛國的,她一輩子從來沒有去過中國。國軍在金門都是用鄧麗君的音樂做統戰宣傳,她也很喜歡勞軍。六四天安門的聲援,她也有出現在台上。羅大佑是在2000年才首次到上海開演唱會。

黃:香港的流行音樂在1989年前後,對於大陸的影響有什麼明顯的變化嗎?

邵:80年代之前比較是以些老歌手,像我剛剛提到的汪明荃和羅文等,1989年正好是張國榮、譚詠麟的時代,再過了三年,四大天王就出來了。張學友、劉德華、黎明、郭富城和張國榮、譚詠麟幾乎影響了整個90年代,也配合港片的推播。

當時大陸還停留在VCD的時代,質量很差,有很多錄像廳,只是擺幾張椅子、放映VCD,就開始收門票。這在大陸當時的三、四線城市非常普遍,透過這種方式,更多的人認識港片和香港音樂。而且幾乎每部港片都有插曲,這些歌曲在官方媒體不會播,但就透過電影傳播出去。

黃:香港的音樂、電影對大陸影響很深,那對台灣呢?是我們的流行文化影響香港多,還是香港影響我們多?

邵:我覺得在那個時期是互相影響的,包括大陸和我們也是互相影響的。真言社老闆倪重華本來要簽崔健,但是沒簽成,後來簽下他的薩克斯風手劉元,製作他的專輯;還有張培仁,雖然後來也以失敗作結,但吸引他們的,是北方人做音樂的一種特別的個性和

野性，那是台灣完全沒有的東西，所以他們想要把它帶回台灣。這是大陸反向對台灣的影響。後來倪重華做「台客搖滾」也是奠基於此。

香港對台灣的影響就更不要說。我去香港工作的時候，我們的管理層都是香港人，香港的辦公室是regional office（區域辦事處），他們的老闆就直接是國外的母公司，而台灣的辦公室就只是分公司，需要先呈報給區域辦事處。當時的五大唱片公司，都是掌握在香港人手上，台灣則是賺錢的金雞母。

黃：所謂「外國老闆」是美國人還是日本人？為什麼美國、日本願意投資在亞洲分公司？

邵：老闆通常在澳洲或日本，唱片公司會將整個亞洲視為一個區域（管理亞洲的分公司）。在日本通常是一個日本人和一個老外，香港人的英文比較好，可以直接回報給亞洲的分公司，亞洲分公司再回報給紐約或者倫敦，大概就是這樣的系統。當然歐洲、北美也有另外的分公司。

因為亞洲的唱片銷量很高，所以自成一個市場。據我所知，日本現在還是全球第二大唱片銷售市場，第一大當然還是美國，中國現在是第六大，已經超過韓國了。日本的唱片銷量特別大，這可能跟美軍也有關係，直到現在實體唱片的銷量也還不錯，他們對於金曲的操作也很熟練，30年來都還是這樣。

當時因為經理層都是香港人，他們一定會特別照顧香港音樂人，這是毋庸置疑的；所以四大天王可以用最好的規格、最好的資源投入，把他們推到最高的位置，這就是當時香港唱片公司運作的方式。台灣分公司只能接受香港的指導，各種通路都以香港的一線明星優先。當時有一句笑話說，香港隨便一個人來台灣，即便他不會唱，都能成為歌手。

這也導致台灣有一種香港情結，大陸也有，覺得香港的藝人就是高人一等。當然也是因為香港最早接受西洋流行音樂的影響，而且在視覺形象上做得是最成功的，造型、設計的人才都是最高端的。

黃：大陸社會主義時期曾有過所謂「反資產階級法權」的觀念，他們認為一切知識和文藝作品都是人類共享的，著作權則是西方資產階級發明出來的觀念。您剛才也提到，當年香港和台灣的流行音樂在大陸能這麼有影響力是跟盜版有關。今天已經進入更加便利的網路時代，我很好奇您對盜版的觀念有什麼變化？您怎麼理解盜版這件事？當年會去抓盜版嗎？

邵：會抓，但是盜版根本告不完。我覺得盜版這個問題，要放在中國大陸一個大的背景去看。首先，他們要從公有制轉型走向私有制，一直到80年代末期都還要用票券交易，那是1992年左右。

當時大陸開始摸索私營化，鼓勵民間人士下海經商，背後的原因是國企失敗，導致許多工人下崗失業。為了釋放這些勞動力，政府就鼓勵他們經商、學習一技之長，去打工或者開飯館；但沒有人懂得這些技能，就從模仿抄襲開始，盜版就開始出現，所以起初是為了求生存。大陸接受版權觀念是比較晚的事情，我認為一直到2015年開始才解決得比較好，這也跟中國加入WTO有關。其實大陸現在也還在盜版，例如竊取美國公司的高科技等。

黃：那港台歌手賺得到錢嗎？

邵：還是靠演出。

我為什麼在講座裡面會說有很多「倒買倒賣的騙子」，是因為在音樂產業中，如果正版的內容要發行，就要通過發行商，在大陸叫音像公司。音像公司就像出版社一樣，他們會和國營公司買批號，有批號才能發行。

舉例來說，音像公司會告訴唱片公司預計賣出的數量，可能是

50萬張唱片，雙方簽約、交付內容，但最後音像公司卻賣出了200萬張，但這件事唱片公司也無從查，因此就形成一個產業鏈。很多大陸的發行商都一手做正版、一手做盜版，但是最後還是只付給唱片公司50萬張的費用。

這些正版商當年還都是現金交易，聽說曾經為了買張學友的版權，北京有一個音像公司的女老闆搬了600萬人民幣的現金給張學友。他們一定要拿到版權，拿到之後才能往下游去分，讓其他下游公司去賣，轉手再從他們身上把錢收回來；而且每個公司印出來的東西都不一樣，所以張學友的專輯就會有各種版本，專輯內歌曲的數目也不同。

這是當年關於發行和盜版的問題。後來到了網路時代，盜版就更狠了，現在都用串流媒體聽。

四、網路時代的流行音樂／產業發展與兩岸三地互涉

黃：您怎麼看港、台音樂的時代變化，又如何相互影響？

邵：80年代的香港和台灣已經被稱為是「亞洲四小龍」，70年代香港總督麥理浩政府採取經濟上「積極的不干預」政策，全面放開市場自由競爭。台灣則有蔣經國總統主持的十大建設，推動台灣產業轉型，經濟發展有成。80年代流行音樂產業也粗具規模，本土三大唱片公司寶麗金、滾石、飛碟主導了華語樂壇的半壁江山。港台音樂創作人已經敏感到二地城市化的節奏與本土在地創生的趨勢，粵語歌曲Canto-Pop成為香港音樂的主流，台灣則是脫離了大中國意識，轉而關注本土成長經驗，尋根溯源族群身分的認同。社會管制也開始鬆動，直到政府宣布解嚴，過去的禁忌鬆綁，嚮往民主自由開放社會的力量沛然成形，旺盛的消費力，也構成港台流行音

樂的第一波高潮。

由於亞洲經濟市場強勁增長，跨國公司操作的模式通常將亞洲總部設在澳洲、新加坡或是香港，以此作為跳板前進中國。香港人有英文好的優勢，又得天獨厚理解西方人的商業思維，很快香港建立起一個涵蓋中港台的「大中華市場」，以香港為中心設區域辦事處，在台灣設在地分公司，從金融、傳產業到廣告、影視、音樂，幾乎清一色由港人擔任高層管理的工作，進一步擴散港台音樂對中國的影響，並建立起產業規模。

1993年張學友的國語專輯《吻別》僅僅在台灣就創下了136萬張的銷售量，整個大中華區超過400多萬張，這個銷量在全球僅次於當年的麥可傑克森，瑪丹娜還排在他後面。當年也只有滾石推出的「天王殺手」周華健能與之匹敵。

香港的唱片高層已經順利打造好張學友、劉德華、郭富城、黎明「四大天王」的品牌，加上精心製作的演唱會（show），賣秀走穴是一門好生意。港台明星在大陸各地舉辦萬人演唱會或是歌迷見面會，主要靠報紙、電視、電台賣力的宣傳（早年很多演出都是電台主持人牽頭主辦的），已經將影響力下沉到大陸三、四線的城市。

黃：影響力下沉到三、四線城市是什麼意思？你覺得當中有什麼樣的價值與限制？

邵：港台的優勢還包括80年代中一直延續到90年代末的港台影視產品，電視熱播瓊瑤、金庸的電視劇，港產片大量湧入大陸時興的錄像廳，或是以VCD、DVD設備放映的家庭。港片中穿插的歌曲配樂，葉麗儀的〈上海灘〉、黃霑的〈滄海一聲笑〉、羅大佑創作，陳淑樺演唱的〈滾滾紅塵〉，無不透過影視劇滲透進入各個角落。這對港台音樂影響中國起了決定性的作用。大陸的影視劇也有樣學樣，劉歡、孫楠是90年代崛起的歌手，不像其他歌手有黨國八股色

彩，他們的聲音同樣風靡全國。

　　下沉到三、四線城市表示你的歌和人都火了，一首歌就夠吃十年，藝人的巡演可以從一線到四線城市跑十年。某種程度他的價值有點像是美國的鄉村音樂，幅員遼闊的國家非常接受這樣的藝人而不會厭倦。他的限制是，藝人如果只是吃他的老本，終有山窮水盡的一天。

　　黃：這個過程中，香港可有獨特的地位？

　　邵：九七金融危機到2000年，香港陷入低潮，似乎失去往日的風光。台灣反而絕地逢生，湧現一大批新人站上舞台。周杰倫2001年首次取代四大天王在頒獎典禮拿到最佳男歌手獎，五月天、F4、蔡依林、孫燕姿、林俊傑、潘瑋柏、陶喆、伍佰、張惠妹、王菲、林憶蓮、陳奕迅……，已經實現音樂的世代交替，而這批港台歌手又影響了大陸20年。1996年以後，幾乎各國際唱片公司都在大陸設立辦事處，尋求發行和簽約大陸藝人的機會，進一步擴大市場的版圖。

　　香港北上尋求機會，他的獨特地位就逐漸消失了，像是港片一樣，本土的音樂人越來越困難。

　　黃：照您的說法算起來，香港和台灣一共影響了大陸40年？

　　邵：這40年可以千禧年（2000年）區分為前20年、後20年。前20年可以說是傳統唱片產業從轉型時代到黃金時代。後20年則是全球音樂產業進入網路時代，面臨「唱片已死」，獨立音樂人崛起的時代。

　　就像房地產行業一樣，早期港商結合中央與地方政府，聯手開發地皮進行城市改造，帶來一整套商業模式。這個模式被大陸精明的商人照搬全收，2000年後大陸的地產開發商強勢崛起，經過20年的野蠻生長，今天前十大地產集團已經沒有港商了。

　　1995年微軟發表Windows 95，代表網路電腦時代已經席捲全球。2001年網路科技泡沫破裂，經濟停滯，科技巨頭集體過冬。此時的音樂產業亦面臨前所未有的網路衝擊，盜版MP3充斥網上，免費下載歌曲，使得全球唱片銷量狂跌，業者束手無策。2002年以搜索引擎起家的百度，推出MP3在線音樂服務，內地許多自製歌曲，成為排行榜前十，例如2003年刀狼的〈2002年的第一場雪〉，2004年楊臣剛的〈老鼠愛大米〉，都是當年冠軍。

　　溫：我自己在2015前後聽了很多獨立音樂，那時候剛好是宋冬野、萬能青年旅店在台灣很紅的時候，當時會感覺在同溫層裡會有一個被文化入侵的焦慮，大家也有在討論「中國腔」這件事，但是到了草東沒有派對起來之後，情勢又有點反轉過來，變成中國很多音樂節主打的藝人都是台灣的樂團。所以就您的角度觀察，有這樣的改變嗎？

　　邵：說到音樂節，大陸有太多音樂節了，在疫情前，每年有300多場，幾乎每天都有。至於邀請什麼樣的藝人，還是看音樂節的定位。「簡單生活節」因為是台灣團隊辦的，主要就會多請台灣藝人，像伍佰、劉若英、陳珊妮、陳綺貞都是偏向流行的常客；大陸辦的「迷笛音樂節」就比較支持地下樂團，如木馬、腦濁這些比較不知名的樂團，但也邀請草東。最具影響力的「草莓音樂節」則兩者兼有，他們對前衛的藝人有很好的鑑賞能力，常見推動演出在內地走紅。

　　黃：音樂節是聚集一群人，中國可以接受這種群聚嗎？扣除疫情原因，不會覺得這是一種組織行為嗎？它沒有民主威脅到政權的問題嗎？

　　邵：疫情前是可以的，每一個來演出的人都要審過，所以不會有問題。

　　黃：可以在台上罵政府嗎？因為我有一次看到一個rap，可能是在pub裡，很多詞彙都在諷刺中國政府，可是是用比較嘻哈的形式呈現。

　　邵：當然不行，那可能只能自己錄了放到網路上。或是一些很punk的live house，不太能浮出水面，但音樂節不一樣。大陸音樂節是慢慢發展起來的，從2005年開始，到現在有超過15年的發展，形式已經很成熟了。

　　黃：那為什麼他們願意吸納台灣樂團變成他們主打的藝人？

　　邵：有新鮮感。比如說摩登天空這家公司，本身就有超過300組藝人，所以每年就要舉辦超過60場音樂節，幾乎每三天就要辦一場，有很多舞台可以消化他的藝人。但同時也需要港台的藝人，像是香港的岑寧兒，台灣的陳綺貞、張懸，只要不再鬧出國旗事件，大陸都很歡迎這些適合音樂節的歌手。台灣的簡單生活節，再到上海、成都舉辦，現在這種型態的音樂節已經成為大陸年輕人最主流的一種消費場景。

　　黃：音樂節是要付費的嗎？

　　邵：要，而且越來越貴！原來學生免費，現在已經漲到不管學生還是成人了。成都最近有一場音樂節，9月份要舉辦，賣999人民幣。

　　草莓音樂節比較便宜，現在好像也漲到250塊人民幣。有些網友就在評論說，要請大牌一點的卡司才值得這個價碼，如果把Radiohead、Coldplay、Billie Ellish請來，那賣得再貴也願意付。

　　音樂節有個限制，就是藝人的新鮮感越來越低，但artist list一定要好，才會吸引人，日本發展最好的就是FUJI ROCK和SUMMER SONIC。這類大型的音樂活動，有好幾個舞台，各種的音樂類型都有，不同受眾都可以玩得很開心。再加上現在又有很多電音party，

完全只放電子音樂，就是和西方的流行音樂文化結合在一起。

黃：音樂節的形式它主要發生一、二線城市，還是三、四線城市？

邵：現在都有，因為太多了，還有一些地方會為了造鎮，產生一種新的商業模式。例如摩登天空會和地方政府合作，政府就提供一個公園讓它掛名，讓摩登天空固定時間在這個公園裡辦音樂活動。對音樂公司來說是新的商業模式，對地方政府而言可以帶動地方經濟，雙方互謀其利。

黃：大陸引進台灣樂團加入音樂節，會不會也顯示名單比較多元，感覺比較有新意。

邵：就是有新鮮感。而且樂團本身在港台就累積了不少粉絲，這些在從數據後台都是可以查得到的。主辦方也要為自己的粉絲群做分眾，會很清楚知道樂迷買票的取向是什麼。

現在很多音樂節都有自己有APP，透過自己的APP賣票，而不是給其他的票口公司，所以他們可以把最大的利潤留在自己公司，而且要透過會員的數據，消費者的喜好，在後台完全可以看得到。透過數據就可以計算出來，下次需要請什麼類型的。這多厲害啊，一般唱片公司做不了這個事情，要全新的音樂公司才可以做到。

溫：兩邊的接受度是有差異的，中國的年輕聽眾對台灣獨立樂團的接受度比較大，但台灣的聽眾好像因為有逢中必反的情結，沒有那麼容易接受。兩邊的音樂人做出來的風味是完全不同的。但是比如像痛仰樂隊這個層級的樂團，來台灣卻只能在500人的場地表演，這個接受度的差異是不是很難去突破？或是說中國藝人很難在台灣的發展。

邵：其實崔健來演出也不到1000人看，即使他得了最佳男歌手獎也一樣，因為整個受眾不對。他們現在也沒什麼需要來台灣，在

中國就已經賺很多錢了，比如周雲蓬，台灣還蠻喜歡他的，雖然他有身障的問題。還有宋冬野該是台灣文青的最愛，但是離流行還是太遠，也許以後抖音的洗腦歌手來台演出還比較受歡迎。

黃：周雲蓬在大陸現在應該粉絲還是更多。

邵：對，因為大陸的基數太大了，光他們這樣的粉絲群就已經足夠支撐他們了。

溫：我會覺得也要了解他們的生態，就是一個文化中國跟政治中國的不一樣。像李志還沒封殺的時候也都會來台灣，他也在溝通他的想法。當時李志在做一個「叁叁肆」的計畫，他希望花12年的時間，巡迴整個中國所有的地級市，他的理想是，透過這個巡演把三、四線城市的巡迴機制也建立起來，同時也賺錢。他這樣子的想法其實跟官方並不衝突，但他走到一半就被封殺了。

邵：他肯定是在微博上亂說話。大陸現在的網絡，如果去走小型的live house，或是酒吧樣的通路，絕對不只334個，現在成千上萬、太多了，真的要走是走不完的。因為他是屬於新民謠類型，帶個助理或經紀人，一個人就可以走了。如果是一個樂團，要怎麼走呢？當地的設備不見得好，各地區差異性很大，但現在大陸這種live house的網絡是蠻成熟了，所以排一次15個城市的小型巡迴是沒有問題的，利潤就有了。在台灣只有台北、台中、高雄，以外就沒有了。

溫：想請老師聊一下對崔健的理解，也是因為剛剛的問題，台灣的聽眾好像很難跨越去理解崔健的影響力。

邵：世代不同，連周杰倫這次出新專輯也是反應兩極，顯示出世代的趣味不一樣。那也不只是台灣這麼說，大陸也這麼說，說他「周郎才盡」，重複在抄襲自己以前的作品。最偉大的作品應該還是第一張，或是《范特西》，很多比較負面的評論。

溫：我之前看了《中國搖滾三十年》的紀錄片，裡面有很多人

也會一直說他們覺得崔健的時代任務早已經完成了。就老師個人的
觀點或是觀察，會怎麼評價崔健？

　　邵：崔健已經成為一個時代的象徵，而且是屬於他的那個時代
的象徵。他特別不一樣，在那個時候他也面臨一些大的變動，比如
剛剛改革開放、八九事故，還有摸索怎麼走音樂這條路，他又是真
正的詞曲創作者，而且他的音樂形式又包括爵士、rap跟rock，幾種
形式拼在一起。

　　我覺得我們可以拿美國的一個例子來比較，對於時代的影響
力，他有點像Bob Dylan。雖然2000年以後他推出新專輯，但小朋友
不會知道他是誰，關注度也不夠，這是一樣的。前陣子過世的Leonard
Cohen也是一樣，但是他們已經在那個年代樹立一個標竿，到了那
個高度，既然有那個高度，他只要繼續保持他的創作就可以了，最
後拿一個終身成就獎。終於中央電視台要頒給崔健了，但也不一定。

　　現在這個時代我覺得最有意思的是，還是會有新的朋友會去了
解他的音樂、他的創作。崔健也想追上這個時代，在歌曲內容裡頭
他也表現出他了解什麼是飛狗、什麼是抖音等等，雖然他寫的東西
見仁見智，我們也可以批評，就像批評周杰倫一樣。但我覺得當他
已經達到那種高度以後，沒有必要再去質疑他，像這樣有創作能力
的歌手，也跟羅大佑一樣，他還是在做他們自己該做的音樂這條路。

　　溫：老師有提到中國的整個音樂產業的主導權慢慢被電信公司
取代。我自己在摸索中國流行音樂的過程中，比較難像台灣通過一
個個唱片公司，有線索的去了解整個脈絡，會不會也是因為這個主
客易位的關係，所以所謂唱片產業，比較沒有辦法在中國被完整建
立起來？

　　邵：這個事情要從2001年網路泡沫開始談起，所有大陸網站全
部掛掉，包括百度、搜狐、網易，幾乎都在美國要下市了，後來是

網易的老闆丁磊,去韓國學習了他們的電信公司在做的Ringtones、Ringing Bell,彩鈴、彩信、回鈴,才救回來。

用戶透過電信發的短訊,每一則就可以有一毛或一塊的收入,網易找電信業者合作,用這個彩信彩鈴把公司救回來。彩信需要背景音樂,這個時候他們就開始在上面操作,去蒐集這些歌的版權,來賣這個東西。那還是門戶網站的時代,2006年,中國最大的電信公司:中國移動,就在成都成立了一個音樂基地,把各大唱片公司協調起來,在它的網路服務底下來發展彩信。

中國移動把所有的音樂版權收集起來,最後再跟唱片公司拆帳,要把網路公司踢出去。這時候那些網路公司、門戶網站已經躲過了要滅亡的時期,又經營起廣告、手遊等,有別的盈利方法,所以他們就把彩信的經營轉給中國移動。

中國移動還辦了一個音樂會,透過手機發給各個粉絲連結,送演唱會的門票。用戶喜歡誰,中國移動每個月就主打誰,這個主打對唱片公司來說就很重要了,它就專門在做這個壟斷的事情。所有唱片公司都把版權交給它,再跟他們拆帳,但也不清楚拆帳透不透明。後來中國移動又透過一個叫SP的公司取代門戶網站做sevice provider,是做後台的小型的電信公司,專門製作彩鈴,或者是一段相聲也可以拿去騙錢,例如吉祥三寶當初紅的時候,就放一段吉祥三寶的音樂,像是〈老鼠愛大米〉會紅就是透過彩鈴,還有〈秋天不回來〉、〈香水有毒〉等,都是這個機制下的產物,紅遍全大陸,當年的音樂都是這麼出來的。

電信公司、中國移動再加上SP的合作,就變成很大的一個壟斷集團。唱片公司就倒楣了,也不知道收不收得到錢。那個時候滾石唱片也加入投資,成立滾石移動,就是想做類似SP的公司,剛開始做得不錯,後來也倒閉了,跟高層也有些關係,很可惜。整件事後

來產生一個大弊案，成都的移動音樂基地的音樂總監捲款潛逃到加拿大去，抓也抓不回來，後來中國移動就把音樂的部門縮小，現在就變得沒那麼大影響力了。

溫：所以那時候唱片公司的內容會受制於這個中國移動的選擇嗎？

邵：一方面我們面臨mp3盜版，一方面彩鈴這個利潤，都被電信公司拿去了。唱片公司回過頭還是得靠演出去掙錢。

溫：所以可以說中國比較沒有醞釀的時間，像台灣建立一個相對完整的詞、曲、編、錄、唱的合作體系，到後期A&R的流程等等。要去理解，可能都必須透過選秀節目，或是從某一張專輯發現某一個製作人很厲害，它是一個、一個冒上來的，而不形成一個完整的產業鏈的感覺。

邵：不能這麼說，我在90年代認識王菲的製作人張亞東已經很厲害了，在90年代末產業鏈也很成熟和港台一致了。

如果說是一種封閉循環的產業鏈，《中國好聲音》曾經想這樣做，先做了一個節目，有選秀歌手上來，然後它想把這些人全部先簽下來，簽好賣身契，《超級女聲》、《超級男聲》也是這種型態。全部簽完了以後，放在一家民營娛樂公司裡——因為電視台是國營的，不能做這種事——在民營公司裡誰持有股份有是學問了，《中國好聲音》是那英和她姊姊有一半以上股份，湖南衛視是天娛，有龍丹妮做得很大。他們就是透過這種方式形成一種閉環，選完秀以後形成很大的影響力，再組織演唱會、全國巡演，利潤都歸到這個公司，就不是屬於體制內，但可能要反饋一些給體制內的費用。他們現在這種互相交叉補全的關係，我搞不清楚了。

這種就屬於比較閉環的產業模式，有造星的能力。騰訊現在也想做，就找網紅、自己上傳音樂的人，把他們集中起來，幫他們找

製作人，好的專業詞、曲作者幫他們寫歌，然後上傳成短視頻去抖音神曲，後面再透過數據、AI算出誰最受歡迎，最後再組一個拼盤去巡演，這就是騰訊現在在做的事情。所以整個排行榜下來，會發現怎麼這些歌都沒聽過！但可能在二、三線城市都很流行，現在就是這麼一個情況。

黃：網路時代的盜版狀況怎麼樣？

邵：網路時代，是從把CD的格式變成MP3開始。在大陸叫「馬屁三」，很多音樂人很痛恨MP3，因為數位化之後，資源就會很快貼在網路上，不論是國外還是國內，這些檔案馬上就被下載了。

百度當年看到這個趨勢，就把很多盜版網站連接起來，在自己的頁面上做了一個MP3的排行榜，變相鼓勵大家下載盜版。中國當年剛加入WTO不久，還沒有管制著作權的問題，業界希望能告百度，因為它幾乎已經把產值整個吸收殆盡了，但訴訟也沒有用。2005年四大唱片（環球唱片、華納唱片、Sony BMG及EMI），加上香港的公司一共有七大唱片一起告百度侵權，在北京的法院，最後百度被判敗訴，但只賠了167萬人民幣；2008年中國音樂著作權協會告百度，也只賠了106萬，到了2011年他們成立了一個詞曲創作人聯盟，由高曉松牽頭，幾百人湊在一起，要求百度下線、道歉、賠償，但最後也不了了之，從2000年到2011年都是這樣。

黃：這件事情對港台音樂圈的影響是什麼？

邵：實體唱片的銷售量大幅下降。新世紀以前，也就是電腦出現以前，應該是實體唱片的黃金時代。其實唱片公司也是自己革自己的命，發明CD取代了黑膠唱片，黑膠的盜版成本很高，但因為黑膠唱片的成本占預算的50%，CD的成本只要10%，所以幾家唱片公司就聯合起來發行CD，殊不知網路時代一來，CD介質很容易就被變成音樂檔案的格式上傳到網路上。

黃：音樂圈怎麼面對這個問題？

邵：一直抗議啊，香港、台灣都有人上街頭抗議，但是沒用，大陸政府也是從2015年才開始認真重視這個問題。

現在Apple Music、Spotify等串流媒體上的音樂都是正版的，一定要唱片公司授權，Spotify到現在還在賠錢，就是因為付出太多版權金，那是最大的成本支出。反過來說，唱片公司也必須靠這個授權金繼續維持運營，對它來說這是很大一筆收入。雖然實體收入下降，但唱片公司從串流媒體的授權金能拿到更多的錢回來，這幾年世界三大唱片公司都是賺錢的，市值也越來越高。版權現在是最值錢的，Rupert Murdoch把FOX賣給迪士尼，就有277億美金的價值。現在的唱片公司還能存活就是因為有足夠大的曲庫，台灣的滾石音樂現在就是靠授權給幾家不同的串流媒體存活。

黃：小眾歌手、個體戶做音樂是不是比較難生存？

邵：不一定，他們也有自己的管道，例如YouTube，或者台灣有個網站叫Street Voice，是張培仁創辦的中子創新所經營的，會推很多新人，任何人都可以上傳自己的創作；如果是用英文創作，也可以上傳到國外的網站，或者直接跟Spotify談，不一定要經過唱片公司。像台灣的樂團落日飛車就是這樣，已經有一定流量之後，直接跟Spotify母公司談藝人協議。當你的作品有價值了以後，就可以直接跟平台談，平台方會有點播量與分紅的計算公式，這些錢對於新的音樂人來說不一定夠，但如果能幫助行銷、產生流量，就以機會透過線下的演出賺錢。

黃：你們當年如何因應百度所推出的MP3在線音樂服務？在中港台流行音樂史上，有過什麼樣的鬥爭或矛盾嗎？

邵：從互聯網門戶網站到移動互聯網，傳統音樂產業從2000年至今面臨五大挑戰，分別是：演進的過程是從盜版MP3、經選秀、

經彩鈴、再經串流媒體，到短視頻。簡單說就是從音樂盜版網站、經電視綜藝節目、經電信運營商、在線串流音樂，到短視頻直播。這些平台不但有集資的能力，而且取代唱片公司擁有推紅歌曲的話語權，唱片公司也必須適應平台造星的能力，尋求優勢互補的合作機會，但是主客易位已經顯而易見。

回顧80年代大陸本土的唱片公司還在低度發展，除了盜版或是找人模仿港台歌曲「扒帶子」（直接抄襲），自身並不具有開發包裝藝人，對產品導向、企劃、製作、行銷、發行的完整能力，甚至對版權合約的認識也一知半解，又充斥許多魚目混雜的騙子，因此市場總是一鎚子買賣，很難坐實坐大。

90年代初，大陸的唱片公司才開始粗具規模，並有南北之分。北京，滾石唱片王牌企劃張培仁自組「魔岩唱片」，找到唐朝樂隊和竇維、張楚、何勇等組成「中國搖滾新勢力」，並在1994年到香港演出大獲好評，可惜日後拆夥無功而返。港人為Beyond樂隊填詞的劉卓輝成立「大地唱片」，由陳冠中擔任總經理，找來製作人黃小茂和高曉松，1994年推出「校園民歌1」，在大陸引起轟動，老狼主唱的〈同桌的你〉至今還是經典歌曲。並且推紅了艾敬〈我的1997〉。另一位港商Lesli成立「紅星唱片」，簽約藝人田震、鄭鈞、黑豹樂隊、許巍均為一時之選，還有「京文唱片」、「正大國際」等，成為中國流行音樂的中堅力量。

南方，廣州「新時代唱片公司」，簽下了有「甜姐兒」之稱的楊鈺瑩，她的專輯在訂貨會上預訂已經破百萬張，本土唱片公司已經摸索出新的商業模式。此後，內地本土唱片公司如雨後春筍般冒出設立，國際與本土唱片公司合縱連橫的戰國時代來臨了。

2006年湖南衛視製作一檔選秀節目《超級女聲》，沒想到這個節目一炮而紅，選秀透過手機短信投票的方式（這也是盈利的方

式），選出前三名人選。李宇春成了當年的風雲人物，甚至吸引粉絲在全國各城市的地鐵口為她拉票，這種「類民主」的行為，後來被官方叫停，李宇春成為本土產生的新偶像。

黃：這一段歷史的變化，跟科技的進展有一定的關係吧？

邵：2007年賈伯斯發布蘋果第一代智慧型手機，改變了世界，從此在線音樂下載，存儲在手機上聆聽的習慣，已經成為全球時尚。

2008年北京成功舉辦奧運會，原鮑家街43號樂隊主唱汪峰，脫隊單飛主唱的歌曲〈飛得更高〉、〈我愛你中國〉，大獲成功，是官方體制一致認可符合國情的主旋律。大陸歌手扭轉港台的影響，已經頗具成效，「中國崛起」已經成為舉國上下的唯一敘事。

2010年後，挾帶龐大資本的網路巨頭，開始試水音樂的在線運用，騰訊、網易、阿里巴巴、百度，分別透過併購或合作的形式，瓜分了在線音樂市場，搶奪獨家正版授權的歌曲，這使得傳統唱片公司因為銷售曲庫而有利可圖，但是主導作用已經邊緣化。

網路、電信業者主導平台，邊緣化音樂內容的生產者，造成一個歧型的格局。某內地論者稱：「似乎存在著兩個華語樂壇。一個在江湖之上，打造魔音貫耳、批量生產、算法分發的網絡『神曲』，一個在殿堂之中，遵循傳統製作流程，工業化淬煉高品質音樂。」，什麼是「好音樂」？沒有流量就是不存在的音樂？正在考驗今天的音樂產業。

但是無可避免，科技創新已經變革傳統唱片公司的命，港台流行音樂主導的地位，已經讓位給大陸土生土長的偶像明星和快歌熱舞，唯今之計，是與狼共舞，還是另闢蹊逕？

黃：抖音、B站、快播、小紅書，這些短視頻平台，推出的「神曲」排行榜是否決定了華語音樂的未來？

根據IFPI國際唱片協會的統計，2018年中國已經超過韓國成為

全球第六大音樂銷售國，整個亞洲區域則是全球第二大。中國大陸市場的強勢崛起，對音樂人而言到底意味什麼？

　　邵：摩登天空是一家創立於1997年的公司，創辦人沈黎輝剛開始只是為了自己擔任主唱，模仿英式搖滾樂團的「清醒樂隊」出專輯而成立的。一直以來都是indie的廠牌，簽約一些玩另類搖滾、龐克、電音的小公司。2006年一度面臨倒閉，卻因為把所有身家財產全部押上搞了「摩登天空音樂節」，二年後又創立「草莓音樂節」，透過這個音樂節活動盈利起死回生。目前已經成長為公司員工將近400人，簽約樂團藝人超過300組，每年運作超過30個音樂節，數百場演唱會，在紐約、倫敦成立分公司的大型音樂王國，這簡直是大陸本土唱片公司的奇蹟。摩登天空清楚意識到自己和網路平台公司的不同，他們以音樂藝人內容為核心，注重場景體驗，滿足分眾用戶的需求。網路平台公司則是把用戶、流量當成核心，在資本市場的支撐下，可以大量生產網紅歌手和網路神曲，這二股力量也偶有重合，目前就是分庭抗禮。

　　滾石唱片今年成立40週年，可謂台灣本土最老牌的唱片公司。2005年走過差點破產的陰影，近年拜曲庫授權各大流媒體平台而恢復生機。今年為紀念滾石40特別企畫一個專案叫「滾石撞樂隊」，挑選兩岸40支樂隊改編翻唱滾石歷年的經典歌曲，這個企畫無疑是新舊傳承的「老歌新唱」。對於年輕世代來說，簽約主流唱片公司對他們來說也許不重要，更多的年輕人自主經營YT,IG,從詞由創作、影音內容到行銷都不假外求，唱片公司與這些獨立音樂人合作，也必須提升自己的加值服務，用更好的團隊與企劃，協助歌手樂團更上層樓。

　　平台就像是「水能載舟，亦能覆舟」，洗腦神曲固然能火一陣子，我們還是要看待藝人的完整表演水平，是不是言之有物，對創

作有所革新。

常有人問我什麼是「巨星」？放長時段來看，巨星是非常少的，韓國BTS,Black Pink紅成這樣，可能都算不上。對音樂的貢獻從歷史看，19世紀現代樂派取代古典樂派，馬勒、史特拉汶斯基到約翰·凱吉，這個脈絡具有革命性的意義。美國從非裔藍調、咆哮爵士到酷爵士，邁爾·戴維斯（Miles Davis）無疑是史上第一人，接下來才有麥可·傑克森。這是一個很難產生「巨星」的時代，惟有放長歷史時段，後人才能理解他們真正的力量。

五、結語

黃：您回顧這40年華語歌曲的滄桑歷史，有什麼感想？

邵：「好音樂」未來還是會面對新的平台與技術變革，此消彼長是全球音樂的現狀。國際唱片公司從過去的五大到今天只剩下三大，資本跨足平台與內容已經進入融合的趨勢，從音樂創作的軟體到傳播的載體一直在變，唯一不變的還是音樂人的夢想和堅持，聆聽受眾更多元包容的喜好。這個世界並不平靜，我們不免是聽「被製造出來的聲音」，即使「餘下只有噪音」。除了大熱歌曲，人們更應該去聆聽這世界不同角落裡那些幽暗的聲音，越是邊緣弱勢的聲音，有一天可能成為主流。疫情期間參加陸綜「乘風破浪的姐姐」王心凌爆紅，台劇《想見你》主題曲〈Last dance〉讓伍佰在大陸又重新翻紅，華語音樂今天你河東，明天我河西，你方唱罷我登場，很難說孰重孰輕。流行音樂已經與文學、電影、當代藝術具有同等的高度，不斷吸引下個世代，繼續努力改變未盡理想的現況。

我最後的感想是：我們不能忽視烏克蘭的戰爭還在繼續，這讓人們質疑音樂在生活中的目的。但我想引用諾貝爾和平獎得主，南

非前總統曼德拉的話作結：

「音樂和舞蹈讓我與世界和平相處，與自己和平相處。」

　　　　　　　　　　　　　　　　　——納爾遜‧曼德拉

　　"Its music and dancing that makes me at peace with the world and at peace with myself."

　　　　　　　　　　——Nelson Rolinlahla Mandela（1918-2013）

　　音樂帶給我們的快樂，與人們追求和平與自由的生活，並不矛盾。

　　黃文倩，淡江大學中文系副教授，兼任文學院田野調查研究室主持人，研究兩岸現當代文學與文化。著有專書《在巨流中擺渡》、《不只是「風景」的視野》、《靈魂餘溫》及期刊論文多篇。

　　溫伯學，淡江大學中文系畢，老派樂迷，現為《VERSE》雜誌編輯。

附錄 邵懿德心中改變華語音樂的50張專輯(80年代之後)

1 鄧麗君 《淡淡幽情》1982

2 羅大佑 《之乎者也》1982

3 侯德健 《舊鞋子新鞋子》1984

4 多人 《明天會更好》1985

5 薛岳 《天梯》（機場）1985

6 鳳飛飛 《掌聲響起》1986

7 李壽全 《8又二分之一》1986

8 李宗盛《生命中的精靈》1986

9 齊秦 《冬雨》1987

10 黑名單工作室 《抓狂歌》1989

11 崔健 《新長征路上的搖滾》1989

12 小虎隊《青蘋果樂園》1989

13 Beyond《大地》1990

14 林強《向前走》1990

15 郭富城《對你愛不完》1990

16 唐朝樂隊《唐朝》1992

17 黑豹樂隊《無地自容》1992

18 周華健《花心》1993

19 張學友《吻別》1993

20 竇維《黑夢》1994

21 伍佰《浪人情歌》1994

22 劉德華《忘情水》1994

23 王菲《天空》1994

24 張國榮《寵愛》1995

25 那英《白天不懂夜的黑》1995

26 朱哲琴《央金瑪》1997

27 陶喆《陶喆》1997

28 張惠妹《Bad Boy》1997

29 梅豔芳《女人花》199730 張震嶽《秘密基地》1998

31 群星《既然我們是兄弟》1999

32 五月天《愛情萬歲》2000

33 林憶蓮《林憶蓮》2000

34 周杰倫《范特西》2001

35 陳奕迅《反正是我》2001

36 許巍《時光漫步》2002

37 宋岳庭《宋岳庭的羽毛》2003

38 蔡依林《看我72變》2003

39 老狼《北京的冬天》2007

40 群星《北京歡迎你》2008

41 汪峰《信仰在空中飄揚》2009

42 萬能青年旅店《萬能青年旅店》2010

43 宋冬野《安和橋北》2013

44 草東沒有派對《醜奴兒》2016

45 王若琳《愛的呼喚》2019

46 五條人《縣城記》2019

47 華晨宇《新世界》2020

48 GAI《我是唱作人2Live》2021

49 瘦子E.SO《EARTHBOUND》2022

50 滾石40群星《滾石撞樂團・40樂團拼經典》2022

多角度看動物

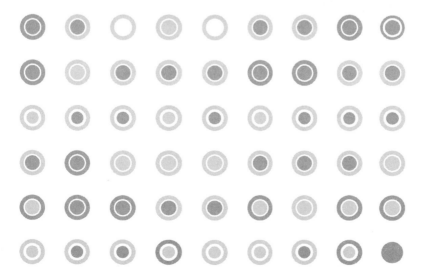

「多角度看動物」專輯序

吳宗憲

　　自1800年代英國推動立法禁止虐待動物開始，動物保護就代表17、18世紀啟蒙時代的成果之一，隨即掀起一連串的哲學思辯與社會改革，在經濟、獸醫學、科學、政治、藝術等層面有所發展。隨著時代演進，也因應社會需求，動物相關議題的討論愈趨多元，如結合動物行為學研究而發展的經濟動物五大自由、實驗動物3R、人與動物關係學（Anthrozoology）、生態保育、食品安全等，這些議題都在政治、經濟跟法律上逐步發酵。

　　隨著工業時代來臨，交通工具、科技等也為動物保護帶來新的課題，如野生動物在國際之間的走私。2020年 *Environmental Conservation* 期刊刊登一篇文章，探討野生動植物非法貿易透過網路與社交媒體平台擴展足跡，甚至需要透過大數據的協力才能進行深入調查；又如近兩年的Covid-19傳染病，在2020年的 *Humane Society International* 期刊中，便有學者將野生動物市場與Covid-19做跨領域研究，更有 *Animals* 特刊，以疫情作為主軸，探討動物如何作為社會支持的一部分，在獸醫學、社會學與心理學中都有積極的討論。此外，同伴動物的安樂死議題，也已經不單純是醫學照護問題，其背後所引發的道德討論，在西方國家也有如 "Euthanasia of companion animals: A legal and ethical analysis" 的文獻探討。

　　由此可見，動物保護在國外相關的討論中，已經不再只是單一領域之研究；在實務面上尤其需要展開動保議題的跨領域討論。如由電腦協會（ACM）在馬來西亞舉辦的第12屆電腦娛樂科技的國際研討會上，就將動物與電腦科學作為探討主題；在2016年則有雪梨大學的跨領域研究團隊舉辦「寫動物：文學與動物王國的變動關係」研討會，以文學結合動物；而在2021年5月的第26屆國際生物、環境、醫學、獸醫學國際研討會，也綜合討論生物、獸醫等自然科學領域。除此之外，在堪薩斯大學的跨領域研究室中，設有動物照護中心；倫敦國王學院在2013到2017年也有「一種醫學？人類與動物疾病的探討」的學術計畫；而澳洲的紐卡索大學則正進行「動物疾病控制之知識資源的評估」計畫，其中包含公共衛生、社會學、微生物學、環境科學與醫藥統計學等領域。

　　在台灣，也有許多動物保護議題需要透過跨領域的方式合作方能解決，如台灣石虎的保育，在過去就有陳美汀博士以空間生態學的角度監測石虎的動態，還有鍾伯芬與游舒文兩位學者以石虎作為環境教育的案例；另外，台灣黑熊的保育工作也是跨領域研究的一環，不只有針對保育工作的願付價值估計調查外，還有結合第二部門、第三部門與教育策略的期刊文章。然而，總體而言，在台灣其實仍少有全面性發展的動物議題跨域研究。

　　動物議題跨域研究的缺口，目前至少有兩個問題：一，跨領域研究少，使得動物相關議題知識不全面；二，缺乏跨域研究，因此實務上無法有效解決動物保護問題。

　　在第一個問題上。跨域研究目前較受矚目的領域，僅有台灣女性學學會、文化研究年會、STS《科技、醫療與社會》等單位，有較頻繁且受到政府補助的跨領域活動外，其餘領域則被忽視。但是國內動物相關政策議題卻非常需要跨領域學界的支持。例如，當我

們研究外來種防治的相關配套措施時，多數蒐集到的都是自然科學調查的文獻，關於政策、倫理學、法學，甚至是人事制度等層面的討論就相當稀少。然而動物議題不單純只與動物相關，其更多是制度有需調整之處。

在第二個問題上。台灣過去有許多關於動物的研究，研究者專心進行自己的研究，往往因為埋頭在自身領域中，雖然研究主題較為獨特，仍然可在各自領域中發表，但由於議題局限，即便該研究對於學術有所貢獻，也較難進入主流，吸引大範圍的討論。若此時能夠結合其他領域之概念，則可增加該研究的重要性，也增加其他領域的應用性。舉例來說，在台灣民主化的進程中，其核心的就是權力關係的重分配，政府更多的任務是在保障弱勢族群的權益，身為無法用言語發聲的動物，更是弱勢中的弱勢。如果能在談論政策或是權力關係之時，將動物作為一個環節，則更能使權力理論涵括性更高，也更能使其他動物保護領域研究者，應用政治學，為動物取得更好的地位。

除了學術界的動物跨域研究缺乏，教育界也有動物相關跨域教材的缺口。許多在第一線的教師，因為在自身熟悉的領域中教授動物相關的知識，卻無法考量到其他領域的思考邏輯，例如談論到動物園的議題時，便可分成至少三大層面討論，首先，「動物保育」以及「動物福利」的立場，便會出現截然不同的教學目標；第二，即便確立了立場、決定要以動物權或動物福利的角度討論動物園議題，尚需動物行為學或動物福祉科學的知識，才有辦法達到動物保護的目標。最後，在討論完動物保護的目標、補充足夠的動物知識後，還需要讓社會大眾遵守動物保護相關的規範，此時就需要行政管理的專業，進行政策設計，如保證金的規畫、管考監督的責任歸屬等。跨域教學已然是在現今繁雜多變的社會下，必須具備的能力

與策略。

最後，動保實務界則缺乏與學術界的溝通，使得最新的知識無法應用到工作場合中。在產業界，台灣具備許多優秀人才，資源分配也能以最高效率達成，然若是進行實務工作中遇到問題，能以學術理論作串連，縫合理論與實務之間的缺口，便能夠為社會帶來更多可能性。2016年開賣的「老鷹紅豆」即為一例。由生物老師沈振中、屏科大鳥類生態研究室的孫元勳教授及研究員林惠珊和洪孝宇組成的團隊，在過去進行調查時，發現所追蹤的黑鳶死亡，體內有「加保扶」殘留，追查後發現，原來是因為黑鳶吃了死亡的紅鳩導致，為何吃了紅鳩會死亡呢?主要是因為種植紅豆時所使用的農藥「加保扶」毒死了紅鳩，間接也使得吃了紅鳩的黑鳶中毒死亡，當地農人也深為此困擾。後來，屏科大團隊與當地農人接上線，這些代耕業者利用代耕機，將紅豆的種子種深一些，讓紅豆長出來的幼苗強韌，這樣就不會馬上被鳥類拉扯走，成為牠們體內的毒藥。後來還有全聯實業的加入，在保育、農業以及通路上，創造三贏的局面，更能夠保障人類食用紅豆的安全，免於擔心用藥問題。

為了創造動物相關議題跨域討論的平台，臺灣動物與人學會、中興大學「浪愛齊步走—流浪動物減量與福祉實踐」計畫、臺大永齡「關懷生命、愛護動物」專案計畫共同主辦了一次動物多元議題跨域研討會。會議由不同領域的26位專家學者發表或與談，讓學者們可以在吸收其他領域資訊的同時，與自身研究範疇結合，創造出不同的研究思維，並且思考如何運用到教學現場及實務的政策領域。若讀者有興趣，都可以在雲端（https://reurl.cc/nZKWev）當中閱覽到所有研討會的影音資訊。

在會議結束後，考慮到相關發表能夠有更長遠的傳播效果，感謝《思想》提供一個發表的平台，收集多篇將口頭發表形諸文字的

文章，作為一個開端，讓台灣多元動物研究能夠永續發展。

本次專輯所蒐集的論文大致可以分為三個面向。

首先，從宏觀的價值思辨上，李鑑慧、顏士清、黃文伯三位作者分別從歷史與生態的角度，重新反思動物議題的定位；其次，在微觀的科學知識應用與傳遞上，鄧紫云、黃威翔等兩位作者聚焦討論科學知識如何能夠幫助到動物個體，蕭人瑄、山夢嫻兩位老師則討論傳遞動物保護知識予學生的教學方法。最後，在中觀的政策的社會落實上，陳懷恩、吳詩韻、王韋婷、陳沁蔚、唐玄輝等作者完成的三篇文章，則應用社會工作、法律及服務設計（管理學）等領域的方法，建構各種機制，以便動物在人的社會中應當能夠被友善對待。

動物議題的多元與跨域的特性，定能發展出非常豐富的知識領域，但多元與跨域也有可能代表矛盾衝突與不可妥協性，面對動物研究的未來，我們不能有天真的樂觀，但也絕對不需有世故的悲觀，動物研究領域創業未久，但也方興未艾，期待未來有更多專家學者貢獻心力，共同豐富動物跨域研究的這片園地。

吳宗憲，臺灣動物與人學會理事長、臺南大學行政管理系教授。

後人類世代下的史學新局——
渴望生物知識：
以英國近代農場動物移動經驗研究爲例

李鑑慧

　　從生態女性主義到科技與社會研究，從後殖民浪潮到後人類思潮，西方思維中各種二元對立觀點，在過去半世紀以來，未曾中斷地遭受嚴厲批判。在一個對語言、知識與權力之關聯日益警覺的年代中，文化vs.自然、人類vs.動物、男性vs.女性、理性vs.感性、精神vs.肉體、西方vs.東方等彼此交纏的二元思維框架，除了構成世界種種壓迫的根源，亦被指認有礙於對世界真貌之認識。與此不無連結的科學與人文這兩大知識板塊之對立抗拮，也同受檢討。凡舉理性獨大、科技支配、性別歧視、殖民壓迫、自然剝削、動物虐待，無不可追溯至這些二元斷裂且尊屈分明的思維運作。那大寫的人類、大寫的文化、大寫的男性、大寫的西方白人世界、大寫的理性和科學，合力建構了一個相互緊扣又彼此強化的支配結構。世人所認識的世界，在這些概念結構下，也遭受著切割、遮蔽與扭曲。

　　時至21世紀，人類世（Anthropocene）爭議所揭露的種種攸關地球生命存續的問題，更增強了世人對這斷裂世界觀的批判火力。地質學家考量採用的新地質年代「人類世」雖尚未取得共識，但這概念早已野火燎原，化為倡議者的政治武器，曝顯問題，也激化討論。全球暖化、生物滅絕、水土汙染、雨林破壞、能源耗竭，以及

對於動物之大規模剝削等等肇因於人類的種種問題，雖非今朝才浮
現，卻在一個迫切末世論下，催逼著行動；時間盡頭下的存活、將
沉的鐵達尼、受創地球的恆久「麻煩」、各種末日變形與奇景，也
成為想像今世的新意象。[1]那頑強固著的二元對立思維，更被指為問
題濫觴、人類中心主義罪魁。

怎麼說呢？單以人與非人動物之間的關係為例，主流學術傳統
長久以來首先於兩者間橫空劃出一道「深淵般的」（德希達語）巨
大鴻溝；人類除了為自身打造出一個獨具語言、思想、靈魂、自主
意志、文化、道德等的尊貴形象，也透過一個他者化過程及虛構對
比，使非人動物淪為人類一切卓越之對立面與卑微襯托。自古典時
期人類理性之開展，再經文藝復興人本主義（Humanism）之洗禮，
數千年來，人類不但自尊為衡量萬物之尺，更也在一個自我打造的
宇宙階序中，自居萬物之首。這建立於巨大人獸差別上的「人類獨
特主義」與「人類中心主義」，繼而合理化了一套以人類為主體之
目的論與工具論——人類方為世界之目的，自然萬物則為僅供人類
暴徵與役使之對象。這一切，終也為人類世災難埋下引線，包括其
中對於其他物種之蔑視與滅絕。人類文明，包括對之曾起巨大推進
作用之人本主義暨其核心建構要素——人類對於自我形象之打
造——也於「後人類主義」（Post-humanism）思潮衝擊下，以戴罪
之身，成為受檢討對象。[2]

1　參閱如Bruno Latourr, *Facing Gaia: Eight Lectures on the New Climatic Regime*（Cambridge: Polity, 2017）; Donna J. Haraway, *Staying with the Trouble: Making Kin in the Chthulucene*（Durham: Duke University Press, 2016）.

2「後人類主義」具多股現實推動力量，包括生物科技、人工智慧、環境危機，以及動物處境等。其思想源流與理論意圖紛雜，但其中一

　　面對著這人類在本體論與知識論層面即出了差池之景況，憂心者無不疾呼，若欲迎向垂危地球之生態危機，吾人唯有從重思（re-vision）自我與世界開始。吾人須揚棄的，是一個獨見人類龐大身影的扭曲世界觀；須看見的，是人類及其理性以外、各種曾經不起眼的元素──物質、情感、身體、自然萬物與非人動物；須擁抱的，則是一個更為貼近真實之萬物共生共構、交織連結的整體世界觀。如同《求生於受傷地球之技藝》一書所道：「我們迫切需要在全然滅絕我們的〔地球生靈〕同伴之前，展開對他們的關注」。[3]只是這項工作，又該如何起手呢？正因為語言乃世界之開端，一個徹底轉換的世界認識，也無法不仰賴無數敘事與故事加以重建。在這工作上，史家說故事之技藝，也於是被殷切召喚著。

　　不過，這工作又是談何容易？史學做為一古老「人文學科」（the humanities），本身即為後人類主義批判下有待革新之對象。如後人類理論家卡瑞‧沃伏（Cary Wolfe）所指，史學並非「平白無故」被稱為人文學科。[4]其學科本身一方面乃為人本主義思維之精準展現，另一方面更為這種意識形態的關鍵支撐。是以所謂歷史，不啻為一部獨見「人類」而忽略自然與萬物之歷史；有關人類文明之故事，亦不外為對於人類、理性、科技、進步等之禮讚。若欲翻轉人類本體認識，史學唯有從自我革新開始，徹底檢討其學科思維根基。

（續）────────────

　　項主要關切，在於促使人類察見科技與環境新世代中人類真實生存境況，並於本體論與認識論層次重新檢討傳統人類之自我形象與世界建構，並繼而謀思生存新對策。

3　Anna Tsing, Heather Swanson, Elaine Gan and Nils Bubandt eds., *Arts of Living on a Damaged Planet*（Minneapolis: University of Minnesota Press, 2017）, M7-M8.

4　Donna Haraway, *Manifestly Haraway*（Minneapolis: University of Minnesota Press, 2016）, p. 260.

　　其實，在這巨大工程上，過去數十年來史學的種種發展，已經或直接或間接地啟動了某些轉變。所謂史學中的物質轉向、情意轉向、身體轉向、生態轉向、科技與社會研究等，除了協助人類看向了歷史中的其他價值與元素，也不免連帶挑戰了傳統人類本體認識中之宇宙中心性、穩固性、獨立性、自主性，乃至卓越性。而近年悄然興起的動物史學，或謂人與動物關係史，其所承載之部分任務，也正在於打造出一個符合新世代需要之世界觀。它除了期盼超越傳統史學局限，破除二元斷裂視界，看見動物也察其經驗，更也藉由建立動物於歷史中所扮演之功能與角色、尋覓人與動物間之彼此連結與共生共構，重新打造一個去人類中心之人類本體認識與世界理解模式。

　　不過，在動物史研究上，這擴張及於地球其他生靈的研究新視角，不單涉及本體面，更也涉及知識論與方法面之挑戰。首先，動物史學屢遭質疑的，不外「子非魚安知魚之樂」之知識論問題；史料哪兒來，則為接下來的方法面提問。對於前者，在邏輯層次，我們或可論道，吾人既可推知其他個體經驗，包括異性別、異階級、異種族者，基於人與動物間的類同性，又何須特殊化理解異物種經驗之可能性？因為一旦採取這激進懷疑主義立場，一切歷史經驗之再現都將成問題。再者，一旦投入浩瀚史料堆中，動物史從事者常深有所感——萬樣素材得來毫不費功夫，問題只在於過往之視而不見。有關動物之存有與經驗，不但載於官方文書、載於統計資料、載於報章媒體、載於書信日記、載於影音圖像、載於文學創作、載於藝術作品、載於宗教聖物、載於物質材料如馬鞍、耕具等，更也載於動物身體——其骨骸、其皮毛、其傷痕……。凡舉一切得以建構人類存在與經驗之史料，無不往往同時述說著有關動物之故事。這素材之俯拾皆是，正是動物在人類社會建構中從未曾缺席之明證。

　　不過，也因為這邏輯與實踐上的明白直截，我曾經低估了這些問題。當然，個人先前處理主題之單純性——人類虐待下的動物經驗——也是個人遲察之因。基於人獸共通之生理反應，基於史料中對於動物傷痕、哀號、暴怒、逃逸、崩潰乃至死亡之描繪，我得以穩當再現動物於特定情境中之經驗，推定他們必然承受不同程度之苦楚。[5]不過，當我轉向了近代英國農場動物的移動經驗這課題時，難題卻悄然而至。

　　在這項研究中，我主要欲建構出牛羊等牲畜做為「畜產品」，於18、19世紀英國如何由供應端送往需求端；也就是當代動物倫理仍爭議不休的「活畜運輸」問題。我的關切，特別在於建構出當中動物的實際身心經驗，以及與人類之互動。18世紀，英國畜牧業已經建立起高度統合之全國性市場。為滿足市場需求，大批牛羊主要由蘇格蘭、威爾斯、愛爾蘭，以及英格蘭北部等地區，輸向全英各大城鎮及倫敦都會。以蘇格蘭高地至倫敦這全國最大活畜集散地為例，全程可逾千里；由威爾斯主要產區算起，則約三、四百公里。在19世紀蒸汽動力科技廣泛運用之前，牛羊主要仰賴徒步行走，在專業趕集者（drovers）的引領下，跋山涉水，自行走向市場。以正常移動速度來說，牛群由蘇格蘭至倫敦，約需走上兩個月時間；羊群由威爾斯行至倫敦，最快也需15-20日。不過當蒸汽輪船與火車於1830及1840年代相繼到來後，農人與放牧商無不趨之若鶩。其中最大誘因，不外為大幅縮短的運程和能夠精準掌握市場販售時間。不論是輪船海運或是火車陸運，加上轉接與等待「集貨」時間，活畜輸送成為一、兩日內須臾之事。1840年代，當活畜進口開放之後，

5　參閱如李鑑慧，〈一篇多物種遭逢的故事：19世紀倫敦史密斯菲爾德活畜市場搬遷爭議〉，《新史學》，32：1（2021），53-117。

來自歐陸與美洲之牛羊，依距離之不同，也分別在1-4日與兩周左右
可送抵。

在這以蒸汽動力科技為劃分的兩種不同移動模式中，究竟動物
身心經驗為何？如何回應其環境？這些都是研究所需回答的。不
過，對於生長於都會中的我來說，牛羊不若貓狗，無非是異常陌生
的物種；出身人文訓練背景，也不具備任何動物學或動物行為學知
識。研究開始，問題就紛沓而至：長程行走對於牛羊來說，是否會
造成動物身心壓力乃至痛苦？行走於溼地、沼澤、碎石路、人工道
路、險峻山路，分別會對牛羊帶來甚麼挑戰？牛羊對於寒風、雨雪
和溽暑之適應力？一路飲食與休憩如何安排、是否足夠？路途常見
傷害與疾病如何處理？數以百計的龐大牛羊群體，彼此如何互動？
與相對少數的趕集人關係又如何？為何順從？是否反抗？蒸汽動力
下的動物運輸，則又喚來另一組問題。車站、碼頭的人工環境，對
於牛羊身心之影響？大規模運輸所涉及的牛羊混群，如何影響物種
群體互動？牛羊上下車船方法是否造成動物不適？車船安置空間，
包括欄位設計、空氣品質、溫度濕度、排泄物處理，對於生物體所
帶來之影響？牛羊是否會動暈？行進中有無辦法飲食？船艙與港
口、車廂與車站巨大的環境條件變換，以及車船銜接、漫長轉運等
待等，可能帶給牛羊甚麼樣的身心壓力？

所幸，時人所留下的資料，透露了部分解答。農業手冊、獸醫
學書籍、趕集人或農人之帳本、趕集沿途遺址——飲水設施、糧草
店、客棧、牧草生長狀態，乃至小說中對於趕集生活的描繪、國會
調查報告、動保團體紀錄，皆有助歷史重建；一個生物與社會交織
之畫面也隨著史料到位而逐漸浮現：為讓牛羊適應長程路途和不同
地形，趕集人會先提供牛羊腳力訓練並做安蹄準備；為避免混群打
亂原始群體階層，會靜觀其變、任其重建階層，回復群體穩定；為

使牛羊依指引行進，甚至克服艱難路段，趕集人會利用牛羊追隨領導者的生物本性，挑選數隻做為先導；為回應牛羊頭幾日夜間所可能出現之歸巢本能（homing instinct），自行尋路返家，趕集人會露宿於旁。基本上，在傳統徒步趕集模式中，為確保動物自願行走、預防各種失控場面，也維持良好身體狀態以利販售，趕集人往往深諳動物物種特性並順應之，也充分回應其需求與偏好，以求路途成就。

　　對於新式運輸工具中的牛羊來說，其挑戰主要雖非來自大自然，但所面對的一切科技與人工環境，卻構成牛羊巨大的痛苦來源。例如，在火車站這現代科技綜合體中，陌生空間再加上不論是尖銳汽笛聲、火車啟動聲、車輪剎車聲、車廂編解聲或巨大關門聲等，都是牛羊這類生性膽小的被掠食性動物的驚恐來源。船艙車廂之壅擠；快速行進所致之跌撞與踩踏；浪濤和暴風雨所致之搖晃與撞擊；通風不良所帶來的缺氧和悶熱；久站與擠壓所致之關節僵硬與相互戳刺；飲食和醫療照護之闕如；受制於商業考量和運輸條件而來的車站或港口之過久等待等，也都是動物體力耗竭乃至傷病死亡之因。

　　然而，即便時人留下諸多線索，卻也遺留諸多空白。在傳統徒步趕集部分，除了長途行走所帶來的蹄腳之傷、體重耗損，以及偶發的個人暴力，時人甚少提及動物所可能經驗的不適與壓力。但這是否就代表徒步趕集確實不致傷害動物福祉？在蒸氣運輸部分，動保團體吹哨、國會積極介入、政府多次專責調查，無疑確認了這新型運輸模式於不同環節對於動物所帶來的大幅傷害。不過，在獸醫學與動物學皆不發達的19世紀，於部分問題上，各專家間亦不存共識。例如，牛和羊於行進中是否應該喝水？飲食是否會造成更大身體不適？牛羊最長可多久不喝水與不進食？安置空間需要多大？甚麼樣的車廂與船艙設計才能降低動物傷害？再加上利益團體之積極

介入，各種意見也就更加分歧。

　　是以，無論是為了站在更高立場，衡量時人所知而非一味接受
其證詞，或是超越時人知識限制以求完整重建，史家顯然無法不具
備更多有關動物身體、生理、本能乃至行為之認識。但這對一般史
家來說談何容易？做為科學與人文這斷裂的「兩種文化」（the two
cultures）下的受害者，研究者本身之知識版圖即嚴重缺損。在對於
歷史中之動物天性與需求等幾近無知之狀況下，所謂「建立動物視
角」、「貼近動物經驗」以及「建構多物種歷史」等等動物史學自
許的任務，無異奢談。當然，在這工作上，動物史學從事者也並非
無解套之法，這也就是其屢屢呼籲的「跨域求索」——藉助自然科
學知識以重建歷史。在這項研究中，筆者個人也不得不踏出研究上
的舒適圈，積極展開自我教育並也對外求援。我首先廣泛參閱生物
學、動物行為學、動物福利科學、獸醫學等之基礎教科書，認識研
究所聚焦之動物主體的生理結構、身心需求、行為模式和各種不同
情境中的本能反應。為理解特定動物經驗，如長途行走、驅趕模式、
體重耗損、動暈反應等，也搜尋專題性的科學文獻。當然，受限於
自身學科訓練，有時即便資料已在眼前，也未能讀懂。對於人文學
者來說，複雜的統計圖表、運算公式或是生化元素分析，都可能造
成理解障礙。部分歷史問題，亦沒有直接對應文獻；例如，雖可尋
得當代長程徒步趕集對於動物生理與福祉影響之研究，但在當代行
走條件已大不同於18、19世紀英國之時，其結論自也難以直接套用。
於是找不到、讀不懂、用不上，也是我的常見窘境。此外，為免因
誤讀誤解而貽笑大方，在研究過程中，我也拜託具相關科學背景之
友人協助解讀文獻，並請動物福利科學學者於文稿發表前給予修正

意見。[6]

　　整體而言，這份研究雖然充滿不尋常挑戰，但跨界嘗試卻令人振奮，研究初步結論也出乎我意料。[7]早先，我想像長程徒步趕集對人對獸應皆是苦不堪言；新式科技運輸或因迅速便捷將可大減牛羊身心壓力。結論卻有違預期。若暫擱置畜牧產業中牛羊最終遭宰殺的命運不論，那已逝的長程趕集路程中所展現的，並非人類對於動物之絕對支配，而是一種相互化成、相互與能之彼此照應關係。於其中，人類對於動物各項本能之尊重與需求之時刻回應，以及兩者間所存在之密切互動與共體經驗，皆是可供吾人反思物種關係的珍貴歷史遺產。相對地，那科技所允諾的快速運轉——運輸暨資本主義體系——帶給動物的反倒是更大之身心傷害。箇中緣由甚為簡單，因為在強大的科技動能之下，動物移動本身不再需要仰賴具備良好功能之生物體，牛羊特性、需求與行走意願，皆無關行程成敗，自也不受人類尊重。而這也正應驗了哲學家暨動物科學家伯納德‧羅林（Bernard Rollin）所曾論道的傳統與現代畜牧業之差異：前者成功關鍵在於「能將方型木栓放到方形洞中，並在這過程中盡量減少摩擦」，但是當代科技卻因其大能，往往做著鑿圓枘方之事，以至於即便「動物福利不再受尊重，動物依舊具備高產能」。[8]不過，

6　在此特別感謝中興大學動物行為科學系林怡君教授對於個人文稿所提供之寶貴修正意見。

7　此項研究成果請參閱〈閾態中的人獸生命化成：英國近代農業中的徒步趕集1700~1840〉，《新史學》，33：2（2022），191-255；〈牛瘟、防疫與動物運輸改革：蒸汽動力時代下的動物移動經驗變遷〉，《世界歷史評論》「歐亞歷史上的動物與人類專論」，8：3（2021），132-176。

8　Bernard E. Rollin, "The Meaning of Animal Welfare and Its Application to Cattle," in *The Welfare of Cattle*, edited by Terry Engle, Donald J.

當然，這動力科技下之動物運輸的故事至今未曾結束；全球活畜市場的變化、科技的更新、動物福利觀念的落實，都有助於峰迴路轉，雖暗藏駭人的動物受苦，卻也因人道思維而尚存轉變生機。當然，這些故事，還能帶給吾人哪些進一步啟示、作用或甚至探索可能，皆有賴史學外之更多觀點方能成就。這也是跨域交流所能帶來的更多後續裨益。

不過，回歸動物史學在這後人類世代所承擔之特殊本體接合工作。個人於知識上的捉襟見肘，實提醒了動物史學之新世代任務，確實可能伴隨對於現行人文學者來說無可否認之挑戰。若欲重思人類、重思世界，看見人類與萬物交纏連結之世界整體史，動物史家，乃至所有認同這工作並於本體層次與各種他者展開「共舞」之人，[9] 實有著多重藩籬必須打破。首先，在思維面，自是得充分意識到那二元對立觀點之作用，並力求去除人類中心。在知識領域，則是破除現行人文與科學間有形無形之嚴明界線，尋覓連結與合作，甚至於養成階段即融入生命科學訓練。如史家王晴佳所道，在這科技正以無限潛力轉變著人類與世界本體認識之後人類世代，無論是為了重構世界現實，或是探求萬物共生可能，擴充自身知識基礎，轉向自然科學，已是這代史家所無可迴避之挑戰。[10] 又如《求生於受傷地球之技藝》一書之再提醒：「人文與自然科學間僵硬的區隔是當代人類征服萬物的意識形態利器，但對於〔地球生靈同伴間的〕合

（續）

    Klingborg and Bernard E. Rollin （London: CRC Press, 2019）, p. 68.

9 共舞概念呼應哈洛威之呼籲，參閱 Donna Haraway, *Manifestly Haraway*, p. 224.

10 Q. Edward Wang, "Toward a Multidirectional Future of Historiography: Globality, Interdisciplinarity, and Posthumanity," *History and Theory* 59: 2 （June 2020）, p. 302.

力生存來說，卻是糟糕的工具」。[11]同樣憂心受創地球並首發先聲撻伐人文與科學間之楚河漢界的布魯諾・拉圖爾（Bruno Latour）講得更是明白：今日潘朵拉的科技之盒既已打開，災禍、詛咒、罪惡等漫天飛舞，科學與人文學者唯有放下彼此矜持與職業習慣，共探那深藏盒底的「希望」並不吝互問——「這盒底太深，我自己搆不著，你願意幫幫我嗎？我也能助你一臂之力嗎？」[12]

　　僅藉此文，自曝不足，傳達渴望生物知識、渴望交流之切，更也期待這場研討會以及「臺灣動物與人學會」得以持續帶動更多跨域合作嘗試與建置，共同迎向人類世之危機與轉機。[13]

　　李鑑慧，國立成功大學歷史學系教授。研究領域為英國近代史、人與動物關係史。近作有 *Mobilizing Traditions in the First Wave of the British Animal Defense Movement*（2019）與〈英國工業革命中的動物貢獻與生命經驗初探〉、〈由邊緣邁向中央：淺談動物史學之發展與挑戰〉。近年主要關切英國近代農業中的動物生命經驗變遷。

11　Anna Tsing, Heather Swanson, Elaine Gan and Nils Bubandt eds., *Arts of Living on a Damaged Planet*, M7-M8.

12　Bruno Latour, *Pandora's Hope: Essays on the Reality of Science Studies*（Cambridge, MA: Harvard University Press, 1999）, p. 23.

13　本文為2021年「為動物發聲：動物保護議題的跨域學術研究與教學之過去、現在與未來」研討會發表文稿改寫而成。

更宏觀的思考動物保護：
生態保育

顏士清

　　要有效解決問題，我們需要宏觀尺度優先的思維模式。舉個例子，近幾年全球籠罩在新冠肺炎的陰影之下，請問您認為以下哪個方法能夠更有效的降低肺炎病毒對人類的威脅呢？1. 開發疫苗並大規模施打，2. 開發藥物治療患者。雖然兩者都十分重要，但要能有效控制整體疫情，應該是疫苗更為優先，這是因為疫苗從物種或族群的大尺度來預先著手，而藥物是個體尺度的事後補救。

　　相同的道理，在處理動物保護議題時，也應該以大尺度為原則制定策略，之後再輔以小尺度的細節修正。把動物保護的尺度放到最大，其實就是生態保育。生態系包含各式各樣的生命及其所處的環境，當生態系穩定健全時，住在裡面的動物自然能夠好好的生存與繁衍，因此生態保育必須是優先原則；而動物保護領域通常更關心動物個體的存活與福祉，這是後續要考慮的細節。稍有不同的是，當關注的對象是受人管理、飼養的動物群體時，由於動物已經被抽離於生態系之外了，先行原則會是維持他們對於人類生存的必要性，諸如食物、醫藥、運輸、陪伴……等，接著再致力讓動物個體獲得最大的福祉。

　　犬貓無疑屬於受人管理、飼養的動物群體，但當牠們脫離人類控制、遊蕩在自然環境裡，此時該如何看待犬貓的定位、如何制定

管理策略？這對許多人來說十分的困惑難解，又或者陷於錯誤迷思
之中。本篇文章試著梳理流浪犬與自然生態衝突之議題，呈現筆者
在野外研究上的發現，提供流浪犬管理議題的思考觀點。

　　生物學家為了保育生態環境，開發出許多研究工具與方法，例
如針對某種瀕危動物，能夠估算其現存數量；在計算出生率與死亡
率等數值後，還能夠估計未來的數量變化；對於某種強勢入侵到非
原生區域的動物，能夠模擬其現在的分布範圍與未來的擴張；對於
共處一地的兩種或很多種動物，能夠評估牠們之間的競爭關係、族
群的此消彼長；對於可能會危害人類生命財產的動物，能夠調查人
們的想法與動物的習性，找出減緩衝突的可能方案。

　　而以上這些方法，恰好也都很適用於遊蕩犬（包括放養家犬和
流浪犬兩類型）的調查與管理。從2016年開始至今，筆者在陽明山
區進行遊蕩犬族群的長期監測，計算遊蕩犬的數量與族群動態，也
和獸醫學者合作，檢查牠們的健康情形。結果發現該地的遊蕩犬存
活率不高，一年的存活率平均只有44.7%，也就是每10隻狗，一年
之後只存活不到5隻。但奇怪的是，犬隻的數量雖然每年都有一定幅
度的波動，長期以來卻沒有下降趨勢。這代表了即使存活率低，但
時常有外地的犬隻遷移、或被棄養來到此區，而本地也有小狗出生、
長大，不斷的為族群補充數量，導致族群始終龐大。

　　前段所述的存活率是平均值，實際上，我們觀察到有部分犬隻
可以活到三年或更久，還有許多狗則是在一兩個月以內就消失無
蹤。這少部分能夠適應環境生存較久的犬隻，有時會導致人們的錯
覺，認為流浪犬的壽命都很長，高估了流浪犬的動物福祉；而另外
那些短時間就消失無蹤的個體又去了哪裡呢？我們比對資料發現只
有少部分是被動保處誘捕帶走，實地觀察研判自行移動離開的也只
是少部分，其餘多數很可能不適應環境已經死亡了。雖然很難找到

屍體當佐證，但動物醫學研究的結果可以支持這個論述。

在調查的過程，我們會觀察並拍攝所看到的每一隻個體，記錄外觀是否有皮膚病、肢體殘缺。六年來，每年調查到的皮膚病比例約5-9%；而跛腳斷掌的個體，比例高達10-18%，有的甚至斷了兩隻腳、有的則整隻大腿以下都已消失，也曾看過腳掌露出整截白骨的狗，以及腳上纏著鋼索正在流血的狗（後有成功救援）。我們又進一步採樣遊蕩犬的血液，分析血液數值來檢測犬隻的身體健康狀況，結果發現有高達約2/3的個體，血檢值有程度不一的異常，例如有37%的犬隻血紅素指數異常，研判是貧血，造成貧血的原因可能與長期營養不良、或血液寄生蟲感染有關；有37%的犬隻白血球指數異常，意味著牠們正處於受傷發炎、寄生蟲感染、壓力過高等情境之下。

有一年，一位在山上工作的朋友告訴我，工作單位放養在外的犬隻生了一場重病差點死亡，獸醫師診斷結果是得了焦蟲病，此訊息讓我們更積極關注傳染性疾病的問題。焦蟲病是一種血液寄生蟲，感染後會導致犬隻虛弱、發燒、甚至嚴重溶血、急性腎衰竭，具有一定的死亡率，而且即使痊癒了還是可能終生帶原，在個體抵抗力下降之時再次復發。我們採樣的犬與貓各有39%及11%驗出陽性反應，顯然這是一個廣泛發生在遊蕩犬貓身上的疾病，對牠們的生命造成嚴重威脅，如果讓牠們繼續在野外遊蕩，可說是置牠們於死亡風險之中。

更麻煩的是，這種疾病是透過硬蜱（壁蝨）傳染，而我們在犬、貓、還有野生動物身上，都抓到同一種硬蜱，再進一步捕捉、採檢野生食肉目動物的血液，發現在鼬獾與白鼻心身上分別出現27%、75%的焦蟲病陽性反應，且和犬貓身上的是同一種焦蟲。顯然，這種硬蜱帶著病原體在犬貓與野生動物之間來回傳播。因此，犬貓的

遊蕩從動物福祉的問題上升到生態保育的問題。

其實不只焦蟲病，十餘年前屏科大的團隊就已經發現犬瘟熱在台灣南部地區的鼬獾族群爆發，與附近的遊蕩犬隻有明顯的關聯，這些犬隻可能扮演著保毒者的角色，持續把病毒傳播到野生鼬獾身上。近年更發現，瀕危的石虎、穿山甲感染小病毒，導致虛弱、死亡、易於被路殺，而小病毒的傳播來源也是遊蕩的犬貓。別忘了，還有一種更可怕的病毒──狂犬病，正在野生動物之間流傳，若放任犬貓持續在野外與鼬獾等動物有直接或間接的接觸，誰也說不準哪一天狂犬病會重新在犬貓族群內爆發，甚至危害到人類。犬貓與野生動物之間，不論是誰傷害誰、誰傳染疾病給誰，我想應該是所有人都不樂見的。

不只是疾病的傳播，犬是灰狼的直系後裔，到了野外就是最頂端的掠食者，台灣的野生動物遇到犬隻時，除了那數量甚少又主要住在深山地區的台灣黑熊還有能力抗衡，其他的都只能落荒而逃，或是淪為俎上肉。筆者投入此議題正是從一隻麝香貓的死亡開始的，當時我協助臺大研究團隊進行一個麝香貓無線電追蹤的研究計畫，研究夥伴在追蹤過程中聽到遠方傳來一陣狗群的騷動，隨後無線電訊號顯示麝香貓從激烈運動轉為停下休息，兩件事聯結在一起令人感到不太對勁，於是手持天線跟隨訊號，鑽入樹叢之中找到事發現場，只見掛著項圈的麝香貓已經倒臥在地回天乏術了。

後來我們在陽明山花了六年的時間，陸續架設一百多個自動相機站進行長期監測，收集到數以萬計的犬貓、野生動物的活動資料。分析之後，我們發現遊蕩犬嚴重擠壓了野生動物的生存空間，當一個地點的犬隻出沒頻度超過某個程度時，野生哺乳動物就會避開這個區域，且犬隻出沒頻度越高，這些地點的物種多樣性下降得越多。最明顯的案例就是位在硫磺谷附近區域的幾個自動相機站，拍到了

數千張的犬隻照片，但野生動物的照片，從頭到尾只有一張偶然出現的白鼻心。

其實犬隻對野生動物的影響在國外已有許多研究，2017年一篇整合性分析研究告訴我們，至少已經有11種野生動物因為犬隻影響而完全滅絕，且正有188個瀕危物種受到犬隻的直接威脅。至於那些非瀕危、數量多、分布廣的物種，還沒有被納進來討論呢。可以想見犬隻對野生動物的威脅有多麼廣泛與嚴重。以全球尺度來看，亞洲與中南美洲是犬隻威脅最嚴重的地方，這很可能與這些地方的法規、文化、民情有關，人們常允許犬隻在無人看管的狀態下自由活動，與野生動物的衝突勢必更加頻繁。歐美國家則通常考慮到民眾安全與公共衛生問題，對犬隻有嚴格的管理辦法，包括對飼主責任的規範、對無主犬隻的捕捉收容或安樂死，因此遊蕩犬隻的數量極少，自然而然的，動物福祉與危害生態的問題極微、甚至沒有。

在國內，關於遊蕩犬與野生動物衝突之議題在近幾年才逐漸浮上檯面，受關注程度急速攀升，其原因可能包括：1. 經過近30年的保育意識及法規之提升，野生動物的數量明顯增加，分布也更靠近人類活動環境；2. 社群媒體的發達，讓資訊快速傳播，我們可以輕易地在網路搜尋到犬隻攻擊山羌、穿山甲、白鼻心、石虎、食蟹獴、鼬獾、梅花鹿、溼地水鳥……等的影片與照片；3. 最關鍵的或許是：遊蕩犬的數量也逐年持續增加。

根據特有生物中心野生動物急救站的資料，最近20年來共醫治了三百多隻穿山甲，其中是遭到犬隻咬傷而送醫的，在2009年之前，每年只有零星的一兩筆，甚至沒有；自2010年開始，每年都有穩定的個位數數量；但從2018年起，數量突然飆升了三、四倍，且沒有再降回去，讓人著實疑惑，2018年之後是怎麼了？筆者不禁聯想到2017年動保法刪除十二夜條款後，收容所受到嚴重的空間壓力，使

得野外流浪犬隻的捕捉收容也接近停擺，流浪族群持續壯大。雖然現已經來不及回溯實證這兩件事的因果關係，但若關聯屬實，我們是否在為了愛心救下許多收容所內生命的同時，傷害了更多生存在野外、只是大眾比較不那麼熟悉的生命？

　　「外來種」指的是一種生物原本不生存於當地，但以人類活動為媒介（不管人類是有意的運送還是無意間的傳播），來到新的地點成功生存與繁衍。由於犬是被人類馴化而形成的物種，之後被人帶往世界各地，因此當犬隻出現在任何生態系時，牠必須被視為「外來種」。筆者曾聽聞這樣的界定被稱作是物種歧視，也有人疑惑既然都是生命，為什麼要貼上負面標籤呢？其實不然，外來種只是一個身分認定，並沒有負面的意味，就像是一國政府必須把人們分為本國人與外國人，各種施政與福利需要優先照顧本國人，但不會因此就被視為歧視外國人。諸如我們常吃的稻米、玉米、蘋果、雞、牛……等各式動植物，廣義來說也都屬於外來種，但只要處於人類適當的掌控之下，這些外來種有利於人類生存，也不會危及自然生態。

　　當一個外來種脫離控制，嚴重侵害原生種的生存時，人們會把它進一步認定為入侵種，此時人類必須出手介入，盡力消弭入侵種造成的影響，因為這是人類自己製造出來的問題。有些人認為，生態系中物種的組成與數量本來就不斷在變化，即使加入了外來種或入侵種，只要經過一段時間，還是可以重新達到平衡，形成一個能容納外來種的新生態系。但這樣的想法過於高估演化進行的速度，同時又低看生態系的複雜性了。一個穩定的生態系之中，物種之間往往經歷了單位以萬年計的共同演化歷程，尤其是獵物要能與掠食者共存，更需要這樣的機制。當一個超出規格之外的掠食者空降而至，後果就是單方面的屠殺，例如關島的鳥類未曾發展出抵禦樹棲

掠食者的機制,當棕樹蛇隨著貨輪來到此島,有九個當地特有種鳥
類在不久後完全滅絕;又例如紐西蘭的入侵袋貂與原生奇異鳥、沖
繩的入侵貓鼬與原生鼠類及鳥類、澳洲的入侵赤狐與原生袋鼠……
等,入侵事件發生的過程與後果出奇地有許多相似之處,案例實在
不勝枚舉。經歷了大屠殺的過程後,生態系看似逐漸趨向平衡,但
由於入侵種的數量增加、原生種的數量下降甚至消失,這個生態系
的結構將變得簡化,喪失原有的穩固性與特有性。

　　生態學家解決保育問題的核心概念是:天然的「尚好」。一個
生態系原有的樣貌才是最穩固的,人類的妄加操作,往往收到難以
預料的後果。當年美國蒙大拿的人們為了增加河裡的鮭魚產量,引
入糠蝦來增加鮭魚的食物來源,沒想到糠蝦吃掉河裡原有的浮游動
物,反而導致鮭魚的食物變少、產量也卜滑,接著又進一步導致白
頭海鷗與棕熊這兩種嗜吃魚類的掠食者也隨之減少。一些太平洋島
嶼,為了消滅入侵的非洲大蝸牛,特意引進了肉食性的玫瑰蝸牛來
對付牠,沒想到玫瑰蝸牛此後造成了至少五十種原生蝸牛的滅絕,
偏偏非洲大蝸牛還是活得好好的。因此,生態學家理想的保育問題
處理方法會是:去除人類造成的影響因子,其餘的留給土地公(大
自然)去恢復吧。

　　當然,理想與現實總是不同,現實層面會有更多的限制與考量
面向。就像是流浪犬貓的問題,我們現在都認知到牠們在本身動物
福利及對生態環境造成的問題,別忘了還有本文來不及提到的公共
衛生、公共安全問題。因此最理想的處理方式是直接把流浪犬貓從
野外移除,讓生態系重新恢復健康;下一步考量到個體的動物福祉,
這些被移除的流浪動物,最好也最正確的去處就是被人收養,其次
是送往公私立的收容單位。但我國目前面對的現實就是,收容與收
養的量能遠遠不足,於是政府只好改採絕育後再回置野外(即TNR

法）的方式。

　　TNR的概念是執行高比例的絕育工作，讓該區域流浪動物的出生率小於死亡率，且利用其領域性讓外來者無法移入，如此一來，當動物逐漸老死，族群量將逐漸下降至歸零。相較於過往的安樂死，此方法的好處是能顧及流浪動物的生存權及民眾的情感，並且減少動物的總死亡數量。但達成門檻實在很高，需要滿足許多條件包括：75%以上的絕育率、完全禁止外來個體遷入、追蹤管理每隻個體、最後要等十年以上待其老死……等。因此近年雖然有一些研究論文以數學模式探討TNR法的族群控制效果，認為有效可行，但具有實證成效的案例仍十分少，且都是遊蕩貓的案例，尚未看到真實成功的遊蕩犬案例。並且，這些遊蕩貓的成功案例，都是TNR、送養、及家貓絕育三者同時併行，且維持多年後，才讓遊蕩貓數量有明顯下降，若僅單用TNR法或執行時間不夠長，幾乎難有成效。

　　別忘了，我們之前提過流浪動物本身的福祉問題與造成的各項負面問題，在TNR原地回放之後，通通都還存在！單就生態保育面向而論，在這為期多年的族群消亡過程間（假設真的有的話），野生動物撐得了那麼久嗎？筆者在高雄壽山國家自然公園執行一個長期監測計畫，該地的流浪犬相對數量指標，從2014到2018年上升了5倍之多，2018年開始積極進行TNR，到了2022年已有80-90%的雌犬絕育率，但此時的相對數量指標只較2018年下降20%，顯示TNR法還沒發揮讓族群消亡的作用；但讓人非常擔憂的是，山羌的相對數量指標從2014到2018下降了15%，到了2022年，竟然進一步巨幅下降了90%。假以時日，此地山羌族群或將走向滅亡。因此筆者想呼籲，TNR是個因應執行層面困境而採取的不得已辦法，執行時須審慎考量地點，在生態敏感區域、瀕危物種棲息區域不該使用TNR，而是該加強收容與送養。

　　有效的流浪動物管理不能只有一套方法，必須要多管齊下，從源頭的教育與社會規範、上游的飼主責任與寵物登記、現有族群的絕育移置或回置、到下游的加強認養與收容量能，本文難以一一盡訴。盼望你我與眾人共同努力，解決這個橫跨動物福祉、生態保育、公共安全、公共衛生等許多面向的困難問題。

　　顏士清，現職國立清華大學通識教育中心暨生命科學系合聘助理教授，熱愛大自然裡形形色色的生命，致力於生態保育與動物行為之相關研究。

偏心後遺症：
人擇動物的處境與管理

黃文伯

人的心臟絕大多數是靠左邊，於是「偏心」一詞便似乎是理所
當然的事。

人對自己以外的人事物偏心，又是根源於什麼呢？是經驗，是
感情，是人在無依時，陪伴著自己不再孤獨的寄託。

成長的過程中，每個人都有某些特別的人事物，是自己投入了
時間、資源、心血心力與之相處，也許是一條味道十足的被子，和
朋友同學一起討論的動漫手遊，甚至某一個玩偶或模型。它們的價
值無法以金錢來衡量，即便環境中有大批可替代的東西，但人就是
會偏心、會偏愛。當長輩說那條被子該丟了，換條新的，不要沉迷
於二維世界，多去學習功課時，總是會有份不捨的心，把它們擺在
最珍貴的位置，看著它們。

從個人到群體，再到一個民族，甚至全人類的規模，都存在著
偏心。把泥鰍丟到魚缸裡餵紅龍，逗弄著蟋蟀讓鬆獅蜥吐舌獵捕，
看著小白鼠慌張地被蟒蛇吞噬，為自己養的寵物在進食而高興，是
對生命的偏心。那與人類相處最久，陪伴最久的動物們，也因為偏
心而分化出了兩個方向來，永遠高於其他動物的毛小孩，和沒有地
位只能被吃的經濟動物。

被偏心溺愛的孩子較難融入社會之中，而被偏心了幾萬年的毛小孩，更是無法回到自然之中。

人在三、四百萬年前離開了森林之後，各個人種便一直面對草原猛獸的威脅。約十萬年前，智人的有效族群也不過一萬多人，在播遷到亞、歐、美的過程中，稀少的人類屢屢面對犬科動物的威脅與獵食，大野狼的故事到現在仍是小朋友睡覺時的惡夢。和敵人處久了，會存在著契機能征服牠、控制牠、玩弄牠。從思想蒙昧的漁獵時代開始，身為童話故事裡反派角色的大野狼，兩萬年來從協助獵捕獲得食物，到賣萌討賞，這樣的變化可以體現在一個小朋友對著身邊的小狗狗，說著大野狼要吃小紅帽的故事。

看似被偏心寵愛的受體，其實是被強加關注，依主體思維塑造而扭曲的受難者。漁獵時代被征服的灰狼，今日變成了性情溫和、撒嬌好客的瑪爾濟斯，或是變成了短腿，脊椎過長的臘腸狗，又或者變成了凸眼、神經質，常會癲癇、膝關節脫臼，頭骨囟門無法閉合，又愛亂叫的吉娃娃。當我們走到哪都抱著牠們時，像是一個征服者施加痛苦在敵人身上，不讓對方獲得一個好死，而是世世代代的凌虐。

吉娃娃的嬌貴不是自然界應有的，灰狼塑造成吉娃娃的過程中，歷經了無數代的篩選淘汰。一個外貌特徵從族群中選育出來，要顧及族群有沒有足夠數量的生命，來避免過於近親所產生的近交衰退。近交衰退是指當親代雙方血緣過近時，提高了隱性遺傳疾病出現的機率。但是在篩選相同的特徵時，相同特徵基於相同遺傳，特徵在血統純化之際，怎樣也避開不了近親，和揮之不去的遺傳疾病。

血統純化造成的問題在人類身上就屢屢出現過：客家人早期較少和外族通婚而出現了紅血球基因缺陷的蠶豆症。英國皇室以前重

視血統，維多利亞女王和表哥阿爾伯特生下的四個兒子，三個有血友病。江蘇調查三代近親婚姻的子女在遺傳疾病與智力低下的機率，遠高於同一地區非近親婚姻的子女。「親上加親」常是鞏固利益不外流的社會性做法，然而在大自然中，從來就沒有魚與熊掌兼得的好事，與之拮抗的力量就是近交衰退。

犬隻的育種比起人類的近親通婚更為殘酷，族群中一大部分特徵不符的犬隻，在幾萬年的世代間不停地被大量淘汰，一隻吉娃娃背後代表著被拋棄無法生存的無數生命。選育出來為人類喜愛的品種，相對於矯健奔馳於草原上的祖先，全是百病叢生、步履蹣跚的畸形。先天性膝蓋骨異位遺傳疾病的品種就有瑪爾濟斯、貴賓、吉娃娃和博美，髖關節發育不良常發生在喜樂蒂牧羊犬、黃金獵犬、拉不拉多、哈士奇和伯恩山犬身上，而先天性心臟病更是大小犬隻容易患得的常見遺傳病。牠們猶如鐘樓怪人般，持續忍受著病痛活著，還要討好主人的捏弄。

偏心是按著自己的時間、資源、心血心力投注下，個人所產生的情感行為，它的另一面也可說是主觀的自私。基於一時的喜愛來養寵物，並非愛心。懂得對方處境，替對方著想的付出，才堪稱是愛。曾經看過一位少女將她的吉娃娃半埋在台南觀夕平台的沙灘中，吉娃娃瑟瑟發抖，一旁卻伴隨著主人開心地笑說牠好可愛。韓國寺院宣傳著救了一隻貓，而牠改吃素，使許多吃素的信徒，逼著自己的貓咪啃葉子。

個人主觀更容易將己之所見，視作他人之見，而罔顧他人的需求。人類男女交往時，常因對方的主觀執念，無法溝通而分手，更別說帶有遺傳疾病的品種貓犬，無法訴說牠的痛苦。飼主憑喜好買回寵物，在尚未建立陪伴感情之際，往往因為不理解或疾病問題而棄養。筆者曾經與一位獸醫師討論過，有愛媽愛爸關注的流浪貓，

平均壽命大約三年，路殺的部分就不清楚了。而日本寵糧協會在犬貓飼育實績調查下，受照顧的家貓平均壽命為15.45歲。

有品種的貓犬常常一被棄養，沒多久就死了。我們無法想像一隻帶有軟骨症的摺耳貓有能力獵捕鼠鳥，也難以想像吉娃娃咬得動山羌，所以能看到的流浪貓幾乎都是米克斯（混血雜交），遊蕩犬多是中大型犬雜交。流浪貓平均壽命三年，那遊蕩犬呢？流浪下的平均壽命又能是多少？

2022年3月中央研究院建置的臺灣物種名錄將犬貓更新為「外來入侵種」，因為遊蕩犬貓已經造成了嚴重的生態問題。我們因著對動物的偏心，把犬貓引到人類的生活中，隨著人類的播遷拓殖，牠們也跟著人類走。又因我們的偏心，將牠們棄養於外。特生中心急救站統計近十年來的數據，提出犬貓攻擊致傷的比例明顯增加。在《動物保護》（*Animal Conservation*）期刊上，美國漁業與野生動物局和史密森保護生物學研究所估算，美國的家貓每年殺死的鳥類和哺乳動物分別為24億隻和123億隻。相似的，台灣特生中心也指出被遊蕩犬咬傷的穿山甲，死亡率近五成。

一個物種被人類帶到一個之前從沒出現過的生態環境中，它叫做「外來種」。當這個物種在野外繁殖，競爭侵占其他物種的生存棲位，甚至獵殺當地的原生物種，那它便是破壞生態環境的「外來入侵種」。

原本沒有犬貓的生態環境裡，引入了犬貓成了外來種，任由牠們在外獵殺而成了入侵種，這罔顧其他原生動物的生命權，更是主觀自私下的偏心！

對生命的操弄與踐踏，這罪業不是遊蕩犬貓應負的責任，而是製造出牠們的人類應該承擔的。牠們僅是本著本性獵殺，就像一把鋒利的刀能殺人流血，但將刀揮出去、丟出去的是人，我們應當判

的是執刀人的罪，而不是譴責刀子的鋒利。

　　過去人類總自認是萬物之靈，將自己置身於食物鏈上的頂端，對世界予取予求。生態學中捕食者（資源使用者）與獵物（資源）的雙震盪曲線模型裡已預估，掠奪資源與自身繁殖過於有效率的物種，該物種將與其資源共亡。中國朝代更迭的合久必分、分久必合，宦官亂政或朋黨之爭並非導致朝代終結的主因，而是人類正走在這個模型裡，因資源不足、分配不均，朱門酒肉臭，路有凍死骨，族群生態學裡密度依變下，人口通過競爭殺戮往波谷晃盪的必然。朝代末年常有的變法，屢屢昭示著剝削環境的效率提升，直至工業革命後對環境的破壞，我們走進了最後一次共亡的震盪。

　　什麼樣的掠奪者能與環境共存？安逸與不那麼疲於奔命的物種，才有可能從獵捕變寄生，再由寄生變共生。若以經濟至上、利益至上來看待人與環境的關係，這雙震盪曲線告訴我們終將毀滅，不用再對未來懷抱希望。但人類的確有及時改變生物性本能箝制的能力，讓我們不偏心。大腦額葉的演化讓人類有了理性的思維，我們會思想，思想可宏觀超脫於肉身的偏心之外。

　　只要改變自己的位置，走下食物鏈頂端的錯覺，懷抱著「萬物等生而相容」的態度，萬物各適其所地率性，方得永續共存。

　　在「天擇」的作用下，自然的物種有著自己的生態棲位，即便是寄生，也有著拓殖到宿主所在的能力。人類選育培養出自己需要的品種，這是「人擇」，人擇作用下的生命，失去了大自然裡的生態棲位，經濟動物、展演動物、寵物們被圈養餵食，將牠們釋入大自然中，不是等待死亡，就是造成原生物種的死亡。當我們懷抱著不偏心的萬物等生時，各適其所的率性則需要人類的智慧來安排。

　　「人擇物種」與「天擇物種」應該劃清棲地界線：

　　「天擇物種」應保存其在大自然裡的樣貌，以維持生態系統的

正常功能。

「人擇物種」應該留在人類的世界中，人類必須擔負起生命扭曲的責任。

劃清遊蕩動物活動的界線，使天擇動物與人擇動物兩不相擾，是當務之急。天擇動物適用於野保法，人擇動物適用於動保法，是國內當前的作法，但是當遭遇兩法交疊的模糊地帶時，卻難以分割歸屬。

《臺海使槎錄》記載台灣低海拔地區在過去是處處可見的梅花鹿，1969年最後一隻野生梅花鹿死亡後，野生族群便不復存在。1986年台北市立動物園提供22隻梅花鹿至墾丁國家公園復育，但這些復育後的梅花鹿仍不適用於《野保法》，因為牠們來自圈養，屬於非自然品系的人擇展演動物，即便台灣尚有許多鹿茸產業飼育的梅花鹿，牠們一樣都是人擇動物。

復育人擇動物到野外環境中，就是一種人為引入外來入侵種的行為，這讓復育成了假議題。

毛小孩從數萬年的選育以來，比起其他的人擇動物更不自然，梅花鹿尚且是原生種，而遊蕩犬貓的問題則可比擬綠鬣蜥、埃及聖䴉、魚虎等等入侵物種在環境上的影響。人的偏心使萬物不等生，對入侵物種的移除，我們很難將犬貓與綠鬣蜥等物種一視同仁地移除。數萬年來的情感，甚至縱容了偏愛的動物，獵殺野生動物而自得。

等生共存的觀念，不僅僅是為了獲得一個永續的環境，讓人類得以存在，更能進一步思考人擇動物的福利與未來。人擇動物為著人類的需要，在食用上，肉多肥嫩，以畜牧圈養；在醫學與研究上，挨針解剖，代替人類受苦受難；在教育上，離開了棲地，進入狹小的圍欄。人類偏心自己，使得牠們失去了原有適應自然的形態與生

活，甚至失去了自由與生命，但是在動物保護意識抬升下，動物福利的「五大自由」保障牠們食物足夠，保障牠們不受凌虐，保障疾病得以醫治，保障牠們天性抒發，保障牠們不必經受恐懼與壓力。

　　野生動物在大自然中，須要爭搶食物，競爭配偶和地盤。弱勢者承擔著威嚇、傷害，甚至死亡的恐懼。即便是優勢者，一旦感染了疾病，牠們沒有醫生，不懂醫學，等待牠們的，依然是衰弱與死亡。或許我們對人擇動物最大的贖罪，是動物福利的「五大自由」，讓牠們扭曲受困的生命能在壓力減輕下，得到安息。

　　人擇動物不論是經濟動物、實驗動物或展演動物，如果跑出了圈養範圍，業主將承受經濟損失，而想著一定要找回。然而在人擇動物中，寵物並沒有被嚴格限制牠們的活動範圍，牠們經常因為放養、棄養、逃逸，而生存在人類的控制之外。寵物因偏心而存在，但當人自身利益未損失到心痛的時候，又容易忽略牠們的福祉，於是流浪。

　　動物福利的觀念推廣後，經濟動物、實驗動物或展演動物的業主經常受到各方面的稽查。畜牧業飼養場所的環境衛生、動物活動空間、性別篩選的妄殺，以及宰殺時的痛苦程度常是關注的焦點。研究人員使用脊椎動物，進行醫藥試驗、行為觀察等等各方面的研究之前，都必須提出實驗動物申請，由多方委員進行審查，方得以操作。在展演動物的福利部分，台南頑皮世界想再引入長頸鹿，因未依《動物展演管理辦法》提供符合動物習性的飼養環境，以及尚未被認證為環境教育機構，也受到專家學者與NGO強力反對。

　　我們的毛小孩呢？牠們有動物福利嗎？當牠們流浪在外，拖著種種基因缺陷的疾病，忍受如野生動物般的競爭、傷害、疾病與死亡時，面臨飢迫與風雨又何來的五大自由？當牠們越界到大自然，依著本能傷害野生動物時，還要受到撻伐譴責，面對滅殺移除的可

能。我們應反思一下，自認為最偏愛的寵物，是否最沒有被管理？最沒有福利呢？

當我們自寵物店買了一隻犬貓鼠蜥回家，可有人稽查牠們後續的活動空間足夠否？貓瘟、心絲蟲等疾病發生時，有管理辦法要飼主帶去醫院嗎？一句培養飼主的責任心，就像是早期父權時代的家務事，女性被愛還是被虐，成了關起門來的事，動物福利的「五大自由」成了飼主自由心證的施捨。

當經濟動物業主遇到巨大利益得失之際，都可能出現罔顧動物福利的作為，何況飼主身分沒有審查，能力沒有評估，沒有後續完善的監督機制，惡小而為的放養、棄養，終成惡大難收的外來入侵種危害。

但是為了援助流浪動物的飢寒窘迫，私人自發收容遊蕩犬貓的「中途」，竟然承擔了動物福利的監督。他們出養一隻犬貓時，會評估收養者的能力與環境，會要求簽署責任文件，會偶而要收養者提供毛小孩當前的狀況，在持續了很多年才會安心這一件出養。正因為如此，屢屢可見的虐待動物事件，往往是在他們的監督下發現的。

因為沒有法律的支持，中途照顧者在面對收養者無責任感時，常出現悲憤無力之感，而在收容量超過個人負荷時，連帶著自身的福利也遭到損害。單以愛心維持毛小孩的福利，沒有法制系統化監督與支持，不論是人或毛小孩都無法承受這樣的壓力。

若我們從人擇動物的福利來看，流浪動物不應該存在。但幾十年來遊蕩犬的數量時說管理有利，持續減少，另說到處兇犬追人，傷害野生動物，眾說紛紜，遊蕩犬依然存在。為什麼德國沒有遊蕩犬，而我們有呢？這就像德國民眾釣魚，要接受課程獲得釣魚證，而我們能隨便到處放魚釣魚，無生態維護的認知。在德國要養狗，

人與狗都要接受課程,養狗要有執照。在台灣,我們有錢就能買,生命權不被認真重視,甚至有比特犬咬死人命的事件。

開源節流造成聚,若要讓遊蕩動物消失於野外,要做的是相反的截源開流達到散,讓遊蕩動物如水,瀝乾在生態環境之中。截源是飼主的管理與監督,百年樹人,生命教育無法一蹴即成,政府在飼主責任教育上雖見持續的推廣,但宛如監理單位的證照制度,還待完善。開流的做法是收容與出養,但目前的狀況是收容中心爆滿,中途人士疲於奔命,在關注動物生命權的《十二夜》電影播放後,收容更是超過出養速度,瀕臨崩潰的體制讓我們在2016年損失了一位獸醫師簡稚澄。

出養的困難可否在截源措施的飼主身上著手?除了寵物繁殖場管理外,飼主若要購買名種犬貓,應如同菸於販賣,於菸盒上標示警語「吸菸有害健康」,獲得資訊。名種犬貓血統純化下的各種遺傳疾病與風險,後續照顧著重的關鍵,都應在購買時強調。讓一隻高海拔的藏獒在熱帶的環境裡吐舌散熱,是虐待動物,依著動物福利適性的養殖,沒有一天24小時的冷氣房,沒有足夠的奔跑空間,怎麼能開放飼養?不同犬種皆須按其特性提供需要的環境條件,在購買收養時,需要評估飼主能力。

各種名種犬貓所需的環境條件與健康照顧,在飼主出示能力證明後,給予監理體制的飼養證,以保障其福利。這截源措施能很有效地讓不符資格的飼主退卻,改以收養更容易提供飼養條件的遊蕩米克斯。讓截源與開流整併,減少人擇選育的持續,不再強化畸形生命,也讓遊蕩動物回歸人類照護,享受人擇補償的福利。

那麼池塘水未瀝乾前,截源開流的過程中,遊蕩動物的福利是否棄之不顧了呢?讓善心自發餵食的愛爸愛媽們,承受居民指責汙染環境,承受自然生態維護的專家學者與NGO指責危害野生動物

呢？

　　將遊蕩犬貓列入外來入侵種，是因為牠們侵入自然體系。在人擇生物裡，園藝植物隨著人蔓延在道路的駁坎，吳郭魚在各大水系裡繁衍數十年，可是外來入侵生物的移除，也按著人類的偏心，全力捕殺或任其擴散。若將遊蕩犬貓視作一般外來入侵種來移除，在數萬年同伴的感情上，勢必招致殘忍妄殺的聲浪反彈。再者，遊蕩犬貓亦不能單純以外來入侵種對待，人類把牠們的生命扭曲了，擴散到野外，無法適應的犬貓在死了一大批之後，倖存者侵入生態再被嫌棄消滅，是沒有責任感地玩弄生命。

　　在截源開流的過程中，將遊蕩動物以人道的方式減量，是人類在將生命人擇後，必須承擔的義務。未被照護到的遊蕩動物們，牠們應享的動物福利應該先被關注，不能任由牠們如野生動物一般承受生存壓力。在有可能投注經費將所有在外遊蕩犬貓收容出養，把野外族群的消弭當作階段性任務之前，我們必須先清楚了解遊蕩動物的習性、在外的分布、族群大小和成長率，以及福利狀況。

　　遊蕩犬與流浪貓的行為習性大不相同，前者具備祖先灰狼成群的社會性，存在著位階，由其他劣勢者協助優勢犬繁殖後代，而後者則較為獨居型，每一隻貓皆有機會繁殖，所以常見發情期公貓間的廝打。兩者相比，最有可能被移除，也較容易被移除的是遊蕩犬，不若流浪貓單隻隱匿竄逃，遊蕩犬成群容易被發現，也更容易被監督。

　　善後人擇動物的溢出，以遊蕩犬群的福利監測為目標，在族群生態學的基礎上是可能的。除了政府單位，第一線直接接觸的中途人士與愛爸愛媽們，可以在設立犬群管理（DPM）的示範後，以資助性教育訓練的方式，來形成公民科學與實作。以這樣遍地開花的方式，同時在第一線愛心的關注下，犬群人道減少與未被收容前的

福祉都能兼備地進行。

第一線需要的認知是在科學基礎上，如何監督犬群與環境的交互作用，再由具公信力的官方動保或學術機構，來操作犬群逆成長的相關措施，這兩階層需要的共同資訊為：

一、 犬群的活動範圍，以利地理資訊系統（GIS）的建置，評估環境適宜性與與生態侵入性。

二、 犬群的大小動態，記錄新入群的個體，離群、死亡或消失的個體，以及內部繁殖的幼犬數量，在個體辨識至單隻的編碼下，掌控族群的消長趨勢和犬群間的流動。

三、 犬群的福利狀況，觀察犬隻結紮、疫苗、健康與受傷狀況，並分析位階變化，來了解犬隻承受的群內壓力是否達到臨界，當福利窘迫時，可做為收容的優先目標。

四、 犬群的環境互動，檢測人犬交集時的友善程度，分析尾追攻擊人的犬群或犬隻，是否基於位階優勢犬引領行為的影響，可以藉此評估來針對性移除高風險犬隻，亦避免其他犬隻福利受損。

遊蕩犬群可能涉及有主的問題，這需要先在飼主管理上進行規範，可借鏡德國相關法律，以相關罰則來避免放養行為，而有主犬遊蕩在外，飼主無能力照護時，一律以遊蕩犬群管理之。這更多的管理細節，需要投入許多操作上的研擬與調適，雖然在第二階層的管理上有著減群與福利並重的目標，然而在顧及地方性民眾的寄盼與權益下，第一線的犬群管理不能忽略區域性的適性調節。

偏心是對人事物偏愛的不公平，偏心的後遺症則扭曲受愛者使之失去自我。人擇動物是人類偏心的後遺症，不論是偏心自己的口

腹之慾，或是偏心在自以為是的溺愛，萬物已失衡在不自然的壓迫
中。

　　補償人擇動物施以動物福利，保育野生動物不受外來侵犯，這
是拋去偏心，平等對待萬物的共存基礎。

　　「萬物等生而相容」，不單是為了動物們的權益，也為人類相
容於世界，須做的思想改變。

　　黃文伯，國立臺南大學生態暨環境資源學系副教授，教授生態
學、演化生物學、行為生態學等，目前研究不同棲地功能群之群聚
多樣性分析、社會性行為演化，曾任環安組組長執行實驗動物審查
相關工作，並擔任台灣獼猴共存推廣協會理事長，致力於野生動物
與人類之共存。

動物福祉流行病學於動物福祉議題之應用

鄧紫云

　　在台灣，動物的福祉與健康越來越受到社會大眾關注，國際上也有越來越多研究人員投入動物福祉的研究。筆者此篇文章介紹一個與動物福祉相關的新興研究領域——動物福祉流行病學（animal welfare epidemiology）。我會先介紹何為動物福祉、何為動物福祉流行病學，討論為何此動物福祉學科及流行病學能夠相輔相成，再用一個利用動物福祉流行病學去量化犬之福祉的研究作為例子，最後以討論此學科未來之發展作結。

一、動物福祉

　　動物福祉的定義是什麼？不同場域下所討論的動物福祉的定義時常有些不同。在動物福祉科學（animal welfare science）中，動物福祉指的就是「動物的狀態」，而狀態又可以分為生理狀態和心理狀態。舉例來說，每個人每天早上起床都會有一些不同的身體狀態或感受。小時候常常會有班上同學起床「拉肚子」、「發燒」，或若今天起來要出去玩所以很「興奮」、前一晚熬夜所以十分「疲倦」。「拉肚子」、「發燒」為我們身體的生理狀態，而「興奮」和「疲

倦」則為我們感受到的心理狀態。梅洛教授發展出了五大領域作為
測量動物福祉的參考分類；其中包含四個生理領域：營養、健康、
外在環境、行為互動，以及一個心理領域：心理狀態。[1]生理狀態和
心理狀態其實是緊密不可分的，時常每個生理狀態都會伴隨著一個
心理狀態，而心理狀態也會影響生理狀態的發展，這樣的關係也反
映在五大領域的模型裡。舉例來說，當動物食入適當的食物時（正
向營養），牠會感到進食的飽足感（正向心理狀態）；若動物超過
該進食的時間卻沒有食物時（負向營養），牠則可能會感到飢餓（負
向心理狀態）。由此可知，不僅生理會影響心理狀態，動物福祉的
狀態還可以分為正向及負向的。

　　越來越多的動物福祉科學學者認為，動物的「心理」狀態才是
真正反映動物福祉的狀態，但心理狀態卻也是最難測量的。身為一
個生命主體，我們永遠都無法親身感受其他個體的心理狀態，不管
是其他人或是其他動物都一樣。我們只能藉由各種線索，來拼湊出
對方可能的心理狀態為何。當這個個體是人類時，我們有語言和對
於同物種的了解來幫助我們接近對方的心理狀態；當此個體為其他
的動物時，我們則需要藉由科學的研究來了解此個體有沒有心理狀
態（也就是說有沒有感受的能力），若有，在不同情況之下牠的心
理狀態又是如何？是正向還是負向？從前，人們不認為動物有感
受、有心理狀態，但這樣的想法已經不再是主流。動物福祉科學家
認為，至少在所有的脊椎動物（軟骨魚類爭論較多）和頭足綱，都
有證據強力支持他們是有知覺能力的動物（sentient beings）。而可

1　Mellor, D. J., Beausoleil, N. J., Littlewood, K. E., McLean, A. N.,
　　McGreevy, P. D., Jones, B., & Wilkins, C.（2020）. "The 2020 five
　　domains model: including human–animal interactions in assessments of
　　animal welfare." *Animals*, 10（10）, 1870.

能沒有心理狀態的動物，也許就不是動物福祉議題最關注的一群。

二、動物福祉流行病學

在講動物福祉流行病學之前，想先講講何為流行病學。

流行病學在英文為epidemiology，「epi」是「在……之上」的意思，「demi」指「人民」，而「logy」則是「學門」。所以流行病學不是研究個體的疾病，而是研究疾病在個體之上——也就是疾病在群體的發生。運用流行病學的研究方法，我們可以去了解一個群體的健康狀況及疾病分布（誰得病、何時得病、哪裡得病）、發生模式，以及影響疾病發生的決定因子。而獸醫流行病學（veterinary epidemiology）則是將研究的群體從人轉移到動物身上。

不同種的健康狀態和疾病都可以用流行病學的方法來探索。流行病學剛開始發展成為一個學科是從傳染病開始的。約翰・斯諾（John Snow）為現代流行病學之父，於1854年在倫敦調查一個疾病爆發的患病的分布以及可能的決定因子，因而找到了此疾病也就是霍亂的共同感染源。隨著公共衛生的改善，在已發展國家，非傳染性疾病取代了傳染性疾病成為人民健康負擔之主因；而流行病學成為在了解、控制及預防癌症、肥胖、心血管疾病、糖尿病等非傳染性疾病的重要方法。在獸醫學方面，目前主要的流行病學研究還是關注在經濟動物的傳染性疾病，尤其是最近越來越受矚目的人畜共通傳染病。由於馴化動物在人類社會被使用的目的不同，非傳染性疾病通常不會導致經濟動物大量死亡或生產力嚴重下降，造成經濟損失，且動物通常在可能發展出慢性疾病之前就已經被屠宰或淘汰，因此非傳染性疾病的流行病學在經濟動物比較沒有被發展出來；反倒是在伴侶動物，不論是遺傳性疾病、癌症、肥胖等都有越

來越多的研究。

　　因為流行病學是一種研究方法，如果我們用它來研究一個動物群體的福祉狀況、狀況發生與分布、以及影響此狀況的因子，我們可以稱它為動物福祉流行病學。動物福祉流行病學是一個新興的跨領域學門；2009年密爾曼等人發表了一篇文章，[2]強調將流行病學方法應用在動物福祉研究的重要性。動物福祉科學其實也是一種相對新穎之科學研究領域，從前的研究方法主要是在控制良好的實驗室裡去了解動物的喜好，以及不同環境和處置對於動物福祉之影響。雖然這些研究對於我們了解動物的福祉及內心狀態都十分重要，密爾曼等人認為，因為在真實世界裡飼養動物的環境十分複雜，實驗室裡的結果移轉到農場或是其他真實世界的環境裡，時常是無法套用的，因此他們認為流行病學方法應套用在動物福祉之研究。以下列舉三個流行病學研究方法為何適用於幫助我們了解動物福祉之原因。

　　第一，流行病學方法主要是用於健康相關問題的研究，而許多影響到動物福祉的因素都與動物的健康及疾病、甚至與傳染性疾病有關。舉例來說，乳房炎會造成乳牛疼痛與不適，甚至有全身性感染的風險，是影響乳牛動物福祉相當重要的問題。而乳房炎的流行病學研究幫助我們了解此疾病的發生（有多少動物因此疾病而福祉受損）傳播和危險因子，幫助預防以控制疾病發生。第二，流行病學研究是以群體為主，針對大規模之問題，而動物福祉、動物保護問題影響的也通常是一大群動物而非個案，因為這些問題常與社會、文化、政策相關。以台灣籠鏈犬之現象來說，此現象與飼養犬

2　Millman, S. T.（2009）. "Animal welfare—Scientific approaches to the issues." *Journal of Applied Animal Welfare Science*, 12（2）, 88-96.

隻之目的、所牽涉的文化、飼主責任教育都有相關性,而非個別案
例。使用流行病學之採樣及調查方法,我們可以了解籠鏈犬的盛行
狀況、時間與空間之分布,調查時更可記錄籠鏈犬之福祉狀態。第
三,流行病學的資料收集及分析方法都是設計來解答現實生活中複
雜的問題。流行病學作為一個學科,有嚴謹的採樣方法,探討過程
可能造成偏誤(bias)的系統,以及處理複雜資料的分析模型,可
以了解真實世界的群體中複雜的問題。許多動物福祉和動物保護議
題不是只有單一的原因造成,而這些因子之間的複雜關係,可以用
流行病學的分析方法來拆解。這樣的特質使得流行病學方法十分適
合用來了解現實社會中的動物福祉議題,以及幫助動物福祉的量化。

　　流行病學研究與動物福祉量化,聽起來似乎是不相關的兩個概
念,但群體中針對疾病或是健康狀態的流行病學測量值,像是疾病
發生率與盛行率、疾病時間長短、疾病死亡率等等,的確可以幫助
我們了解一個健康狀態或疾病對於動物福祉之影響。為了有效量化
動物福祉,我與共同作者利用結合了不同的流行病學測量值,發展
出福祉調整生命年(Welfare-Adjusted Life Years; WALY)[3],並用
其量化犬隻常見的十種遺傳性疾病對福祉之影響作為範例。福祉調
整生命年是從人類公共衛生領域所使用的失能調整生命年
(Disability-Adjusted Life Years)的概念所發展而來的。在傳統獸醫
學中去量化一個疾病對於動物群體之影響時,我們常用疾病發生相
關的測量值來檢視此疾病影響了群體中多少的個體,並用死亡相關

3　Teng, K. T. Y., Devleesschauwer, B., Maertens De Noordhout, C.,
　　Bennett, P., McGreevy, P. D., Chiu, P. Y., ... & Dhand, N. K.(2018).
　　"Welfare-adjusted life years(WALY): a novel metric of animal welfare
　　that combines the impacts of impaired welfare and abbreviated
　　lifespan." *PLoS One*, 13(9), e0202580.

的測量值來評估此疾病的嚴重程度。然而這樣的方式並不直接且資訊也不完全，死亡數量高並不能直接表示動物的福祉受到較嚴重影響。福祉調整生命年使用時間當單位，將動物個體患有一疾病的時間（並加權福祉受損之嚴重程度）與因此疾病造成壽命損失的時間相加，成為單一疾病或健康狀態對動物福祉和生命影響的總計量。因此，福祉調整生命年是（a）福祉損失年（years lived with impaired welfare; YLIW）和（b）壽命損失年（years of life lost; YLL）的總和。

以犬隻常見的十種遺傳性疾病為例；其中，計算出福祉調整生命年最高的為犬隻異位性皮膚炎，它造成的福祉損失年為9.73（95%信賴區間：7.17-11.8），壽命損失年為0（因為異位性皮膚炎並不會造成動物死亡），加總起來的福祉調整生命年為9.73。福祉調整生命年第二高的疾病為擴張性心肌病，福祉損失年低為0.31（95%信賴區間：0.10-0.60），但壽命損失年很高為7.09（95%信賴區間：5.85-8.33），加總起來的福祉調整生命年為7.40（95%信賴區間：6.21-8.60）。由此例可見，異位性皮膚炎與擴張性心肌病的福祉調整生命年之組成十分不同：前者全是由福祉損失年所構成，代表此疾病對動物福祉之負面影響很高；而後者則主要是由壽命損失年所構成，表示此疾病對動物個體造成的負面影響主要是過早死亡（premature death）。除了用來量化疾病和健康狀況，福祉調整生命年也可以用來量化不同動物福祉議題對於動物個體和群體福祉的影響，例如長期關籠，動物囤積（animal hoarding），長期疏忽等等。

人類心理容易認為嚴重的事件應該就是造成比較多影響的事件，而沒有考慮到影響的時間長短和群體中有多少個體受到影響。福祉調整生命年突顯了當我們想了解一事件對動物福祉的影響時，除了嚴重程度之外，這兩項也應該要被考量在計算當中，才能真正

得知動物福祉問題對動物個體和群體所造成的影響。因此，福祉調整生命年的計算可以幫助疾病和動物福祉議題影響的量化，讓我們可以優先考慮對動物福祉有較嚴重影響的議題，對其實行預防與控制；更可以配合成本效益分析，去計算如何最有效益地去增進動物群體的福祉。

另外值得一提的是，在做此研究時，我們也評估了「死亡」對動物福祉的影響嚴重程度，發現獸醫們認為死亡的嚴重程度為0.56左右（0為最好的福祉狀態，1為最糟糕的福祉狀態），似乎呼應了死亡的福祉狀態是中性的，在正向福祉與負向福祉的中間。葉慈在他的文章〈死亡是一項福祉議題〉[4]中，提出了也許我們應該將死亡當作動物福祉議題來看的觀點。傳統上，動物福祉科學家認為，因為動物死了之後就不再是生命，更不會有感知能力；因此，若不會有負向（和正向的）動物福祉經驗，死亡（後的狀態）就不應該是一個與動物福祉相關的問題。但葉慈認為，若死亡剝奪了本來平均起來是正向福祉的動物的生活，就代表死亡讓此動物的福祉降低了；在這樣的狀況下，死亡應該要被看成是一個動物福祉議題，即使動物是所謂的「好死」、被「安樂死」。而福祉調整生命年的計算也有反映到這樣的思考哲學：在計算時，除了福祉損失年需要乘上疾病或動物福祉議題的嚴重程度（0為最好的福祉狀態，1為最糟糕的福祉狀態），我們也可以將壽命損失年乘上死亡的嚴重程度0.56；這樣算出的福祉調整生命年，就會是此問題對個體動物造成的動物福祉影響的計量。

此篇文章從何為動物福祉科學、何為流行病學、它們兩者為何

4　Yeates, J. W.（2010）. Death is a welfare issue. *Journal of agricultural and environmental ethics*, 23（3）, 229-241.

能夠相輔相成來研究動物福祉相關議題、到用福祉調整生命年做為
實例，我相信動物福祉流行病學未來的發展，以及對動物福祉的貢
獻將令人期待。同時，此學科更可以結合健康一體（One Health）
與福祉一體（One Welfare）的概念，形成福祉一體流行病學（One
Welfare epidemiology），同時關注動物、人類以及環境的福祉。而
了解動物福祉議題如同了解疾病傳播與發生一般，不只需要流行病
學之量化研究和其他獸醫科學領域的參與，更需要結合哲學和倫理
學討論，確認我們想要和需要努力的方向、社會科學對於議題背後
更細緻的脈絡之探究、甚至加入心理學對人類的心理和需求的解
析。我相信只有不同學門領域的共同合作，才能更有機會、有效率
地促進台灣和全球動物的福祉。

鄧紫云，筆名兜兜，目前任職於國立中興大學獸醫學系，研究興
趣為動物福祉流行病學、獸醫流行病學，著有數篇英文學術論文。
另曾藉著雲門舞集流浪者計畫的資助，遠赴印度觀察動物與人，著
有《動物國的流浪者》（2016）。

動物法醫：
實務、研究及教育*

黃威翔

　　很高興有這個機會可以回顧，我從碩士班一年級開始十年來一邊學獸醫病理學，一邊探索並且協助台灣發展動物法醫學及動物法醫病理學領域的心路歷程。獸醫病理學是探究疾病背後真相的一門學問，而法醫學則是運用醫學及病理學知識，協助解決法律有關的議題，狹義地來說，就是用科學協助案件偵辦。

　　動物法醫學其實就是獸醫版的法醫學，內涵上與大家所熟知的人類法醫學大同小異。相信對於各位而言，在眾多相關的影視作品及科普書籍的薰陶下，應該不難理解。

　　過去十年，我在指導教授的鼓勵及引導下，很高興能有機會接觸動物法醫這個領域。不論在台灣還是在全世界各地，動物法醫在過去十年內，慢慢形成一個重要的新興學科，有越來越多的人關注這個領域及其涉及的各種議題。我想，這是因為動物保護的觀念在各地越來越成熟與進步。相對而言，動物法醫的發展可以回應到動物保護的進步，因為它可以從實務上，以科學的角度協助解決法律議題。

---

*　本文根據「為動物發聲」研討會演講主題〈動物保護議題與動物法醫暨鑑識科學實務、研究與教學之結合〉內容延伸修改而成。

簡介動物法醫

　　動物法醫的存在，是我們先有一個法庭感興趣的議題——很多時候是一個案件——這些議題需要獸醫學、獸醫科學、獸醫病理學領域的專業知識來協助解決，而和這些議題有關的學科就稱為動物法醫學或動物法用科學。

　　Forensic science傳統上被翻譯成「鑑識科學」，以往也多半是被理解成警察辦案所仰賴的科學技術。當代，由於涉及人與法的爭議越來越複雜，越來越多上法庭的議題需要仰賴各式各樣的科學專業，所以forensic science逐漸變成一個包羅萬象的學門，如我們正在談的「動物法醫學」、「動物法醫病理學」或「獸醫鑑識科學」，都可以算是forensic science大家庭的新成員。是故，forensic science當代比較適當的翻譯，應該是「法庭科學」或「法用科學」。

　　過去十年，我努力探索，在台灣或全世界各地，這個新學科的形成背後，到底需要解決怎麼樣的法律問題，以及它代表的意涵又是什麼？

　　在學術文獻網站上，以Veterinary和Forensic的關鍵字搜尋會發現，2010年之前的相關文獻其實非常少；2010年以後，這兩個關鍵字一起出現的科學文獻有大幅度上升的變化。動物法醫學和獸醫鑑識科學的發展，可以說是時代的趨勢。

　　法用科學其實有點包山包海。廣義來說，任何扯到法規、法律政策相關事情，都可以被歸類到法用科學底下。很多時候，在實務上要解決一個案件，常需要多個領域的科學技術，這也是法醫案件中最有趣的體驗：你總能在解決問題時，與很酷的其他領域的專家跨域合作。

這邊要強調的是，法用科學其實是以人類為核心的學科。動物法醫學或獸醫鑑識科學，是因為人類的某些行為或活動波及或影響動物，最極端的例子，就是人類的負面情緒化為暴力行為，施加於動物身上，導致動物受重傷或是死亡。為了解決這些案件，必須要有另外一群人運用科學的方式，來協助處理這個由人類引起的問題。在當代的思潮中，這整個新興的動物法醫學學科，常被歸在One health, one medicine的框架底下。

動物法醫學的應用時機

過去十年不管是從教科書還是自己的經驗所做出的歸納，動物法醫學和獸醫鑑識科學有越來越多的應用時機：

首先，當人類犯罪現場有動物的蹤跡時，會需要獸醫專業知識，無論是研究、醫療或鑑定，協助動物醫療、安置甚至蒐證，回答司法調查單位問的問題。其次，野生動物死亡調查、珍貴瀕危物種私捕盜獵，及相關動物製品走私案件，也常需要專業的科學鑑定還原真相。此外，如前所述，虐待動物案件的調查、動物醫療處置之爭議及寵物保險的理賠等案件，往往需要獸醫提供專業的意見。

十數年前，大家在路上發現一截斷骨、一塊肉，可能會擔心發生人類兇殺案，尋求法醫鑑定。近年來，民眾在路上拾獲一堆骸骨、幾塊肉，有人會想著：「是不是有犬貓遭虐待致死，或遭烹煮食用？」我們遇到越來越多的情況，有人拿一堆骨頭來問我們說：「欸是不是有人在吃狗肉？這是不是一副狗的骨頭？」、「這個骨頭，這個長骨斷成很多截，那這個斷面看起來非常平整，你有沒有辦法鑑定這是一個什麼樣的工具造成的斷面？還是自然風化形成的？」、「這可能是什麼動物的肉、骨骸、毛髮？有辦法檢驗嗎？」、「這隻棄

養的純種犬是不是來自那個非法繁殖場？有辦法鑑定嗎？」或「有
辦法鑑定品種嗎？」

由此，新的議題產生了，我們需要發展「物種鑑定」、「骨骼
鑑定」、「身分及親緣鑑定」等技術，以因應越來越多元、來自動
保案件稽查或司法單位的各種問題。議題帶動發展。好玩的是，動
物法醫的議題，常常極具在地色彩，每次出國參加研討會，跟國外
動物法醫們最常聊起的話題其實就是：「你們最近在解決哪一塊的
議題啊？」隨著我國動物法醫的發展，我們看到更多動物法醫的應
用時機。

動物的角色

那麼，在案件中，動物會扮演怎樣的角色呢？

有時，動物可能是加害者與被害者。在台灣都會地區，不只一
次有民眾在街邊目擊開膛剖肚的貓屍體，經過法醫解剖，針對創傷
分佈、形態及生物跡證分析，我們證明了兇手是遊蕩的犬隻。遊蕩
的犬或貓隻，可能導致野生動物的受傷或死亡，這些動物互相攻擊
的案件中，一群動物是加害者，另一群動物則是被害者，掠食者及
被掠食者，有時候背後隱含著某些生態的議題。

在重大虐待動物致死案件──如2015年流浪貓大橘子遭勒殺
案──中，街貓成為暴力嫌犯的受害者。這十年，在漸具規模的動
保案件調查、動保法的進步及動保思潮的進化等多重因子影響下，
越來越多的虐待動物案件浮上檯面。

更多時候，動物成為人類文明進步的受害者，車禍、油井、風
力發電設備、電網、山林開發影響棲地，人類活動常常關鍵性地影
響動物存亡。

環境中動物的集體病死，可能具有新興人畜共通傳染病爆發的隱憂。在這類案件中，動物扮演著「哨兵」的角色。在歐美對於暴力罪犯的長期研究指出，虐待動物是人際暴力的重要指標，這類案件的被害動物，也同樣具有「哨兵」的色彩。

最後，出現在犯罪現場的動物，可能成為「證人」。活生生的動物可以經過犯罪現場，留下或帶走轉移性跡證。而死在人類兇殺案現場的動物，可能同樣是暴力犯罪的犧牲品。動物法醫日常任務，即是從這些「不會說話的證人」身上取證，找尋與犯罪相關的各種證據，還原案情真相。

臺灣動保案件調查現況

過去，我們花了數年時間，與各縣市動保處合作，逐步建立符合我國現況的動保案件調查模式。

如果有人目擊虐待動物案件，可以通報警察或當地動保處，由動保處會同警察一起在犯罪現場取得許多證據，例如物證、生物跡證、活的動物或動物遺體。其中，活的動物會被送去急難救傷醫院，由動保案件稽查獸醫師進行驗傷，至於動物遺體如需檢驗，則由動保案件稽查隊員將遺體交給我們驗屍。

根據解剖發現及案件性質，我們會在解剖過程中，觀察肉眼病變，採集代表檢體製作成組織病理切片，在光學顯微鏡下確認病變。視案件需求，採集具有代表性檢體，後送至檢驗單位進行毒物或病原鑑定，釐清是否有中毒或特殊傳染病的可能性。最後，彙整所有檢驗報告，搭配送檢資料、肉眼與鏡檢下之病理發現，確認動物死亡原因，回答或釐清送檢單位所提出的各項疑問，並向動保處提交法醫鑑定報告。

簡單來說，我們的動物法醫團隊是整個犯罪現場調查的後線支援機構。透過解剖及各項檢驗之結果確定死因是我們的基本工作內容，而回答或釐清送檢單位額外的提問，常常極具挑戰性。

舉凡「發現動物時死亡多久？」、「釐清是否有蓄意傷害之可能性？」「釐清是否有未妥善照顧情況？」「釐清動物生前多久未進食？」「生前或死後吊頸？」「可能為何種凶器？」「是否食入毒餌？」有些問題，透過解剖及後續檢驗可以釐清；而有些則無法透過解剖及後續檢驗查明，但解剖及後續檢驗的發現，可協助初步排除部分可能性。在動保案件調查資源及調查量能仍十分有限的現況中，任何能協助釐清案情的解剖發現或檢驗結果，都十分重要。

在台灣，動保案件可能會有兩種結果。可能是由動保處針對行為人進行行政裁罰；或者動物遭受行為人的虐待而致重傷或死亡，後續將移送地檢署，進行後續的司法調查。

如上所述，一個法醫案件或動物法醫案件，常常涉及到許多單位、許多專業鑑定：警察、動保處、法醫解剖單位、毒物及病原鑑定機構及地檢署。一個動物法醫案件的完成有賴非常多人協力合作。

在動保案件中，動物法醫受到調查單位委託，執行動物遺體解剖蒐證。這個工作最刺激的事情是，你無法選擇解剖的對象。需要檢查的遺體，無論屍況新鮮與否、是否妥善保存、長期冷凍、反覆冷凍解凍，或是否嚴重腐敗生蛆，只要接受了委託，就得努力找尋死亡真相。

很多時候，沒有妥善保存的遺體，[1]重度腐敗、冷凍傷害、遺體表面長期浸泡屍水等情況，都可能影響病變的觀察及判讀，也使得蒐證及找尋死因的任務，難上加難。

1　待解剖的遺體建議冷藏保存。

　　很多時候，我們常常在與爛掉的屍體搏鬥。2017年，動保法修法，增修對於食用、購買及持有狗肉及貓肉的罰則。修法會帶動一些新的議題，大眾開始更加關切：有沒有人在偷偷烹煮狗肉或貓肉？2018年，有民眾經過暗巷，聞到不尋常的屍臭味，走近一看，發現了一具表面黑褐色皮革樣的犬隻屍體，乍看令人聯想到被火烤過的動物遺體。實際上，經法醫檢查，這具犬隻遺體其實是一具木乃伊化的乾屍。在夏季熾熱、環境乾燥的陳屍現場，動物遺體腐敗過程中，伴隨急遽脫水，會在數週之間，形成如民眾所見，表面皮革化，顏色黑褐，看似燒焦，實則不然。儘管在這個案件中，因遺體死後變化嚴重，無法確定死因，但在本案中，透過法醫學對於遺體腐敗的知識，釐清了可能引發的公眾隱憂，避免不必要的恐慌。

　　2015年，台大僑生虐殺浪貓大橘子案件，引起眾怒。在這個案件中，民眾自主調查、動保處及警方密切偵辦下，將兇嫌迅速繩之以法。那一年元旦連假前夕，我接到動保處委託解剖的任務，2015年12月31日下午6時許，大橘子遺體被送到我們實驗室，警方及動保稽查人員讓我簽了遺體移交文件，接下來的連假，有不少時間，我與大橘子遺體一同度過。這具遺體裝於中型黑色旅行袋中，曾先被棄屍於台大醉月湖中大約半天，接著被轉移至機車行李箱中數天後，才被尋獲。你可想像，經過泡水及數天的死後變化，遺體跟送檢資料、網路資料上看得見的大橘子生前的可愛模樣，相差甚遠。法醫做了幾年，你總會開始自問自答一些問題，在這個案子，比如：「這真的是大橘子嗎？」「這個案件的檢查重點是什麼？」「傷勢是否符合嫌犯被目擊的行為？」這個案子，透過X光影像、詳細的外觀檢查及內臟檢查，我應該想辦法在遺體身上，找尋兇手對動物施虐的直接證據。最後，在大橘子頭頸部找到不只一處曾被施加壓迫的證據，與疑犯自白及監視影像證據相吻合。

動物法醫研究室：發掘議題與發展研究

　　2019年很高興可以回到母校台大服務，在獸醫系擔任老師，擁有自己的實驗室。我把實驗室命名為「動物法醫暨比較病理學研究室」，我們的核心任務，希望能發掘台灣動物法醫發展過程中、實務上會遇到的待解決的議題，然後進一步去回應它，例如，針對某些案件引發的議題，發展一些新的檢驗方法。

　　在設定研究室的過程，因為知道解剖是本研究非常核心的工作項目，也希望所有的解剖人員——不管是我自己還是我的助理或研究生，可以在一個安全無虞的環境下工作。所以建構了一個負壓的解剖房，這個負壓解剖房是比照人類法醫的解剖環境來進行規畫的。希望可以讓我們在可能接觸疑似人畜共通傳染病的病原時，將人員的風險減到最小。同時也可以更方便迅速地還原死亡的真相。

　　目前我們對議題探索及研究發展的模式，不外乎是透過參與大量的案件，然後累積足夠的經驗，案件的累積會慢慢化整成科學研究的數據，數據若發表出去，未來就可以應用在解決更多的案件上。透過這些案件偵辦的過程，我們會發現其實台灣的社會累積了一些關於動物保護的新議題。我們會根據這些新的議題，加以釐清，思考能夠解決台灣動物法醫現況的適合的鑑定方法，並著手發展它。根據這些處理案件的經驗，進一步能修正、調整、聚焦所需要發展的技術的細節。最後利用我們的研究數據，來完成一個新的鑑定方法。這些新的鑑定方法，未來就可以更進一步協助我們解決更多類型的案件。

　　動物保護的新議題，其背後所隱含的意義，是所有透過科學方法，可以協助解決的「法用」議題，意即，法庭感興趣的、對調查

動保案件有幫助的、對解決涉及動物的案件爭議有助益的，所有我們可以幫得上忙的。針對特定動物種類及特定案件類型（如：動保案件、收容所動物死亡爭議或路死動物），透過法醫解剖，分析創傷形態，搭配其他生物跡證之鑑定技術，確定創傷成因。創傷形態的研究，針對常見創傷成因進行系統性樣態研究，將有助於我們用排除法的方式，揪出真正的重大動物虐待案件。

過去幾年，針對都會地區路死犬貓進行大規模的法醫解剖，著眼於兩大類型的創傷意外原因的形態分析：犬咬與車禍。

教科書上都會說，犬咬的被害動物體表一定會出現成對的穿透傷。根據我們的經驗，穿透傷不一定是成對的，狗的牙齒是鈍的，有時候不一定會咬穿被害者，只要能固定住受害動物，就能夠咬起來甩，導致非常嚴重的皮下撕脫傷，且體表有時候只有牙齒壓印痕或牙齒導致的擦挫傷。此外，要找尋成對穿透傷，需要仔細地檢查遺體全部體表，如整個頭顱周圍，故全身剃毛為最佳作法。

另外，受攻擊的貓隻，在被犬隻追趕的過程，會死命奔跑，導致趾甲斷裂。此外，掙扎也會導致被害者腳爪中有加害犬隻的毛髮，經過DNA分析能確認加害者的物種是狗。

還有一個很有趣的情況是，由於流浪犬貓均有人餵養，加上活動範圍重疊，故我們觀察到許多被攻擊致死的流浪貓，胃內含有大量飼料，可能剛吃飽，故遭到攻擊時可能行動較緩慢，較難逃脫，容易遭到較劇烈的攻擊。這樣的觀察對於動物之間習性的理解，還有未來怎麼去改善這樣不良互動，都會有所幫助。

流浪動物路死意外，另一常見的情況是車禍。車禍致死的動物遺體上，可能會看到與路面或車子接觸所留下的微物跡證，如油漬、碎石，或者有方向性的擦傷，留心觀察，能找到一些蠻明確的證據，告訴我們這是一起車禍。

當我們理解常見的意外傷害形態之後，如果遇到某些案件，當只有頭部有非常集中的鈍力導致的凹陷性骨折，我們就可以透過排除法，合理的懷疑，這也許不是一個單純的意外傷害，而有可能是虐待案件。

尾聲

根據過去十年的觀察，法醫解剖可以幫助釐清動物法醫案件中非常多的細節。我們除了決定是不是自然死亡之外，還可以透過創傷的型態進一步去區分意外死亡、非意外傷害甚至是未妥善照顧。

因為台灣在做動物法醫的人真的相當少，現在有持續在做的就是我們研究室的團隊，我們也同時肩負了我國此一領域教育以及國際交流的任務。國際動物法用科學會年會，從2014年我加入會員開始，基本上除了疫情期間，我每年都會赴美參加此年會，定期與國際動物法醫專家學者進行交流。

動物法用科學（動物法醫學及獸醫鑑識科學）正在萌芽階段，本研究室的使命是，發展我國法情所需要的動物法用科學鑑定技術，同時訓練我國下一代動物法醫人才。

人類與所有動物一同活在地球上，法用科學，以人類議題為核心，當人類行為波及動物，導致動物受傷或死亡，鑑定上需要獸醫科學，因此有了動物法醫。我們在做的事情，其實就是幫助那些無法替自己發聲的被害動物。

黃威翔，國立臺灣大學獸醫專業學院助理教授，研究興趣為死亡學、動物法醫病理學及獸醫鑑識科學，致力於探究遺體死後變化的現象，以及能應用於解決法律有關議題的獸醫科學應用。

環境教育、動物行為與人類之關聯性

蕭人瑄

第一次去觀察黑猩猩，那麼仔細的去看一種動物，是覺得蠻有趣的，然後有一些行為，那時候才開始感覺到黑猩猩跟人類的相同處很多，他的很多行為跟人是很像的。（訪2-B-1：3-4）

上面這段話來自於一位曾經參與動物園黑猩猩研究計畫的志工，同樣生為人類，他對於黑猩猩行為的敏感度，可以說是比我更高。我跟他在分類學上的學名是Homo sapiens，與黑猩猩和大猩猩同屬於人科（Hominidae）、靈長目（Primates），所以我們算是牠們的近親。

在美國攻讀研究所時，我接觸了黑猩猩行為及生態相關知識，也曾近距離地觀察、照顧這人類的近親，並向牠們學習。回到臺灣後，為了能夠繼續應用所學，選擇了「環境教育」繼續深造，直覺可以在這個領域中做一些與黑猩猩有關的事，畢竟人和非人動物（以下簡稱「動物」）都是環境的一部分嘛！但這一路走來，我其實並不清楚「人類」、「動物行為」和「環境教育」之間的關聯性，因此很感謝有這樣一個珍貴的機會，讓我能夠用「人生倒敘法」來仔細檢視它們之間的關係，並且補充這些關聯性中本具的意義。

動物存在於環境教育中

　　念了環境教育後，常常有人問我：「環境教育是什麼？」我想
出了一種簡短的回答：「環境教育就是教人如何去親近並善待環境。」
但這個回答畢竟過於籠統，其中的許多細節都沒有交代清楚，例如
「為什麼我們要親近環境？」「怎麼教？」等等，也沒有明述「環
境」是什麼意思，其中包含了什麼。

　　環境教育這門學科發跡於1960年代晚期，因應人類社會的需要
而生，也就是人類想要「解決環境問題」。美國的比爾‧史戴普教
授（Wiliam B. Stapp）便是重要的發起人之一，他在1969年發表了
一篇文章，陳述他與研究生在課堂上腦力激盪出「環境教育」的目
的，就是要培養一種公民，這種公民有知識去理解生物物理環境及
其相關問題，知道怎麼去幫助解決這些問題，而且具有參與解決問
題的動機與動力，能夠為此而努力。其中，史戴普教授用了「生物
物理環境」（biophysical environment）一詞，指的是生物體或種群
生活的周遭環境，其中包含生物和非生物，這些生物和非生物會影
響該生物體或種群的生存、發展和進化，反映出生物體或種群與其
生活環境之間存在著動態的關係，動物也就存在於這樣的情境之中。

　　環境教育雖然旨在解決「環境問題」，但「環境問題」其實就
是「人的問題」，因為環境問題的起因並非是生物物理環境本身，
而是「人」造成的。所以，教育的對象是人。〈環境教育法〉第一
章第3條寫道：「環境教育：指運用教育方法，培育國民瞭解與環境
之倫理關係，增進國民保護環境之知識、技能、態度及價值觀，促
使國民重視環境，採取行動，以達永續發展之公民教育過程。」其
中的「與環境之倫理關係」，也就是〈環境教育法〉第一章第1條中

說的，「促進國民瞭解個人及社會與環境的相互依存關係，增進全民環境認知、環境倫理與責任，進而維護環境生態平衡、尊重生命、促進社會正義」。動物便存在於法條所說的「環境倫理」中。

若說「倫理」是「為維護群體和諧而發展出人與人之間相處的常理」，那「環境倫理」就是「為維護人與其所處之生物物理環境間的和諧共存，而發展出的人類對環境之責任與義務」。這個倫理就是維護「環境生態平衡」，以確保動物有健康的生活環境；就是「尊重生命」，尊重動物與我們一般同有生命，以及尊重該生命本具的價值；就是「促進社會正義」，我們要討論如何與動物相處，如何公平地對待動物。這個倫理的內容，仰賴我們對動物福利的追求。

環境教育與動物福利之間的關係有多近或是多遠？我先從過去20年間（民國91-110年）的學位論文研究來一探究竟。根據臺灣碩博士論文知識加值系統的搜尋結果，共有30本學位論文的標題中含有「動物福利」一詞，其中4本出自環境教育研究所（教育學門），集中在民國95、96和98年，其他來自於10個學門共超過20種專業科系，包括社會及行為科學學門（社會與區域發展學系、客家語文暨社會科學、行政管理、公共事務管理）、商業及管理學門（事業經營、運籌管理、國際經營與貿易、應用經濟、管理科學）、法律學門（財經法律、事業經營法務、法律、科際整合法律）、人文學門（外國語文、宗教）、環境保護學門（自然資源與環境）、自然科學學門（海洋生物）、農業科學學門（農業經濟與行銷）、獸醫學門（獸醫），甚至設計學門（視覺傳達設計），以及與環境教育同為教育學門的科學教育專業；約略可見動物福利涉及人類生活的面向之廣。

不過，以臺師大環境教育研究所為例，近幾年產出有關動物福

利的學位論文，標題中並沒有「動物福利」字樣，諸如105年有〈豐子愷《護生畫集》中狩獵與放生圖文的環境倫理意涵之探究〉，107年有〈動物朋友的贈禮：拜訪黑猩猩對志工環境認同與解說的影響〉，108年有〈從動物保護檢查員眼光探討臺灣犬貓相關社會問題：人與犬貓的權益衝突〉，109年有〈動物同理心課程成效之研究：以臺北市立動物園黑猩猩戶外教學為例〉。但這些標題都透露著對動物倫理的追求，且更明顯地「從人出發」來探討。其中，〈動物朋友的贈禮〉和〈動物同理心課程〉，是透過「動物行為」在人與動物之間架一座橋，讓雙方都得以更理解對方，如此來促成良性的互動。

動物行為之於動物倫理

「動物行為」的英文有兩種：「animal behavior」和「ethology」。我們在網路上可以找到清楚易懂的解釋，例如根據美國非營利教育機構可汗學院（Khan Academy）網站上的解釋，「animal behavior」是指包括動物與其他生物物理環境相互作用的所有方式，「行為」則是指生物體為回應外部或內部刺激而在活動上所做的改變；我們透過行為的成因、個體發展行為的機制、行為為生物體帶來的利益、行為如何進化等，來完整地認識「行為」；有些行為是與生俱來的，有些則是後天習得的，或由經驗發展而成的，在很多時候，行為是兼具先天與後天的成分的；由於許多行為直接增加了生物體的適應性，幫助其生存和繁殖，也因此，這些行為被認為是「由生活環境選擇且塑造」的。換句話說，動物的某些行為與其棲息地的樣態有很深的淵源，例如，黑猩猩的雙臂比雙腳長且有力，反映出牠們樹棲的習性，人類則是相反，長年用於在陸地上行走移動的雙腿，要

比雙手來得更長且更強健有力。維基百科則說明「ethology」這門學科更著重在研究動物對環境和其他生物的互動,包括動物的溝通行為、情緒表達、社交行為、學習行為、繁殖行為等。

若我們能夠理解動物的行為,就相當於理解牠們的生活語言,但這些生活語言往往不是人們能夠靠直覺來領會的,它需要學習和同理心。例如「笑」,我們所熟悉的笑是上排牙齒或上下排牙齒露出來的人類笑容,但這樣的臉部表情在黑猩猩看來,卻代表了不安與憂慮。黑猩猩的笑則是僅露出下排牙齒,這樣的「笑容」在我們看來,卻又是無從理解,以為在搞笑或做鬼臉。也因此,知道「動物與人對同樣事物的理解並不相同」是十分重要的,也才得以邁出尊重對方的第一步。比方說,當我們面對黑猩猩且想要表達友善時,就可以只露出下排牙齒來做一個「黑猩猩笑」,透過這種「對方能夠理解的友善行為」來開啟正向的互動。

用對方可以理解的(肢體)語言來表達善意,會是建立友善關係的捷徑;以黑猩猩這種社會性動物來說,經由認識的朋友介紹,也會是另一個捷徑。不過在一般狀況下,我們並沒有太多機會能夠熟悉動物的行為,也鮮少會知道誰已經是某動物的朋友可以幫忙介紹一下。但好消息是,心可以超越物種的界線。莊子和惠子的故事耳熟能詳了吧?後半段是,惠子曰:「我非子,固不知子矣,子固非魚也,子之不知魚之樂,全矣。」莊子曰:「請循其本。子曰汝安知魚樂云者,既已知吾知之而問我,我知之濠上也。」情境是莊子說魚很快樂,惠子質疑說,我不是你,當然不會知道你知道些什麼,而你也不是魚,所以合理地推斷你也不會知道魚的快樂啊。可是莊子將談話帶回到惠子的問題本身,說惠子問自己「怎麼知道魚的快樂」(安知魚之樂)時,表示他是知道「莊子知道魚快樂」後才問怎麼知道的,莊子順勢回答,自己用的方法就是在濠水上觀察

而得知的。

　　這個知名辯論橋段的精華，是莊子指出惠子的觀點是一種悖論（表面看似是合理推論，實際導致邏輯上的自相矛盾），因為若無法認識其他主體的認識，就無法斷定其他主體無法認識；所以，惠子必定已經認識到莊子認識魚的快樂，否則無法斷定莊子其實是無法認識到魚的快樂。然而莊子並沒有指出這個問題，而是故意忽視惠子反問時的修辭，順勢回答了他的提問。我們從閱讀情境的角度來看，也可以確認莊子的觀點是「人能感知魚的快樂」，惠子則偏向於「人不能感知魚的快樂」。不過，這兩種觀點其實都普遍存在於人類群體，句中的「魚」可以改成其他主體，例如猩猩，而莊子觀察的訣竅，則是在於心：用心觀察。

　　我相信即便是不認識黑猩猩行為的人，也能夠明辨一隻平靜的黑猩猩和一隻暴怒的黑猩猩，因為我們能夠明辨「平靜」和「暴怒」這兩種狀態。我們也可以透過觀察不同個體間的行為與互動，推論出一隻銀背大猩猩正在看護牠的妻小。情境是BBC拍攝的一個影片橋段。在非洲叢林一條人為開闢的寬大路上，一隻銀背大猩猩（一家之主）從路的一側率先鑽出叢林，走到路上，當牠走到路中間時忽然停佇，抬頭挺胸伴隨著眼觀四面耳聽八方的謹慎模樣，耐心地等待家中其他成員（十幾隻牠的妻子們和孩子們）自牠身後一一從林中鑽出，魚貫地走過牠身邊，鑽入另一側的叢林中，待最後一隻鑽出後，銀背才緩步跟上，隨後沒入路的另一側。旁邊的人們看到這一幕，皆停下車、停下腳步，耐心地等待牠們穿越，這些人不是大猩猩，但都「看懂」了大猩猩。由此可見，人們若能用心同理動物的行為並加以尊重，就可以合宜地表達友善，以及避免冒犯或觸怒對方，且透過改變自己的行為來與對方和諧相處。

　　下面筆者根據兩篇碩士論文的觀點及研究資料引用，分別闡述

動物園志工（林孟樺，2019）和國小學童（鍾嘉怡，2021）在近距離觀察黑猩猩並與其互動後的感動與學習。

動物朋友的贈禮（林孟樺，2019）

人們往往以為我們是照顧動物、施予恩惠的一方，但其實，在與動物相處之後，與牠們所獲得的相比，我們的成長往往超乎預期。曾有6位動物園志工參與一項與黑猩猩互動的研究，其中4位（研究組）在拜訪黑猩猩時，會使用黑猩猩表達友善的行為（點頭、黑猩猩笑、手臂前伸）或不具威脅的行為（上半身下彎模仿四肢走路），而這幾位志工或多或少都獲得美蘭和曼麗春（兩隻相對親人的黑猩猩）的正面回應，前來互動。

> 我是覺得（實際觀察）蠻重要的，對，因為光讀資料，那都是假的，對，不是真正的去了解牠；到底眼睛看到了以後，會覺得，ㄟ～蠻好玩的，很有意思。（訪2-B-12:2-3）

志工們的每次拜訪都花20分鐘到半小時，這樣的陪伴及觀察經驗，令他們對黑猩猩產生正面的情感連結，也更深刻體會人與黑猩猩（或其他動物）的相似之處。有志工表示：「你不要想說（牠們沒感覺），牠們只是不會說話的人類，我真的這麼覺得（訪1-H-13：11-14）。」也有志工說會忘記自己當下其實是在參與研究：「感覺我不太像以研究的心態和牠們互動，也不覺得自己和牠們有什麼很大的鴻溝／分別，是真的對有感情的生物互動，和與人類互動沒什麼不同（訪-H-2-1）。」有趣的是，即便只是安靜地站著，仍能引起黑猩猩的好奇，一位擔任研究對照組的志工在幾次拜訪後，曼麗春主動「找上門來」，在多次經過他面前「check」之後，開始對他

展現其專屬的互動行為：張嘴，讓這位志工驚喜不已。

在與黑猩猩建立友善關係之後，也促使志工們思維其他與自然、動物相關的社會道德價值，例如圈養環境對黑猩猩的影響，動物應有的權利（自由、隱私、平等），以及動物園的圈養議題等，另一方面，他們也覺得自己與自然的關係更拉近一些。這些經驗與思考，甚至影響了以往的解說策略、生活行為、面對動物的態度與行為等方面。就有志工分享他在解說上的轉變：「我會盡力去讓人家知道說動物不是你們所想像的，這麼的低能，你們不能用那種錯誤的方式對待。……人類還有很大的進步空間，就是會把牠們當成比較低能的，對，我覺得這是不對的耶（訪2-H-6:4-19）。」

志工們放開預設、仔細觀察，發現「原來黑猩猩也有很多種的互動、情緒、語言……牠們那黑黑的表面下，其實是充滿了情感的（C-04-18）。」他們站在黑猩猩的立場思考，最後卻是成就了自己的廣大：「你會覺得好像有一種視野被拉開的感覺，好像就是有人可以跟你去和諧的共享某些東西。……就會發現說，欸，這個世界上不是只有你一個中心，還有很多其他的人，心情自然就會打開一點，然後也能夠體悟到說，人類也不是唯一的（訪2-H-8:34-9:2）。」也有志工認為應該要多接觸動物界，這樣可以讓人稍微反璞歸真一點，體現和諧的關係：「……沉浸在動物界的時候，可以讓自己很單純、很開心，也很自在，然後你可以多了解這些動物行為，你就會覺得說，這世上好像也沒有什麼好爭的了（訪2-C-5-7-10）。」

黑猩猩同理心課程（鍾嘉怡，2021）

另一方面，也可以透過故事、觀察、討論及分享，來培養孩子們對黑猩猩的同理心，不過這樣的課程需要花時間蒐集動物園中黑猩猩家族的生活故事，而在那之前，還須具備辨識黑猩猩個體的能

力：誰是調皮搗蛋的娃智，誰是對媽媽阿美照顧有加的美祺，咪妮的女兒是妮慧，咪咪則是祖母級的了，莎莉春和莉麗是姊妹，牠們的媽媽是個頭兒較小、下背銀灰的莎莉，是位使用工具的能手。這些黑猩猩個體及牠們的故事被帶到國小的課堂中分享，透過照片及影片來提升孩子們對黑猩猩的認知與移情，引得學生在課堂中踴躍回應與提問，激發了好奇心，也就更期待隔週能親眼見到這些照片中與故事中的「本尊」，還要與牠們打招呼。

> 我想趕快看到黑猩猩。（C-03-04）
> 我迫不及待要跟黑猩猩及保育員見面了。（C-04-18）
> 我帶著開心又期待的心情準備與黑猩猩有個不一樣的接觸。
> （C-04-14）

　　在建立先備知識後一週，學生們到動物園進行戶外教學，實地觀察與紀錄黑猩猩。他們一到黑猩猩區，便開始找尋自己印象較深的黑猩猩個體：「會看到阿美嗎？」「娃智會在嗎？」「我要觀察美蘭。」這些國小三年級的孩子知道在拜訪黑猩猩時要將身體放低，以免讓對方誤認為自己在示威（黑猩猩示威時會以雙腿站立讓自己看起來較高大），他們能夠專注且長時間觀察並記錄，且在觀察過程中不停提出各式各樣的問題。關於個體辨識：「哪個是阿美？」；關於社群關係：「琪靚的媽媽是誰？」；關於行為意涵：「牠敲玻璃是生氣還是打招呼？」；關於居住環境設計：「為什麼有那麼多繩子？」；以及關於生活習性：「牠們晚上睡哪？」學生們不會立刻為所見所聞下結論，而是像個科學家般地想要確認每一個觀察到的現象，像個哲學家般地探討「為什麼？」
　　老師們也觀察到學生的學習模式有所轉變。發現學生可以專注

觀察黑猩猩長達一小時，所觀察的黑猩猩走到哪兒，他們就跟到哪兒。老師們表示，一般孩子看一種動物大概花20秒，策略是走馬看花地蒐集動物種類的量，不過，這次學生們在去到動物園之前先了解了黑猩猩的故事，所以會願意花比平常更多的時間只觀察黑猩猩。老師們也見識到孩子們的其他能力：「小朋友眼力比我好很多，我都沒有辦法認出牠們的姓名，小朋友卻能清楚辨別（D-01-02）」；「孩子們能注意到黑猩猩的各種動作（如翻滾、搶著抱小孩），並且了解為何牠有這樣的行為（D-05-03）」。當學生們看到有趣的動作時，也會興奮地與身邊的同學分享：「你看娃智在轉圈圈！」「快點看，牠們在牽手！」

　　學生們也會主動看解說板的內容並互相討論，還把學習到的新知識記錄在觀察單內。他們對「黑猩猩家族譜」的樹狀圖特別有興趣，討論著上面的文字、數字、符號：「『歿』是什麼意思？」「為什麼會有問號？」「壽山動物園在哪裡？為什麼要去哪裡？」「阿美有很多小孩。」「這些數字是什麼意思？」在得知數字是黑猩猩的生日後，還會找出他們感興趣的個體並計算牠的年齡。在理解了家譜表的呈現規則後，孩子們對照著自己的實地觀察經驗，開始為解說板「勘誤」：「這個好像怪怪的，曼麗春不是死了嗎？」「這個都沒有更新！」「不公平，小琪靚的名字都沒有在上面！」

　　透過黑猩猩的生活故事以及理解牠們的行為，孩子們不會靠直覺或某些刻板印象去為黑猩猩下標籤，而是能夠正確辨識黑猩猩個體與其生理特徵。以一般遊客最常戲謔的「紅屁股」（母黑猩猩臀部的一團粉紅色膨大物）為例，往往會聽到「好噁爛」等自我感受性的評論，但這群孩子的反應是：「母的猩猩長大就會有性皮了（C-03-01）」；「母猩猩每一個月都會有性皮會腫起來（A-02-11）」；「牠們的臀部腫脹不是生病，是正常現象（A-01-17）」；「我發現

黑猩猩的性皮不是紅色，是有一點白色的，真是奇妙（C-04-21）」。
這群孩子們將黑猩猩看作與自己一樣的生命個體，有好惡、有個性、
有情緒、有長處，並理解牠們的獨特與不同：「黑猩猩如果敲打玻
璃或是豎起毛，那就是牠在生氣。如果你把身體蹲低，牠就可能靠
近你。那就是牠開心（C-04-13）」，他們也理解到黑猩猩與自己不
一樣的基本需求，包括食物和生活環境。

　　甚至有學生比較起「黑猩猩生活在野外或在動物園各有不同的
好處」這類涉及高層次思考的問題。這位同學表示，黑猩猩生活在
野外的好處有（1）自由、（2）生活空間比較大、（3）可以吃不同
的食物、（4）可以爬得比較高、（5）可以自由結婚、（6）不用上
班（備註：動物園的黑猩猩會在早上使用戶外展示場，傍晚回到室
內休息，講師用「上班」來比喻牠們每天在戶外展示場的時光）。
若黑猩猩生活在動物園，好處則有（1）不怕餓肚子、（2）可以活
得比較久、（3）比較安全（C-04-08）；然後他下了一個結論：看
起來還是野外比較好！

　　為了讓學生們能夠更深入地學習黑猩猩在動物園中的生活，講
師也請保育員現身說法，讓大家得以近距離看看、聞聞、摸摸黑猩
猩每天吃的餅乾（乾飼料），以及用五感直接探索那些為了豐富黑
猩猩行為而設計的「玩具」（行為豐富化設備，英文是「enrichment」，
例如塞了葵瓜子的竹筒）。在保育員分享照護黑猩猩的故事時，美
蘭「助教」還偶爾會在玻璃的另一邊觀看，或試圖吸引大家的注意，
讓孩子們十分欣喜。最後，在課程結束前，講師用黑猩猩布偶引導
學生們換位思考：「如果我是動物園的黑猩猩……」，並一同討論
與分享友善對待動物的方式。

結語

　　總的來說，環境教育的對象是人，人透過觀察、了解並同理動物的行為，提升自己對待動物的素質，成就環境教育的目的。有位同學在課後的心得分享中畫了一幅四格漫畫，每一格都分成兩邊，左邊是籠子裡的阿美，右邊是籠子外的她（鍾嘉怡，2021，頁72）：

　　小女孩拿著筆記本和筆，訪問籠中的阿美：「你待在裡面不會不舒服嗎？為什麼會被抓來？你們的生活如何……。」
　　阿美坐在地上，手上抓著一截樹枝，回答道：「當然不舒服！我們的生活很難過！我們只能吃人們給的食物呢！」
　　阿美一邊搖晃著樹枝，一邊繼續說道：「我們是被迫來的！我們的目的是讓人們發現有我們在這個地球上的！要不然，我們還在我們的家呢！」
　　小女孩驚訝道：「真假……」
　　阿美進一步告訴女孩：「而且，這裡真的很吵！有些猩猩可能因為太吵生病呢！所以你們人類記得要經過我們動物前，要安靜，腳步聲要小喔！不要再讓猩猩們生病了！（和其牠動物！）」
　　小女孩比著手勢，笑著答應道：「OK！」
　　之後，小女孩笑著與阿美道再見：「Bye~」

　　最後感謝林孟樺與鍾嘉怡兩位學妹慷慨分享論文。謹以此文獻給曾居住於臺北市立動物園的黑猩猩曼麗春（1994.12.7-2018.3.13）、阿美（1968.8.14-2020.11.3），以及與阿美同一個世代的茉莉（1975.5.2-2021年初）。

參考文獻

林孟樺（2019），〈動物朋友的贈禮：拜訪黑猩猩對志工環境認同與解說的影響〉（未出版博碩士論文），國立臺灣師範大學環境教育研究所。

鍾嘉怡（2021），〈動物同理心課程成效之研究──以臺北市立動物園黑猩猩戶外教學為例〉（未出版博碩士論文），國立臺灣師範大學環境教育研究所。

　　蕭人瑄，目前擔任國家教育研究院戶外教育研究室博士後研究，研究興趣為動物行為、環境／戶外教育、模擬遊戲與永續教學等，主要著作為FishBanks模擬遊戲相關學術論文及學術研討會論文數篇，黑猩猩行為與保育專題文章數篇（刊載於鳴人堂），另參與翻譯佛學相關書籍4本（英翻中，德謙讓卓出版）。

動物保護教育在學校教育與社會議題的性質

山夢嫻

　　台灣於2018年12月7日經立法院三讀通過《動物保護法》部分條文修正案，增訂4-1條「各級政府應普及動物倫理與動物保護法規相關之教育及學習，以提升國民動物保護知識，並落實於十二年國民基本教育課綱中，主管機關也應逐年編列預算，推動流浪犬族群控制及多元創新性認領養等動物保護工作。」凸顯出教育在動物保護此一社會議題的重要性。為此，教育部國民及學前教育署於2019年1月組成動物保護教育教材小組，依現行十二年國民基本教育（以下簡稱十二年國教）的不同教育階段年齡層，分別編撰動物保護教材以融入教學課程，後續將公布教材以供學校參考使用。由此可見，學校的課程發展與社會議題的脈動密切關聯。

　　長期致力於動物保護倡議與教育的關懷生命協會，在2021年的「全國NGOs環境會議」上，提出對動物保護教育（以下簡稱動保教育）的建言與訴求，如：每年調查教科書裡的動物相關內容，在十二年國教的課程綱要內能新增「動物保護」議題，動保教育的推動建議以「全校式途徑」（whole school approach）作為方向，以及《環境教育人員認證及管理辦法》能增列「動物保護」的專業領域等內容。上述關於十二年國教的部分，現由國家教育研究院（以下

簡稱國教院）執行，已於2021年8月及10月召開「有關動物保護納入
課綱及調查評估十二年國教教科書動物議題內容溝通諮詢會議」，
邀請學校教師與領域專家共同討論，筆者也受到國教院的邀請，參
與這兩次的會議，並深覺國教院及關懷生命協會因立場的不同，對
動保教育的期待與想像也很不一樣。

　　筆者肯定在十二年國教推展動保教育的重要性，因為自己長期
關注與投入社會動物保護活動，以及將動保教育實踐在學校的教
學，亦在過程中發現許多待解決與需深入思考的課題。本文將呈現
學校教育與社會議題的不同觀點，先介紹動保教育在學校教育的歷
史脈絡，幫助讀者了解現行的教育政策，進而從《動物保護法》看
見社會需求，最後引申出對動保教育的觀察與論見，期能開展出更
多教育的可能性，作為後續推動相關教育工作的參考。

　　「議題」是指普遍受到關注並攸關現代生活與社會發展需要，
期待學生應有所理解與行動的一些課題，具有時代性、脈絡性、跨
域性、討論性與變動性的特性（教育部，2020）。「議題教育」或
稱「議題課程」則是追求尊重多元、同理關懷、公民正義與永續發
展等核心價值，以培養學生批判思考及問題解決的能力。台灣的九
年一貫課程（以下簡稱九年一貫）是在十二年國教前的教育改革政
策，九年一貫將7個重大議題列入課綱，代表著議題教育在國中小學
課程取得正式課程的地位，同時也是議題教育進入義務教育的重要
里程碑（教育部，2008）。十二年國教延續了九年一貫的課程融入
精神，從國家課程的層級，將19項議題的實質內涵融入各領綱課綱
作為課程發展架構，在《十二年國民基本教育課程綱要總綱》的「實
施要點」，亦明確指示各領域課程設計應適切融入19項議題（教育
部 2014），但要如何適切地融入，在總綱裡並無更進一步的說明內
容。

　　值得深思的是，現今的動保教育究竟處於學校教育的何種位置？

　　黃嘉雄等（2011）針對新興及重大議題課程發展方向進行整合型研究，界定「新興議題」為未列入九年一貫課程綱要的其他各項議題，包含立法院已立法或社會各界透過教育部函轉國家教育研究院要求學校教育應納入的議題項目。後續依社會／利益團體的關注程度、政策支持程度與教育人員理解程度，確定出14項新興議題，其中和動保教育直接相關的議題是「動物倫理與福利教育」。該研究指出，普遍的中小學教師與家長對「動物倫理與福利教育」的認知偏低，最贊同的是法治教育、生命教育、品德教育與家庭教育的重要性。白亦方等（2012）指出新興議題在教師眼中的教學優先順序，前三項分別為品德教育、生命教育與法治教育，而「動物倫理與福利教育」為14項新興議題最末，分析原因為教師認為社會事件層出不窮，多屬於個人品德缺失或缺乏生命教育的學習認知，「動物倫理與福利教育」排至最末是因為與社會事件較少關聯，且教師認知的比例均不到四成。由此可初步了解，為何九年一貫與十二年國教的課綱未納入此項議題。為方便讀者的閱讀與理解，以下將動物倫理、動物福利、動物保護法規等各項議題名稱，通稱為「動保教育」。

　　大致了解動保教育在學校教育的位置後，那麼其在社會發展需求面呢？

　　台灣的《動物保護法》自1998年公布以來，直到2018年立法院修正公布第4條條文並增訂第4-1條條文後，才開始有動保教育之相關明文。查詢立法院法律系統得知修正第4條條文，將動物保護教育列為動保委員會的權責事項，是為使中央到地方能重視動物保護教育。而增訂4-1條條文的理由為：「現行實務上各級行政機關，消極

不願推動動保教育及動保倫理，以致虐待傷害動物等案件層出不窮，手法殘忍，顯見動保教育未能落實，動保團體亦屢次建議將動保教育納入十二年國民教育課綱。」從上述教育相關研究與立法理由可發現，中小學的教師、家長與社會大眾對動保教育的認知與期望是有明顯的落差的。

　　教育部國民及學前教育署針對《動物保護法》4-1條，以新聞稿先行說明現行十二年國教課程綱要總綱已有「環境教育」、「生命教育」及「品德教育」等議題，適合將動保教育的知識適切融入課程，並可與領域或科目作結合（參考自教育部全球資訊網），後續也委託國立臺中教育大學著手編撰動物保護教育相關教材。第一本教材《動物保護教育──同伴動物》已在2022年4月14日開放下載，在其使用說明指出，該教材是搭配現行十二年國教的108課綱精神，以生命教育為主軸連結法治教育、品格教育與環境教育。上述不僅可對應到黃嘉雄等（2011）與白亦方等（2012）的研究成果，亦凸顯出若要在學校教育施行議題教育，會是以「課程融入」的方式為主流。若想多了解如何在學校既有的議題融入動保教育，可參筆者在《窩窩》的評論文章〈推動「動物保護教育」的另一種可能〉。

　　反觀動保教育在社會層面，長期多由主管機關行政院農業委員會、各地方的動物收容所與非營利的動保團體所推動，並多以「生命教育」為名。筆者曾訪談過幾位動保團體的友人，了解到他們對生命教育的認知與十二年國教課綱的生命教育有所出入，也不清楚十二年國教已將生命教育訂定為普通型高級中等學校的必修課。目前較多團體關注的教育層面為同伴動物的飼主責任教育，推論是同伴動物與一般民眾的關係較為親近，容易延伸至流浪動物的社會議題，較易引起民眾的共鳴而受到接納與關注。相對的經濟動物與實驗動物，這些與日常生活息息相關的動物，僅有少部分的團體在進

行倡議，在野生動物部分，可能是因《野生動物保育法》的法源依據，較常被動保教育所忽略。

正因各團體單位所關注的動物不同，提出的動保教育內容與價值觀也不盡相同，這樣眾聲喧嘩的狀態是非常符合「議題」的意涵。學者歐用生在2011年5月9日於國教院召開的「新興及重大議題課程發展方向之研究」期中審查會議中指出，「議題」應該不是事實的報導，而是對未有結論的事件進行討論、批判，以豐富學生的社會思考批判能力（黃嘉雄等 2011）。但從九年一貫與十二年國教的課程發展來看，學校教育的議題，似乎已漸漸失去有待討論或仍具爭議性，以及從具有變化或不安定狀態，已轉變成大家都關注的、具備共識的，符合社會發展需求，期待學生都能夠學會的內容主題。在《動物保護法》增訂4-1條條文後，筆者在2019年受到關懷生命協會的採訪，當時便不斷地提醒要思考的方向是「動物保護的核心精神為何？」這是有感於社會對於動保教育的論述多元，若真要進入學校教育，那麼就必須找出共通性與一致的規準，這樣才有辦法發展出符合社會所期待的動保知識架構。

舉例來說，瀏覽國教院的相關報告，在針對九年一貫「動物倫理與福利教育」的說明，僅有說明動物福利的內涵，如透過動物的角度，探討其在人為環境下，應如何獲得基本需求的滿足，人類如何提供動物在生理、心理與自然環境面向合宜的生存條件，但在動物倫理的部分卻沒有任何著墨。如果希望動保教育能成為課綱的第20項議題，那究竟要使用動物倫理與教育、動物福利，還是動物保護教育？或者直接視為生命教育或環境教育的一環，又或者是配合現行的教育政策，僅採取課程融入的方式，這樣是否就已足夠達到台灣社會所盼望的教育呢？以上這些問題都是目前仍處於未有定論的狀態。

回到《十二年國民基本教育課程綱要總綱》的「核心素養」，
是以「自主行動」、「溝通互動」、「社會參與」這三大面向作為
連結各教育階段的主軸，並以培養以人為本的「終身學習者」為目
標。經由討論、對話、批判與反思，使教室成為知識建構與發展的
學習社群，以提升學生面對議題的責任感與行動力（教育部 2014）。
筆者認為或許現在最需深入探究的是，動保教育的課程目的與基本
性質為何？社會各界對動保教育的共同核心價值又為何？簡單來
說，我們會希望透過動保教育培養學生的哪些素養能力？還是盼望
學生能習得哪些系統化觀念或是價值體系，需要加強學生的批判思
考能力？還是激起學生對於動物保護議題的熱情？又有哪些知識是
學生需要在求學階段學會的？以上皆有待各界進行跨領域與多元的
對話，才有機會建構出十二年國教整體的動物保護教育論述。

　　議題內涵會隨著社會變遷而改變，或者是產生新的議題，學校
可對議題保持高度敏覺性，因應社會與環境的變化，可不受限於19
項議題，適切地設計符合學生的課程計畫（教育部 2018）。從議題
教育的相關研究可發現，現在學校教育的議題融入教學，可能會受
限於教學時數不足，或是受到學習領域／學科的排擠，因各議題教
育未具規範性課綱，導致有名無實的困境，多仰賴著教師的自發性
融入或各科教學研究會的重視。此現象也對應到台灣與動保教育的
相關研究論文，多為教師個人進行教學的行動研究，並集中於國中、
國小的特定年齡層，少有高中的研究，可能是因大學升學壓力所致。

　　由此可以推論，教師會是在學校進行動保教育的關鍵。因此，
若要發展動保教育的課程架構，會更需要第一線教師在教學的實務
經驗。目前關懷生命協會已凝聚全台支持動保教育的教師，籌組教
師專業社群，以研發適用十二年國教的「動物保護教育指引」，這
便是一種凝聚共識，以統整出學生適齡的動保教育知識的作為，但

值得反思的是，到時的動保教育還留下議題的哪些性質？或者說還可稱為議題嗎？

　　筆者認為未來的動保教育，還可以從教育哲學或課程美學的觀點來思考，相信可以為動保教育的實踐帶來更多的可能性。期盼本文能提供發展動保教育的不同觀點，最後以三點建議作結：一、不同領域專家學者能從相同的問題意識，確立動物保護議題的教育內涵與精神。二、除了透過教師社群交流教學經驗，幫助教師的專業成長，亦可多方蒐集不同年齡層在教學現場的問題，多加了解學習者的學習情況，作為後續發展教學評量的參考。三、在師培單位的部分，可擴增師資培育課程與現職教師增能的機會與管道，以增強對動保教育的敏感度與專業度。四、對教科書出版社而言，未來可主動建立夥伴關係，協助其對議題內涵的認識，相信將有助於教科書內有關動保教育的編寫內容。

參考文獻

黃嘉雄、黃永和、張嘉育、鄭淵全、白亦方、田耐青、方玉如（2011）。新興及重大議題課程發展方向之整合型研究計畫研究報告。國家教育研究院委託專題計畫（計畫編號NAER-97-05-A-2-06- 00-2-25）

白亦方、周水珍、杜美智、張惠雯（2012）。新興議題於國中小課程實施的可行性分析，《教育研究月刊》219 期 p16。

教育部（2008）。國民中小學九年一貫課程綱要—總綱。取自https://cirn.moe.edu.tw/Upload/file/36/67053.pdf

教育部（2014）。十二年國民基本教育課程總綱。取自https://cirn.moe.edu.tw/Upload/Website/11/WebContent/35922/RFile/35922/96145.pdf

教育部（2018）。附錄二 議題適切融入領域課程綱要。取自https://cirn.moe.

edu.tw/Upload/file/26344/56953.pdf

教育部（2020）。議題融入說明手冊。取自https://cirn.moe.edu.tw/Upload/
　　file/29143/105750.pdf

教育部（2022）。動物保護教育—同伴動物。取自https://www.k12ea.gov.tw/
　　files/common_unit_id/d06b0f3b-4c2b-45b1-a6af-6629fa3230b3/doc/%e5
　　%8b%95%e7%89%a9%e4%bf%9d%e8%ad%b7%e6%95%99%e8%82%b
　　2%e2%94%80%e5%90%8c%e4%bc%b4%e5%8b%95%e7%89%a9.pdf

立法院法律系統 〈《動物保護法》民國107年12月7日異動條文及理由〉。
　　取 自 https://lis.ly.gov.tw/lglawc/lawsingle?0021422F74230000000000000
　　00000A000000002000000^03134107120700^00002001001

教育部全球資訊網〈發展動物保護教材融入十二年國教〉。取自https://www.
　　edu.tw/News_Content.aspx?n=9E7AC85F1954DDA8&s=98618F7D3F5C
　　B9FD#

　　山夢嫻，天主教輔仁大學師資培育中心講師，台北市珍古德實驗
教育機構顧問，看見‧齊柏林基金會課程顧問。研究興趣為課程設
計、議題教育、課程美學、媒體識讀。

動物與助人工作的交織

陳懷恩

一、前言

　　在社會工作裡要談論動物，目前是非常小眾的一個社群。而社會工作在台灣是相對年輕的學科／專業，要介紹這兩者的結合，有其重要也有其困難。社會工作被視為一個「助人專業（helping profession）」，運用個案工作、團體工作、社區工作、社會政策等等不同的方法，來解決社會問題或改進社會。而幫助（helping）的對象是否只能是人類，是我在不同經歷之間思考的其中一件事，從生態的觀點來看，改善人／社會以外的世界，也是能使人類受益，但社會工作在現代社會的發展中，也被限定在「社會」工作。以下的內容包括目前我所實踐的「動物社會工作」為何，以及哪些經歷使我開始結合動物與社會工作，最後介紹從巨觀視野下的人與動物如何共存亡，提供這些視野供大家思考如何跨領域合作，以及社會工作的相關工作中，動物如何現身。

二、動物社會工作是什麼

　　「動物社會工作」是2015年成立的Facebook粉絲專頁,透過舉辦講座、讀書會、工作坊,不定時發布貼文、採訪、研究或轉貼文章,希望推廣觀念並且累積社群群眾。動物社會工作目前並不是正式的組織,而比較像是一個社群,有許多跟我一樣關心助人工作如何結合動物的夥伴,一起為這個議題努力。目前「動物社會工作」並沒有提供給一般民眾的直接服務,而是針對專業工作者,討論社會工作實務中如何考量動物,以及傳遞相關的資訊,比如說舉辦工作坊和讀書會。以這三年舉辦的工作坊來說,和參與的專業工作者,包括社工、心理、教育、動保、動物輔助治療師甚至有寵物美容師,一同討論自己和動物家人經歷過的故事。並且試圖探究動物與家庭不同層面的影響,家庭動力、家庭照顧壓力、經濟、生命歷程等等,進而將這些故事變成工作上的資源,使我們更加深理解動物在服務對象家庭中的影響,並且運用跟動物的關係來工作。比如說我們到服務對象家中家訪時,問候家中的動物就跟問候家中的小孩一樣,可以是一種有生活感的工作方式。

　　「動物社會工作」關心的議題非常多,基本上涉及助人工作和動物兩個主題的交集,在粉絲專頁上都會轉貼。像是動物輔助治療、獸醫與動物保護工作者的同情疲勞、動物臨終照顧支持、飼主的寵物失落、家庭暴力與動物虐待、天災人禍底下的人與動物安置、動物對家庭動力的影響、動物和整體社區身心健康的關聯、貧窮與動物處境等等。

三、動物社會工作之前的經歷

在設立「動物社會工作」之前，因為一些不同的經歷而有了將兩者結合的想法。最大的動因是開始跟動物同住，有貓和狗，因為生活在一起有許多的生活觀察。像是動物過世之後，人們的種種失落反應，或是因為動物而牽起的關係網絡，又或是家庭因為動物的加入而帶來的改變，甚至是因為動物而揭露家庭中不曾聽聞的動物故事。跟動物相處的人們，或者說「一起生活的人跟動物」，並不在我們的社會工作教科書或社會政策中被定義成一個族群，但若是從動物與人的關係來看待，這是一個具有特殊性質的群體。

在「動物社會工作」成立之前，也曾經因為家中的動物過世，而起心動念透過當時的工作舉辦飼主支持團體「捨不得他走」，[1]集結一些家中動物過世的人，一起來聊聊動物過世的故事。來到團體中的人，有著雙重的失落，一來是動物過世而感到失落，二來是這個失落沒辦法被身旁的人理解，可能是家人、朋友、同事，因為看待動物的態度不同或沒有動物相處的經驗，而再度失落。但是在團體裡，大家能夠互相理解，甚至有相似呼應的動物故事，分享著跟動物的一切，使動物不再只是消逝，而有了意義。這個團體的收穫一直影響我至今，使我在意那些被埋沒忽略的人與動物關係。像是我會進一步的去設想，當社工所受的教育和工作環境並不支持談論動物相關的事情時，或是人與動物的關係被忽視時，關注動物的社工們該如何在實務中考量動物。這也算是我將動物與社會工作實務

1　可參考當時在台灣動物人文社所舉辦的「捨不得他走」飼主支持團體，http://coffeebeannkuma.blogspot.com/2011/07/blog-post_04.html。

結合的濫觴，單純抱著在社會工作所學的，為了那些跟動物在一起的人們作一點事情。

　　剛從大學畢業的時候，也曾經參與關懷生命協會所辦理的「孩童與犬類同伴動物關係團體」，[2]這個團體與大家熟悉的動物輔助治療（animal assisted therapy）框架下的團體有所不同，參與的動物並不是訓練好的輔助治療動物，而是參與成員家中的動物。當時這個團體是針對有狀況的家庭，如家庭暴力、低收入戶、高風險家庭等，其家中的兒童與犬類同伴動物一起來上課，團體設計上搭配一位心理師和一位正向訓練的動物行為專家，設計動物照護知識、同伴動物與兒童的關係、動物行為訓練等等團體活動，希望藉由這個團體預防家庭暴力與動物虐待的發生。家庭有狀況的孩子在學校也容易有不同的狀況，但在團體裡，參與的兒童可以用正向的方式學習跟狗相關的事情，明顯讓孩子有了不一樣的學習經驗，而且這個學習經驗是和家中動物成員一起完成，增加這個關係可以在家庭裡有更多的力量。我們也發現，因為動物行為的改變，家長們對於兒童和動物的態度會有所改變，比如說動物能夠配合坐下與趴下，孩子們會教導家長用不同的方式對待動物，家長會在接送孩子的時候詢問課程進行了什麼讓孩子跟狗有所改變。我們在團體過程中也會引入動物照護的資源，如美容梳洗或獸醫資源，提昇家庭照顧動物的能力，並且改變家庭動力減少家庭照顧壓力與家庭衝突。

　　在出社會工作的階段，也曾經到動物保護相關的團體工作過，但在動保工作中冒出的一些思索，常常會讓我覺得與動保夥伴有所差異，與他們想維護動物福利與動物權的立場有所不同。以送養的

2　由萬宸禎規劃執行，團體計畫與成果可參考https://www.lca.org.tw/avot/2156。

工作來說，有遇到不少送養人都希望尋求「理想家庭」，以確保動物會獲得妥善的照顧，但我認為每個家庭都還是有自己的飼養條件，而且社會工作的訓練告訴我家庭是會變動的，重要的是後續的家庭照顧支持；又或者，動物失落的議題上，動保人員會傾向飼主自我調節，而比較少認為這是需要專業協助的議題。臺南大學行政管理學系吳宗憲教授在農委會委託的調查[3]中也發現，動保工作人員對於自己遭遇同情疲勞的議題上，也不容易自我覺察或尋求專業的協助，需要進一步的改善計畫。總之，在種種的與動物生活思考上，和傾向動物立場的動保夥伴們相比，我考量人／社會多一些，致使我想回到社會工作談論動物，不過有趣的是，回到社會工作領域談論相關的議題時，也有不少社工認為我過度重視動物。

　　而讓我更加確定動物與社會工作結合的可能性，是受到田納西大學諾克斯維爾分校Elizabeth Strand博士（同時也是臨床社工師）創辦的「獸醫社會工作（Veterinary Social Work[4]）」激勵，致使我開始走向研究之路。獸醫社會工作與獸醫領域合作，並且關注下列四個主題[5]：悲傷與寵物失落、動物輔助活動、人類暴力與動物虐待的暴力關連以及同情心疲勞管理。每年所舉辦的國際獸醫社會工作高峰會（簡稱IVSWS），集結的北美、澳洲地區的不同專業工作者，一同討論與動物相關的助人工作。

3　吳宗憲（2017）建立動保公務人力心理諮商及協助支持機制計畫結案報告。

4　田納西大學諾克斯維爾分校，獸醫社會工作，可參考https://vetsocialwork.utk.edu/。

5　針對悲傷與寵物失落、人類暴力與動物虐待的暴力關連、同情心疲勞管理這三個主題，在網路上可以搜尋「新興社會工作運用——獸醫社會工作」，有中文介紹文章可參考。

四、家庭暴力與動物虐待

目前推行的相關議題中，以「家庭暴力和動物虐待」最能夠與社會工作實務扣連。在美國，基於犯罪學、兒童福利、人與動物研究、社會學、兒童發展、犯罪學、心理學、社會工作、獸醫等不同學科的研究，發現動物虐待、兒童虐待、老人虐待、家庭暴力這四個領域高度關連。相關的研究指出，針對這樣的關連，必須發展出跨學科、跨專業的合作，並且把這些相關連的工作稱為「The Link」（未有正式翻譯，為了推行相關工作，強調四個領域有相關，目前我稱之為「暴力關連」）[6]。在台灣，這樣的關連近年來也有不少關注。2016年台灣動物社會研究會遊說前立委田秋堇，於中央政府總預算案審查中要求衛生福利部訂定「動物虐待與家庭暴力之相關說明及通報事項」，並且由農委會函知動物保護相關單位參考運用[7]，加強動物保護與社會工作之間的橫向連結。但這份通報事項不為一線工作人員所知悉，實務上也很少操作，在動物社會工作2019與2021針對社工人員進行的調查[8]中，知道這份文件的社工人員僅占9.8%（2019）和13.1%（2021），曾經接受過動農政部門轉介案件的社工人員分別為0%（2019）和6.54%（2021），可以推知動保和家庭暴力防治部門的橫向連結仍有待加強。

6　可參考National Link Coalition，https://nationallinkcoalition.org/what-is-the-link。
7　可參考動物社會研究會「2016年重點工作與影響報告」，以及立法院「第9屆第1會期第12次會議議案關係文書」。
8　可參考動物社會工作「2021家庭暴力與動物虐待實務工作調查報告」。

　　地方政府方面，台北市社會局在2016年建立「台北市違反動物保護法裁處案件轉知社會局及家庭暴力防治中心處理程序」，在動物保護案件若發現涉及社會局相關的案件，就能夠轉知社會局。這樣的機制也反映在台北市的社會安全網政策實務，在2019年時台北市動物保護處正式被納入台北社會安全網的一環[9]，相關的案件可以透過案件討論的方式，找出不同局處對同一個複雜案件共案的可能性。我曾出席台北市某區的社會安全網個案研討會議，一名虐殺動物的行為人，在經過案件比對之後，發現有其精神科就醫紀錄和家庭暴力史，這樣複雜的個案未來都有可能再遇到，也必須要跨局處合作處理。而暴力關連的關注度在2021年來到高峰，茶茶虐貓案[10]伴隨著親密關係暴力，一對情侶吵架，男方為了逼迫女方返家，用滾燙熱水澆淋貓咪，並全程錄影傳給女友，該事件引起各地方政府紛紛加強家庭暴力單位及動物保護單位的連結。

　　這同時也帶出了另外一個在家庭暴力中的重要議題：在家庭暴力中的動物安置。美國因為「暴力關連」的相關觀念推廣，以及2018年通過「寵物與婦女安全法案」（Pets and Women Safety Act，簡稱PAWs）[11]，規範政府必須成立可以帶動物進入的家暴庇護所，並且給予相關的補助，並且讓全國法院的保護令中，動物都可以受到保護。台灣方面，目前仍然沒有明文規定政府應協助家庭暴力案件中動物的安置。2014年婦女救援基金會曾與台北市獸醫師公會合作，

9　可參考 台北市議會「議員提案 第130020號 [民政]」。

10　茶茶案發生於2021年8月17日，茶茶送醫後11天不幸過世，引起大眾討論。該案於2022年3月18日首次開庭。

11　寵物與婦女安全法案。H.R.909 - Pet and Women Safety Act of 2017 。https://www.congress.gov/bill/115th-congress/house-bill/909/text。

提供「受暴婦女短期寵物安置」服務方案[12]，提供全額或補助的動
物安置，將動物安置於獸醫院或寵物旅館，該方案實行兩年後結束。
雖然目前因為動物福利、暴力關連越來越受到重視，部分縣市的動
物保護機關願意提供政府機關執行業務時動物安置的服務，如飼主
因疫情隔離寵物無人照顧的狀況，但這些動物安置的服務無法使得
飼主與動物同住，而且必須自費，仍然會降低服務對象使用的意願，
與可以共同安置的理想還有一段距離。且台灣相關的研究尚有不
足，難以規劃相關的服務與預算，在這方面仍有許多可以努力的地
方。

五、從天災人禍來談論人與動物關係

前述提到的人與動物關係，多集中在家庭中的微觀層次，為了
加深社會工作結合動物的想像與視野，這個段落會從比較巨觀的角
度中，介紹不同助人現場動物如何出現，思考動物與社會工作可能
的關聯。面對更巨大的災害、暴力、貧窮，我們需要更鉅觀的視野、
更開放的包容、創造的連結能力。

（一）災害中的人與動物

在2021年10月14日，高雄發生「城中城」火災事件，在這場火
災中也有動物家庭受難。在社工社群中招募專業工作者提供協助的
表單中，我留意到表單中強調「可能會遭遇動物的屍體」，請有意

---

12 可參考婦女救援基金會「婦援會與獸醫師的正義行動 受暴婦女短期
   寵物安置服務方案正式起跑」，https://www.twrf.org.tw/info/title/
   590。

願前往協助受災戶的專業工作者們先做好心理準備。為此我撰寫一篇關於動物家庭可能會遭遇的狀況，以及需要的協助，供專業工作者參考。在救災工作中，動物會需要檢傷和急救，動物家庭可能也會遺失動物需要協尋，若發現動物的遺體，也會需要協助公告指認是否為受災戶家中的動物，後續也需要辦理動物的死亡除戶、火化甚至是商業寵物保險的理賠；災後的工作中，動物與受災戶可能需要共同安置，避免分離造成壓力，動物和受災戶都需要災後復原的過程，若是動物家庭中的人類成員過世，可能會需要將無主動物認養安置，而失去動物的受災戶，則需要針對人類成員進行悲傷輔導和創傷知情的對待，不可以輕忽寵物意外死亡帶來的影響；最後，強調也可幫寵物做好災難應變準備工作，並且協助倡議改善災難中動物救難的相關法規。在發文之後，也聽聞社工朋友們確實在現場協助了走失的動物返家，也有社工遇到服務的案家詢問，針對寵物死亡是否提供殯葬補助。

　　關於災害中的人與動物，也必須提到美國2005年的卡崔娜颶風，造成了紐奧良地區八成的淹水，因為當時的疏散沒有辦法帶走動物，而造成了許多人與動物被迫分開的悲慘故事，雖然有動物保護相關的組織前往救援，但許多人眼睜睜看著動物被留下甚至死亡。一個新聞畫面中，一個小男孩和他們家的名叫小雪球的狗分離，小男孩哭倒在地，甚至哭到反胃吐了一地的畫面震驚全國，這僅僅是其中一個故事[13]。2006年美國通過了寵物疏散與運輸標準法案（Pets Evacuation and Transportation Standards Acts，PETS），規定政府必須要編列預算和協助災難中的寵物疏散計畫，避免這些悲劇

13　取自大衛・葛林姆《貓狗的逆襲：荊棘滿途的公民之路》（周怡伶譯）。

再度發生。在台灣，近幾年南部的風災中，地方政府的動保機關和
當地的動保團體，也會在受災戶安置區域附近協助安置家中寵物，
可以減少分離的悲劇發生。

在這次COVID-19疫情中，雖然動物不會傳染COVID-19，但我
們仍看到不少錯誤資訊傳遞，而使得動物遭致不好的對待。在台灣，
在疫情爆發時，農委會便有公告相關指引[14]，若飼主遭隔離，也可
由地方政府協助安置家中寵物，進行基本的防疫措施，由親友帶回
或隔離結束後飼主帶回，在這些過程裡，動物防疫單位也監控病毒
是否有傳染給非人動物的狀況。

（二）大型暴力中的人與動物

在近期的烏俄戰事中，我們聽聞了不同的動物處境，有的家庭
帶著家中的同伴動物一起逃離家園，在鄰近國家的動保組織也提供
了相對的動物醫療服務。動物園、收容中心的員工甚至留下來持續
照顧無法撤離的動物們，這些動物們包括大象、大型貓科動物、熊、
鳥類等等的野生動物，陸續地在這些戰爭之中死亡，甚至也有員工
因留下來照顧動物，而被敵軍槍殺。在戰事中我們不僅僅是失去了
安好的社會，也許我們失去的「自然」、「動物」也超乎想像的多。

（三）貧窮底下的人與動物

生活在人類社會的動物們，也可能面臨社會處境帶來的差別待
遇，貧窮可能就是其中的社會處境之一。家庭中的動物可能因為家
庭的經濟狀況，而無法獲得妥善的醫療資源。我最早注意到這個議

---

14 農委會（2020）新型冠狀肺炎（COVID-19）寵物（犬、貓、貂）
檢驗及照護指引。

題，是在網路上看到巴西某城市的獸醫公會提供低收入戶的義診／補助診療，自己開始跟動物生活之後，也發現家庭收入對於照護品質、醫療選項帶來的影響與限制。2018年第五屆國際獸醫社會工作高峰會，甚至直接以「貧窮與動物」為主題，談論貧窮、家庭、獸醫介入、經濟與動物照顧的議題。在紐約的「我的狗是我的家（My Dog is My Home）」[15]計畫中，針對「有動物的無家者」這樣的族群，協助無家者和伴侶動物一起被庇護，並且和無家者一起工作，為無家者和動物一起打造他們的家。

六、社區中的人與動物

健康一體（One Health）是指人類健康、動物健康和環境相關連，並且透過跨學科的合作，來達到永續的目標。我喜歡用這個概念來理解社區中的人與動物，像是英國學者研究[16]狗與狗主人的健康關連，了解如何增加社區中的遛狗因子，進而影響人與狗之間的關係，提昇情感支持、社交、動力等等；同樣是遛狗的相關研究，美國和澳洲的學者有另外的研究[17]指出，遛狗會影響到狗主人的心理安全感，進而影響鄰里關係，並指出有其性別差異。在這些研究中，我們可以看見整個社區裡的人與動物，是可以被視為一個整體，

15　我的狗是我的家計畫網站，https://www.mydogismyhome.org/。

16　Westgarth, C., Christian, H.E. & Christley, R.M. Factors associated with daily walking of dogs. BMC Vet Res 11, 116（2015）. https://doi.org/10.1186/s12917-015-0434-5。

17　Christian, H., Wood, L., Nathan, A. et al. The association between dog walking, physical activity and owner's perceptions of safety: cross-sectional evidence from the US and Australia. BMC Public Health 16, 1010 （2016）. https://doi.org/10.1186/s12889-016-3659-8。

並且進一步設計相關的活動、服務和計畫，來改善一些狀況的。

　　社會工作經常工作的對象是家庭，所以前面談論了許多家庭中的動物。但對我來說，社區裡的其他動物或是野生動物是未來想要多了解的，如動物物種如何與社區的永續性產生關連？以九二一災後重建的桃米生態村[18]為例，社區在重建過程中，運用生態資源與生態教育，進行綠色產業，在這其中最豐富的蛙類，成了社區裡的重要圖像、認同與社區運作的核心，生態與動物帶來的能動性，在這裡顯得非常突出。我在2018年接受社區影像紀錄培訓期間，同期的同學吳思儒於大理高中成立「溼地社」[19]，其高中生藉由生態調查，對於華江橋附近的溼地生態有所了解，甚至漸漸產生認同，在高中畢業之後甚至想成立人民團體從事該區域的生態保育工作，不免讓我好奇這些生物如何和他們互動出如此強大的動能，以及這些青少年對土地的認同，在這其中，青少年是否也發展出他們的自我認同？

七、結語

　　從動物虐待與家庭暴力、災害、大型暴力、貧窮、社區等等的脈絡中，我們也可以思索動物個體的社會處境，動物不僅僅是「自然」同時也是「社會」，動物社會工作也從這樣的思索中，反思人類中心的議題。在這些本文裡提及的動物多為家庭中的同伴動物，是以社會工作主要的實踐場域為出發點，嘗試發展動物相關的實

18　桃米生態村，https://taomi-ecovillage.ego.tw/。
19　大理高中溼地社　100年-106年https://www.facebook.com/DaLiShiDeShe/。

務，但仍然不排除發展社區、野生動物等等的議題與實務。

在實踐動物社會工作的歷程中，不僅僅是運用動物來助人，而是看重人與其他動物之間互相幫助的歷程，運用生活中的人與動物關係來工作，這個過程時而人受惠、時而非人動物受惠，這也是動物社會工作與動物物輔助治療最大的不同。人與動物關係是多元而且複雜的，在這些研究與實踐的過程中，希望能夠深入了解這些關係，並且透過生態的觀點，和動物一起形成網絡，並且好好善待這其中的生命與關係。

陳懷恩，東吳大學社會工作碩士，社會工作師，「動物社會工作」創辦人，參與華人社會工作學會、台灣政治暴力創傷跨專業療癒協會等團體，關注人與動物關係、動物與社會工作、政治暴力創傷等主題。近期著作有〈走出我的動物社會工作之路〉碩士學位論文等論文。家中飼有兩犬。電子郵件：ennassw@gmail.com。

台灣動物保護立法運動發展和缺失的關鍵環節

吳詩韻

一、動物法立法發展背景和歷史

今天動物法立法基本架構和實質內容，主要是過去一百多年間在兩大動物保護社會運動階段和相關改革的基礎上發展建立而來。第一階段開啟於19世紀初的英格蘭，受到17和18世紀啟蒙時代的哲學辯論、以及經濟、社會、科學與政治改革等一系列發展的影響，當時的社會對於虐待動物行為的反感和譴責日益加深，道德規範的範疇也逐步擴大到涵蓋其他物種，到了18世紀末期，進一步以立法手段來保護動物的呼籲和訴求自此出現。簡言之，動物不僅作為人的財產，且其自身的存在就值得保護的觀念，也是在這一個階段扎下的根基。[1]

在這樣的社會氛圍和背景下，歷經了四次推動立法的挫敗，終

---

[1] 吳詩韻（2017）, "Animal Welfare Legislation in Taiwan and China: Examining the Problems and Key Issues," *Animal Law Review*, Volume 23, Issue 2, at 406-448. http://heinonline.org/HOL/LandingPage?handle =hein.journals/anim23&div=18&id=&page=

於在1822年順利通過第一部禁止虐待動物的馬丁法案。往後的數十年間，在相關的立法和判例不斷發展下，動物保護的程度和範圍也不斷擴大，直至1911年集大成的動物保護法出現而立下里程碑。[2] 值得注意的是，這樣的動物保護立法模式和趨勢，也迅速傳播擴及到整個歐洲，以及眾多的英國前殖民地國家如美國、紐西蘭及澳洲等。在這一時期的動物保護運動發展下，雖然大多數的西方國家都有了動物保護立法，但也因為歷史文化、社會經濟和司法制度等不同的條件和因素的影響，各國的動物保護範圍內容和執行機制仍有一定差異，然而「防止動物遭受不必要痛苦」的標準卻依然是各國動保法立法一致的核心概念和立法目標。此外，在此期間也建立並確認了動物保護組織參與和推動相關社會及立法改革運動的核心角色和功能。[3]

第一階段的動物保護社會運動，由於兩次世界大戰爆發的戰亂影響而告一段落，經過了近半世紀的停滯，1960年代的動物保護運動因為動物福利科學的發展再次復甦，這也是第二階段動物保護運動的開始。1964年，Ruth Harrison所發表的《動物機器》（*Animal Machines*）一書，引發了社會對集約化工廠式牲畜飼養的震驚和關注。為回應接踵而至的廣大社會批評和譴責，動物福利的科學概念和五大自由等相關核心標準，首次被認可並納入英國立法規範當中。[4] 接下來的幾年裡，五大自由等動物福利科學標準逐漸被廣為

2　該法案合併了之前的幾項立法，其中包括廢除的 1849 年《虐待動物法》和 1900 年《圈養野生動物保護法》。
3　同註1。
4　1968年的農業法案（*The Agriculture [Miscellaneous Provisions] Act 1968*），是第一部專門規範經濟動物應如何在農場人道飼養和對待的法案。

接受並引介於不同種類的動物上，過去20年已經成為最受國際認可的動物福利標準。與此同時，包括 Peter Singer、Tom Regan 和 Richard Ryder在內的幾位哲學家所探討的動物道德地位以及人類對動物的責任等議題，也重新開啟了廣泛的討論和思辨。更重要的是，這一時期重新復甦的動物保護組織遊說宣傳和推動改革的活動方式，也從傳統溫和手段變得更激進、更衝突，並與更廣泛的環境保護或野生動物保護等議題和目標結合。不僅針對現代農業和企業，也對其它與利用動物相關的科學和醫學等研究領域採取行動，這也使得動物保護議題進一步提升為高度政治和法律性質的議題。[5]

　　在這樣的發展趨勢下，到了1970年代，為了因應動物福利科學發展以及社會大眾對動物的態度和共識之轉變，許多西方國家開始重新修法或制定新的法律來提高對動物的保護程度和範圍。受到前述動物保護社會運動兩大階段和相關改革的發展和影響，動物保護的目標和範疇已不限於最基本的防止虐待動物，而是進一步確立所有持有或利用動物的人都必須負上一定的法定飼主責任，提供動物一定水準的照顧和人道對待。動物保護議題不僅從虐待動物的刑事犯罪議題擴展到行政管理和公共政策的範疇，也跨越了區域和國界成為重要國際議題，歐盟及世界衛生組織等也將動物福利視為制訂動物相關法律和政策的首要標準之一。尤其在國際畜牧農產品、野生動物貿易、食品安全和公共衛生等議題上，更是當前國際社會和各國間急需共同面對和解決的挑戰。[6]

5 同註1。
6 同註1。

二、動物法學領域的建立和發展

　　為了因應上述日益重要的動物相關議題和衝突，除了持續發展以更完善動物法立法和執法需求，1990年代初期，亦即第二階段的動物保護運動中期開始，越來越多的西方國家開始關注起並投入動物法相關的法學教育和研究。1986至1989年，Jolene Marion教授在Pace Law School開授的動物法是所知的首個相關專業法學課程，而根據Peter Sankoff博士2008年發表的研究，1989到2007年間教授動物法的課程數量持續平穩的攀升。雖然目前沒有更新的研究得以了解動物法學教育在2007年以後的發展情況，但從越來越多的法學院接續開設動物法專業學位課程或學程的現象來看，此一趨勢應依然持續不墜。[7]

　　值得注意的是，不同於其他傳統法學領域，動物法的本質除了法律本身，還涵蓋了社會科學以及自然科學等其他領域，也因此動物法的研究和教學範疇，往往結合了哲學倫理學、社會學、心理學、經濟學或其他社會／自然科學。[8] 這也是為什麼無論是動物法或動物研究相關的學術期刊，都會強調跨領域的研究本質和特色，這也反映在幾個知名的動物法專業學位或學程所設計的課程中。[9] 此

7　Peter Sankoff（2008），"Charting the Growth of Animal Law in Education"（January 6, 2008）. *Journal of Animal Law*, Vol. 4, p. 105, Available at SSRN: https://ssrn.com/abstract=1081230

8　動物法的定義請參考 https://ojs.abo.fi/ojs/index.php/gjal/issue/view/170 .

9　例如：The Animal Law LLM, Lewis & Clark Law School, the Master's Degree in Animal Law and Society, The Autonomous University of Barcelona （UAB）和 The AniLex program on Animal Law, Åbo

外，除了傳統的動物法研究範圍如動物的道德地位和動物虐待的刑事法律，越來越多動物法課程著重和其他研究領域的結合或是衝突，例如在國際畜牧產品貿易的問題上，歐盟在提升動物福利標準和遵守WTO維持國際貿易自由規範間的衝突議題。而在新冠肺炎肆虐全球的當下，野生動物貿易、動物相關公共衛生和食品安全等問題，也成為動物法最熱門又富挑戰的研究課題。然而美中不足的是，即使這些議題並非單純的區域問題而是重要的國際議題，上述蓬勃發展的動物法研究和教學，跟動物保護社會運動和改革一樣，主要仍限於歐美西方國家。[10]

三、動物保護運動和立法在台灣

1960年代後，在第二個動物保護運動的發展階段中，國際社會愈加關注環境、野生動物保護和生物多樣性等議題，相應的多邊環境保護協定如《生物多樣性公約》（CBD）、瀕危野生動植物種國際貿易公約（CITES）和國際捕鯨管制公約也接續簽署和頒布。在西方國家以外，由於各國國內對野生動植物和環境的保護意識日漸提高，再加上來自西方國家的經濟制裁威脅與巨大的國際輿論壓力，非西方國家開始根據所簽署的多邊條約和協定制定相關的環境和野生動物國內法。例如中國於1981年加入CITES並頒布了《野生動物保護法》，台灣雖非聯合國會員國而不具資格加入CITES，1989年同樣制定了《野生動物保育法》以尋求更多的國際認可和支持。雖然台灣野保法旨在保護野生動物及其棲息地，但在執法方面最初

（續）────────────────
Akademi University.
10　同註1。

只關注禁止瀕危物種和相關產品的國際貿易買賣。另一方面，儘管野保法明文禁止殺害、騷擾和虐待野生動物，但其保護範圍仍然相當有限，絕大多數的野生動物，無論是一般野生動物或被圈禁飼養的野生動物皆不在法定保護範圍內，更遑論其他數量更多、為人所持有飼養的家畜和各類動物，也無法受到任何法律保護。[11]

　　1990年代，日益嚴重的流浪動物問題不僅造成公共衛生和安全的疑慮，長久以來政府以極不人道和殘忍的方式處理被捕獲的流浪動物，在動物保護團體和媒體的披露下也引發了國內外社會極大譴責和批評。迫於公眾壓力以及擔心此等虐待動物事件會損害台灣國際形象，以立法手段來解決此爭議並進一步保護動物的訴求於是浮出檯面。雖然動物保護團體和一些立法者試圖提出一份能提供動物更全面保護的法律草案，然而官方起草法律的動機只是為了回應流浪動物管理不善的批評。根據1997年立法院動物保護法草案第一次審查會議的會議記錄，會議主席在當中特別指出：「這個動物保護法法案主要立法目的應該是公共衛生的考慮，而不是什麼愛動物或與動物權利相關的東西。」而後，在經過近五年多方的談判和協調，台灣動物保護法終於在1998年11月正式立法通過。[12]

　　乍看之下，早期動保法貌似全面規範了有關動物保護的各種問題，然而除了幾項保護動物的具體規定外，訂立的大多數法規仍僅出於對動物公共衛生、安全管理和控制等行政目的，而處理流浪動物問題也一直是其中的核心，這也是相對以「防止動物遭受不必要痛苦」為立法核心的西方動物法的最大差異，導致動保法實際能提供動物的法定保護程度和範圍都極為有限。為解決立法的無能和缺

11　同註1。
12　同註1。

失,動保法在接下來的23年間歷經多達15次的修法,然而至今動保法無論在動物保護範圍和內容、執法人力或機制上的缺失等許多問題仍懸而未決。雖然,經過多年動保團體的努力倡議,2015年修法納入法定飼主責任和過失虐待動物的入罪化,的確是動保法實質成為動物保護法制的里程碑。但可惜的是,歷年頭痛醫頭、腳痛醫腳的零碎修法並未考量執法機制和人力上能否因應配合,參與學界或動保團體普遍缺乏現代動物法核心概念下的修法,也讓動物保護範圍、內容和執法的有效性等重要疑慮仍然存在。[13] 即便如此,長久以來這些動物法重要問題的相關研究在台灣仍是十分有限,這不僅導因於上述動保法本身的立法歷史背景,更與台灣普遍缺乏資源和人才投入動物福利科學和動物法相關研究和教學,有相當大的關聯。

四、發展動物法研究和教學的困難和挑戰

相較多數的亞洲國家,台灣的動物保護運動和立法改革發展都相對活躍且領先許多,[14] 然而即使在台灣動保法立法超過２０年後的今天,台灣在學界或實務界有限的動物法學相關研究和教學發展,除了導致歷年頻繁修法仍無法確切直搗問題核心外,也讓執法和司法人才缺乏相對應有的教育和訓練而加重了執法上的困難,更造成許多行政和司法資源的浪費。[15] 現代動物法的架構和理論,建

13　同註1;吳詩韻(2022),〈由執法困境看歷年動物保護法修法問題〉,台灣奇摩新聞,https://reurl.cc/OpxXnr

14　吳詩韻(2015),〈動保護法最新修法:我國成為第一個將嚴格飼主責任制度入法的亞洲國家〉,關鍵評論,https://www.thenewslens.com/article/12867

15　吳詩韻&吳宗憲(2021), "Examining Taiwan Animal Welfare

立在過去一百多年來相關立法改革和執法實務所累積的基礎上，這也是近三十年來動物法研究和教學能發展為獨立法學領域的基礎。然而，動物法相關研究和教學的重要性，至今仍被學界和實務界忽視甚至漠視，甚至連同樣重要的動物福利科學也罕被獸醫專業教育重視。[16] 這不禁讓人質疑，頻繁推動修法卻沒有相對投入資源培養相關人才，執法和相關執行機制又該如何運轉和實行？

　　如前所述，除了現行法規的規範和執法缺失外，今時今日動物法和牽涉的議題越來越繁複，涵蓋內容和議題亦經常跨領域甚至跨國界，這也是目前發展動物法研究和教學最大的挑戰之一。即使有少數大學系所開設零星相關課程，但動物法的本質及涵蓋內容之廣，也難以冀望單一課程或教師能夠負擔。因此，更積極的研究和投入更多的教育資源是台灣當前迫切的需求，尤其在跨領域的層面上更是如此。這不僅是進一步改善當前立法和執法缺失的必要一環，也是未來台灣繼續因應國際貿易、公共衛生和食品安全等各種動物相關重要議題和挑戰，所需建立的基礎與必要手段。

　　吳詩韻，東芬蘭大學法律系博士，臺灣動物與人學會理事。研究興趣為動物福利、人權及永續發展等法律政策相關議題。近期學術著作包括數篇探討台灣動物立法及其社會影響的英文論文。

（續）————————————
　　　Legislation from the Empirical Perspective of Law Enforcement," *Global Journal of Animal Law* 9.http://ojs.abo.fi/ojs/index.php/gjal/article/view/1725?fbclid=IwAR3jhTT1goFHKdMvmYt1WWOOjfqXcrecXlycpW7tVT-gESpZfg5n6TEKNYo
16　吳詩韻、賴亦德、費昌勇、鍾德憲（2015），"Attitudes of Veterinarians towards Animal Welfare in Taiwan," *Animal Welfare* 24; 2, 223-228. https://doi.org/10.7120/09627286.24.2.223

面對社會問題的新思路：
服務設計思維

王韋婷、陳沁蔚、唐玄輝

看似與生活共融的遊蕩犬，為何成為棘手的社會問題？

近年來遊蕩犬問題逐漸引起社會的關注與討論，遊蕩犬生活在民眾密集的社區可能引發衛生疑慮、噪音問題、防疫漏洞、環境破壞、公共交通意外，甚至是人身安全的衝突；而遊蕩犬若出沒在人煙稀少的山林區域，則會與野生動物的生活圈重疊，保育類動物被攻擊或被傳染犬瘟熱等案件層出不窮，成為生態敏感區的極大威脅。

但是經過公私部門長時間的努力，遊蕩犬產生的問題似乎無法輕易解決。常常可以看到相關新聞，以及在這些問題中不同立場的關係人爭論吵架，儼然成為棘手的社會問題，本文將試圖透過「服務設計」的角度，探索問題背後複雜的脈絡，梳理甚至解決此一複雜且嚴重的社會問題，同時陳述為何服務設計思維可以成為面對社會問題的新思路。

不斷尋求兼顧人犬福祉的解決方案，成效卻停滯不前

過去人們對於遊蕩犬的處置方式，普遍會聯想到捕狗大隊移除

犬隻的畫面，或是將犬隻送往收容所安置，在經過一段時間後若沒
有人領養便執行安樂死。基於對動物的人道管理與福祉，台灣於
2017年上路「零撲殺政策」，然而，在各項配套措施尚未到位、政
策匆匆上路的情況下，遊蕩犬缺乏源頭管理，導致各地收容單位不
堪負荷，收容爆滿導致收容品質下降、人員工作負擔劇增。在收容
所空間有限、犬隻被領養的消化速度卻遠趕不上入所速度狀況下，
各地方不得不採取所謂的「精準捕捉」控制犬隻入所量，僅讓「通
報有問題」之犬隻進入收容體系安置，其餘遊蕩犬隻則採絕育後回
置原地處理方式，嘗試解決遊蕩犬數量管理的問題。

　　為解決遊蕩犬的源頭管理問題，政府與民間除了在飼主教育
上，宣導「飼養不棄養」的飼主責任外，也提倡正確的犬隻飼養觀
念，避免放養行為，各地方政府單位投入「犬貓絕育三合一」活動，
鼓勵飼主為犬隻進行寵物登記、打疫苗並絕育。期透過犬隻絕育降
低犬隻繁衍的速度。

　　整體而言，「飼主領養教育」配合上「高強度絕育計畫」對於
遊蕩犬數量管理有很好的效果，但是前者受限於各地方政府的人力
與資源運用，後者受制於實際場域執行的規模化，因此都還有可以
改善的空間。其背後複雜的立場，利害關係人間不良溝通、全台各
地區大相徑庭的環境，不同的資源配置等，都影響了執行的力道與
細節，經驗無法傳承，隱性知識難以延續，造成問題的解決更加困
難，也導致遊蕩犬領養與絕育的概念推行多年，依舊難以達到顯著
成效。

設計不僅是美化，而是一種解決問題的工具

　　討論遊蕩犬數量管理，聯想到的學科可能是生態環境、數量統

計、動物醫療等領域的專家，鮮少提及「服務設計」。設計常被視為創造具有美感事物的知識，然而真正設計的意涵，是一種設計師特有的創新的問題解決方法，「服務設計」更是圍繞在以利害關係人為中心的整體設計思維，其方法可以協助探索用戶歷程（user journey）及系統渠道（system channels），細緻且全面的思路可以協助在脈絡中解析問題，產出符合各方利益的解決方案，這也是我們嘗試將服務設計思維導入遊蕩犬問題的初衷，試圖改善這個社會問題。

服務設計思維：以新視角切入遊蕩犬數量管理議題

依據我們的經驗，一個完整的服務設計專案，會依序經歷需求解析、設計迭代、與場域驗證三階段，每個階段為一次發散及收斂，形似鑽石，而稱為三鑽石流程。「需求解析」階段會透過桌面資料收集了解議題的背景知識，訪問多方利害關係人，釐清問題現況以及關係人的立場，實際於場域跟隨執行人員，釐清實務執行的流程，檢視所有的需求與困難，聚焦於核心問題；「設計迭代」階段會針對核心問題，發展多樣解法，保持各方觀點平衡、維持流暢的服務體驗、綜合考量服務中的資源與渠道等，進而選定縝密的解決方案，並透過與關係人討論、驗證迭代，產出核心可行方案；「場域驗證」階段透過於實際場域驗證，將服務以小規模方式實施與驗證，在服務正式上線前使解法承受環境變動的考驗，讓最終服務更加符合實際需求。

以遊蕩犬隻數量管理的問題梳理為例，這是極為龐大且複雜的服務系統，必須考量利害關係人、不同類型犬隻、相關協助工具與數位系統、及不同縣市實際場域等多項要素，正是服務設計思維可

以協助的問題。其中，人與人之間的關係是最為複雜的，各有其立場的政府單位、民間愛狗的飼主、想要領養的民眾、理念不同的動保團體，持續產生不同的衝突與爭執。面對這樣的問題，服務設計成為可以抽絲剝繭的工具，協助我們深入了解議題背後的脈絡，採納多方觀點以釐清關係人之間的困難與矛盾，讓設計成為人與人之間的溝通橋樑，彙整關係人的共同目標，並逐步梳理出各方認同且具實際效益的解決方案。同樣的在解法迭代與場域驗證中，都可以提供不同的想法與做法。

　　以下以設計創新思考（DITL）團隊的兩個專案，描述設計思考如何處理遊蕩犬隻數量管理問題，以後端的「領養」服務及前端的「絕育」管理，呈現服務設計的作法、影響、及特色，期望能為社會問題提供新的思路。

板橋動物之家服務設計案：犬隻管理的堅強的後盾

　　台灣2017年，零撲殺政策正式上路，公立動物之家面臨收容量增多、收容品質下降、以及因無適當媒合造成退養的問題，如何提升領養成功率便成為各地收容所的首要任務。本專案運用服務設計的思維與方法，挖掘領養者、工作人員之痛點與需求，以此優化領養流程與體驗，增進工作人員與領養者間的溝通效率，進而提升動物之家的領養率。

　　第一階段「需求研究」，為了對於領養者、工作人員、民眾所遭遇問題有更深的了解，我們進行多次的實際場域觀察，了解領養者在動物之家的領養流程與現況，並將結果發現描繪成領養旅程地圖。分別針對領養者與工作人員進行深度訪談，依據訪談結果分析收斂為五大問題痛點，包含內部員工與外部領養者；第二階段「設

計迭代」，針對五大問題痛點，本研究提出十大領養服務設計，橫跨領養服務、環境、人員、及溝通等維度，並將設計提案作為刺激物，帶入工作坊與工作人員進行共同創造，結合利害關係人的想法，平衡服務提供方觀點。第三階段「場域驗證」，本研究使用服務驗證方法，邀請社會大眾與工作人員進行概念評估，確認實際運行的可能性與服務接受方的滿意度。

此計畫案對於公立動物之家領養服務的建議為下：領養前期為領養者準備期，針對不同渠道與人群特性，應將資訊內容整合進行有效宣導推廣。領養中為領養者在動物之家的體驗期，應可藉由多面向渠道完善參觀體驗，並透過媒合與真實互動儀式化領養手續創造情感連結，達成有品質的領養。領養後建立便捷的諮詢管道，幫助領養者與流浪動物度過陣痛期，良好的適應彼此。這樣的方式是以人為中心的思考方式，提供提升領養率的關鍵解方。

經歷約一年的專案，我們發現：（1）透過利害關係人研究可確實地挖掘服務接受者與提供者在顧客旅程中的痛點與需求。（2）將服務提供者也就是工作人員，視為內部客戶，同步理解其痛點，透過共同創造可以有效刺激工作人員內在驅動力，改善現有士氣不足的問題。（3）運用服務設計的工具包含顧客旅程圖、服務藍圖、利害關係人圖，可以分析不同的接觸點、渠道，服務行為發生的場域，具備整體的觀點。（4）創新服務設計場域驗證，兼顧服務提供者與服務接受者的需求，才能讓服務概念順利執行與接受。雖然領養流程還有很多的問題待解決，但是我們已經可以看到服務設計介入所帶來的思維的改變。

遊蕩犬絕育計畫服務研究案：從源頭減少犬隻繁衍

由於遊蕩犬的繁殖速度驚人，而且遊蕩犬數量無法在短期內得到大規模減量，在全台收容量能緊繃的狀態下，遊蕩犬數量必須從源頭進行控管。除了針對犬隻飼養知識的教育與推廣，如何避免遊蕩犬繼續增長成為主要議題，因此台灣各地動保團體與縣市動保機關開始發展不同的數量管理措施，而「犬隻絕育」成為核心重點，可以看到不同單位發展出不同犬隻絕育的作法。

例如專注於母犬的有主犬高強度絕育計畫，其背後的邏輯是，一隻母犬在短短一年間就能生孕兩次、共約 6-10 隻幼犬，絕育必然能減少整體犬隻繁衍的速度，在環境資源有限的情況下，較少的流浪犬隻才有更好的環境，其原因和現代人因為無法提供好的教育與資源而不願意生小孩的思考方式類似。

遊蕩犬絕育管理的做法並非有標準化作業，可能因為環境地形、獸醫療資源、計畫資金與人力編制有不同的執行方式，再加上沒有相關文獻與資料，所以執行上更加的困難。

專案起源為台科大團隊受工研院委託，執行農委會110年度動保計畫中的分項研究議題，梳理目前最佳的遊蕩犬隻族群管理執行實務，企圖建立標準化流程（SOP），期望提升台灣遊蕩犬絕育計畫的實行效益，控制全台遊蕩犬數量，降低人犬衝突的同時，提升雙方之福祉。我們運用服務設計方法中需求疏理的方法，分析遊蕩犬絕育執行細節，期望記錄解決問題的實際作法，並追蹤知識擴散的成效。

在研究初期便發現遊蕩犬絕育利害關係人眾多，從民眾到環境學家等立場不同的人士，需要進一步分類其需求與困難，在訪問完

不同利害關係人後，聚焦於三類重要利害關係人：農委會、地方動保機關以及動保團體。

　　農委會屬於服務監督者，擬定遊蕩犬管理的發展方向，可提供絕育執行單位相應的經濟資源，同時必須監督各地方的執行成效，提出對應的執行建議與準則；地方動保機關為服務執行者，於各縣市執行遊蕩犬管理與絕育行動，相對於民間團體更需要背負公部門的責任，比起犬隻絕育，更多時間在處理人犬之間的衝突，且對於絕育計畫的構思受資源與環境的限制，並非所有縣市動保機關都能形成有效、有系統的遊蕩犬絕育方針；動保團體為服務執行者也是服務接受者，面對民眾及面對政府。

　　統整三方的意見與做法後，我們依照團體規模、經濟、人力資源、狀況，提供不同的絕育計畫方式，從規模化且人力充足的動保團體，逐步擴散至個別地方區域的絕育計畫，不同的單位有不同的作法，應該密切合作，例如：NGO團體並不受公部門資源的限制，但也不具備公權力的強制性，面對堅決不配合計畫的民眾時，就需要公權力一起協力。

　　以利害關係人為中心探索需求，可發現台灣遊蕩犬絕育計畫執行的兩項困難因素：（1）地方動保機關與動保團體，因各區域的地形、文化、遊蕩犬種類、遊蕩犬絕育資源不同，執行者可能採取的執行方式也會有所差異，使執行者之間的經驗難以共享與傳承，甚至可能因公、私部門在相同地區同時執行各自的計畫，相互影響計畫成效。（2）不同地區與立場的執行者的計畫各有不同，導致為監督者難以有一致性的執行建議，而地方資源多投入重複且成效較差的活動。監督者無法精準投放資源，便難以管理與監督執行者的行動成效，導致整體遊蕩犬絕育成效難以提升。

　　我們透過近一年的研究，透過服務設計研究方法，訪談相關專

家與管理者、隨行觀察一線人員如何與民眾溝通，親自參與犬隻誘
捕的過程，釐清絕育計畫在現實場域的運作方式，深入了解遊蕩犬
絕育計畫所牽涉的知識要素，歸納區域遊蕩犬絕育之成功要件及執
行細節。

完成後，透過共創工作坊與官方及動保團體進行驗證，經過多
次彙整與迭代後，成功將不易陳述的內隱知識，轉化為「遊蕩犬絕
育計畫執行方針」，包含絕育計畫不同種類的說明、計畫實際的歷
程與要領、計畫擬定選擇的因素、獲犬的成功要素以及公私部門協
作的建議，並將以上知識彙整成冊，作為未來絕育執行單位須知教
材，以利傳承成功經驗，同時作為監督者的評量依據，並提供執行
者相應資源，有效地減少地區遊蕩犬隻的數量，以提高人犬雙方之
福祉。

服務設計的為社會問題導入的核心思想

透過兩個專案的分享，可以發現服務設計為遊蕩犬收容與絕育
議題引入新的思考角度，為此複雜問題帶來創新的可能。歸納相關
經驗，我們認為服務設計可以帶來六項新的角度，包含：以利害關
係人為中心、關鍵服務歷程、跨渠道整合、跨領域全面性、脈絡真
實性、生態系價值共創。每項角度皆可呈現服務設計思維對於社會
問題的幫助：

一、以利害關係人為中心（Stakeholder-Centered）：
　　在個案中，單純思考市民或是動保機關的需求是不夠的，
　　服務設計必須考量所有利害關係人的體驗，包含服務提供
　　者、服務接受者、及服務監督者。優良的服務設計除了能

滿足利害關係人本身的服務需求外,更有機會促使利害關係人之間的關係轉變,共同協力達成共贏互利的的效果。

二、關鍵服務歷程(Essential Sequence):

社會問題不是單一固定不變的問題,是在不同歷程中產生不同的問題,在個案中我們強調歷程的梳理,將時間脈絡加入服務改善之中,從需求理解開始,掌握在時序中的需求,排除服務中產生的體驗斷點,在資源最佳利用的情況下,我們更要求集中處理核心歷程,讓影響最大的瓶頸可以優先被處理,保持暢流的服務體驗。

三、跨渠道整合(Cross-Channels Evidencing):

設計過程考量各種領域與層面的細節,透過研究剝去議題下的層層面紗,將核心問題拆解為多種層次的問題,其中可能包含人、環境、資源、服務管道等,並且透過跨渠道的整合呈現核心服務的價值,個案中領養服務的完成,須透過實體與數位的人員、物件、環境等不同渠道,才能讓服務接受者感受到服務的體現(evidencing)。

四、跨領域全面性(Multidisciplinary Holistic):

由於社會問題橫跨的面向較廣,經常會包含衝突的利害關係人的立場與論點,例如餵養遊蕩犬的愛爸愛媽、放養犬飼主、動保團體、政府管理單位等。個案中透過訪談不同利害關係人,了解各方立場,以公正的角度詮釋現實問題,建立跨領域全面性的問題理解,才能提出具備全局觀點的解法。

五、脈絡真實性(Contextually Realistic):

設計是解決真實正的問題,求真實可行的方案,無論前期問題解析或是設計迭代,都必須承受現實環境的考驗,在

脈絡中面對錯綜複雜的現時脈絡，不是單純從學理或政策
中出發。

六、生態系價值共創（Ecological Co-creation）：
完整的服務設計並非由設計師個人完成，而是由服務生態
系中的關係人共同建立，真正的價值在於各自出力，讓服
務可以運行，而各自於其中貢獻及獲取所需利益，共同創
造服務價值。

　　總結上述，當我們以服務設計的角度參與遊蕩犬管理議題，除
了需要對該議題具備全面且細緻的了解，梳理收容與絕育服務的完
整歷程，以各方利害關係人為中心，同時平衡各方觀點，並在研究
過程中促進參與者之間的溝通，釐清利害關係人的共同目標、逐步
達成共識，改善「人與人」之間的運作生態，讓服務設計在遊蕩犬
管理議題中產生真實的價值。

解決社會問題的同時，創造社會服務的成效與價值

　　服務設計思維帶領著設計師以及所有服務中的關係人，一同探
討遊蕩犬管理議題下的困境與突破口，在這兩項專案結案後也影響
了遊蕩犬管理的運作方式。「板橋動物之家服務設計」除了協助動
物之家的人員有更明確的工作準則，其中的部分概念也被其他動物
之家採納沿用。

　　「遊蕩犬絕育計畫執行方針」在2021年底於該年的動保聯繫大
會以及農委會的內部說明會中發表，將研究成果與執行建議分享給
台灣各地的動保機關與動保團體，部分動保機關化被動為主動，與
動保團體提出合作意願，甚至提出欲自行實行絕育計畫的提議；同

時也有動保團體提出將以此做為新人訓練的參考依據，作為內部可延續的執行準則；農委會動保科亦期待未來各縣市在執行遊蕩犬絕育計畫前，能參照計畫研究成果提出之執行方針，以科學數據調查先盤點資源與現況問題後，系統性地規劃提出在地的遊蕩犬絕育計畫，將有限的資源精準投放。

隨著社會進步，遊蕩犬管理的解法也從粗暴的移除，逐步轉變為現今注重人道與效率的細緻服務，面對民眾的監督，公部門也必須謀求更為平衡的解決方案。「板橋動物之家」與「遊蕩犬絕育計畫執行方針」專案可以作為遊蕩犬管理的服務設計案例，釐清社會問題背後可能隱含的複雜性，以及說明服務設計思維導入後的創新解法與運作成效。服務設計在解決社會問題的同時，同時提供公部門新的思考脈絡，以細膩的服務設計思維從問題根本拆解繁雜的社會議題，期望有機會突破舊有框架、創造解決問題的窗口。

王韋婷，國立臺灣科技大學設計系研究生，遊蕩犬絕育計畫服務研究案專案經理。近年持續參與動物保護相關研究與設計專案，透過服務設計方法實踐體驗優化。

陳沁蔚，國立臺灣科技大學設計系資深研究員，現任悠識數位資深研究員，為板橋動物之家服務設計案研究者。

唐玄輝，現任國立臺灣科技大學設計系教授，DITL 創新思考研究室總監，研究與實踐體驗與服務設計，兼具設計實務執行及學術發表，期望以研究成果做為設計能力的基礎，以設計實踐來增加研究價值。

致讀者

　　一百年前的1923年，中國一些重要的知識分子爆發了一場「科學與玄學論戰」或者「人生觀論戰」，今天很少有人提起了。張千帆教授在本期重訪這場論戰，整理雙方的主張，並且指出論戰兩造所共有的一種教條主義：雙方都「僭越了人類的認知限度」。張教授進一步認為，百年之後這種教條主義在中國仍然影響深遠。

　　所謂「人類的認知限度」，說法很多，但化繁為簡，人類認知能力的首要特色就是會犯錯；其次一個特色，就是大家的觀點會不一樣。因此，在提出一己的主張的時候，先假定自己可能犯錯，其次期待別人提出不同的意見，大概就可以避免教條主義。這個道理說起來簡單，能做到的人不多，100年前的張君勱、丁文江等先生沒有做到，100年後的我們也經常流露出「教條主義」。今天張千帆先生帶我們重溫百年前的這一課，其價值並沒有磨滅。

　　本期《思想》刊登了吳思先生的長文，談中國市場制度與產權制度的發展歷程。這篇文章涉及的範圍遼闊，所用的理論框架跟史料都很複雜，讀起來比較辛苦。不過這個主題很重要，吳思先生的分析也非常有見地，值得撥出較大的篇幅來發表。吳思先生早年所著的《潛規則》等書膾炙人口，也曾擔任大陸《炎黃春秋》雜誌的總編輯。我們很高興有這個機會刊發他這篇力作。

　　這一期《思想》的專輯較為特殊，不僅以動物為主題，並且是用跨學門的角度從事動物研究。一般認為動物畢竟屬於邊緣議題，用來組織專輯似乎小題大做了。不過換個角度看，這個專輯每篇文

章都是從動物折射出人類在社會、文化、歷史、法律、環保,乃至
於人際照顧等方面的各種問題:畢竟,動物問題與人類的問題原本
就是同一個問題,只是切入的面向有別而已。值得強調的是,這個
專輯的作者來自多個學門,其中多數跟《思想》的文史哲取向隔得
比較遠,如今有這個機會請他們來跟本刊的讀者交流,我們感到別
有意義。這些文章脫胎於吳宗憲教授在2021年11月所組織的一次線
上研討會,在此要感謝吳教授以及助理黃愷羚的大力協助。

王前教授在日本講授中國思想,不過他對當代西方20世紀的思
想界也十分熟悉。此前他在《思想》曾發表過數篇文章,本期他撰
文介紹日本的韋伯接受/研究史。韋伯在台灣(以及中國大陸)都
曾經流行過,可惜一時流行後船過水無痕。但日本的情況就很不同。
不僅一個世紀以降研究者後浪繼前浪推陳出新,並且透過如大塚久
雄、丸山真男這樣的一流學者/思想家的吸納轉化,豐富了日本的
學術與思想。相形之下,中文學界就顯得失色了。

本刊曾經在第24期推出由王智明先生規劃的「音樂與社會」專
輯,不過整體而言流行音樂很少進入我們的視野。本期刊出黃文倩、
溫伯學兩位對邵懿德先生的訪談,回顧港台流行歌曲進入中國大陸
的歷程。邵先生曾在台灣、香港、以及中國大陸擔任華語流行音樂
的幕後操盤手多年,親身參與華語流行歌進入大陸的整段歷史,對
流行音樂界的人物、機構、軟硬媒體的進化、潮流趨勢的起伏轉折,
以及各種「眉角」瞭如指掌。這篇訪談是珍貴的第一手見聞,有其
歷史價值。在訪談最後,邵懿德列出了他心目中過去50年來「改變
華語音樂的50張專輯」,讀者無妨拿來跟自己的記憶對比參照。

編 者
2023年初夏

《思想》徵稿啓事

1. 《思想》旨在透過論述與對話，呈現、梳理與檢討這個時代的思想狀況，針對廣義的文化創造、學術生產、社會動向以及其他各類精神活動，建立自我認識，開拓前瞻的視野。

2. 《思想》的園地開放，面對各地以中文閱讀與寫作的知識分子，並盼望在各個華人社群之間建立交往，因此議題和稿源並無地區的限制。

3. 《思想》歡迎各類主題與文體，專論、評論、報導、書評、回應或者隨筆均可，但請言之有物，並於行文時盡量便利讀者的閱讀與理解。

4. 《思想》的文章以明曉精簡為佳，以不超過1萬字為宜，以1萬5千字為極限。文章中請盡量減少外文、引註或其他非必要的妝點，但說明或討論性質的註釋不在此限。

5. 惠賜文稿，由《思想》編委會決定是否刊登。一旦發表，敬致薄酬。

6. 來稿請寄：reflexion.linking@gmail.com，或郵遞221新北市汐止區大同路一段369號1樓聯經出版公司《思想》編輯部收。

思想47
多角度看動物

2023年7月初版　　　　　　　　　　　　　　　　定價：新臺幣360元
有著作權・翻印必究
Printed in Taiwan.

編　　　著	思想編委會	副總編輯	陳　逸　華
叢書主編	沙　淑　芬	總編輯	涂　豐　恩
校　　對	劉　佳　奇	總經理	陳　芝　宇
封面設計	蔡　婕　岑	社　長	羅　國　俊
		發行人	林　載　爵

出　版　者	聯經出版事業股份有限公司
地　　址	新北市汐止區大同路一段369號1樓
叢書主編電話	(02)86925588轉5310
台北聯經書房	台北市新生南路三段94號
電　　話	(02)23620308
郵政劃撥帳戶	第0100559-3號
郵撥電話	(02)23620308
印　刷　者	世和印製企業有限公司
總　經　銷	聯合發行股份有限公司
發　行　所	新北市新店區寶橋路235巷6弄6號2樓
電　　話	(02)29178022

行政院新聞局出版事業登記證局版臺業字第0130號

本書如有缺頁，破損，倒裝請寄回台北聯經書房更換。　　ISBN　978-957-08-6973-6 (平裝)
聯經網址：www.linkingbooks.com.tw
電子信箱：linking@udngroup.com

國家圖書館出版品預行編目資料

多角度看動物/思想編委會編著 . 初版 . 新北市 . 聯經 .
2023年7月 . 372面 . 14.8×21公分（思想：47）
ISBN　978-957-08-6973-6（平裝）

1.CST：動物學　2.CST：動物保育　3.CST：文集

380. 7　　　　　　　　　　　　　　112009133